"十二五"普通高等教育本科国家级规划教材配套参考书

数据库系统概论
（第6版）
习题解析与实验指导

王　珊　张　俊　卢　卫　编著

中国教育出版传媒集团

高等教育出版社·北京

内容提要

本书是《数据库系统概论》（以下简称《概论》）（第6版）的配套习题解析与实验指导。

本书分为两部分。第一部分是基本知识点与习题解析，包含《概论》（第6版）一书第1章～第12章各章基本知识点、习题解答和解析、补充习题及答案。第二部分是实验指导，介绍数据库课程实验环境建设、实验数据准备的技术和方法，并给出《概论》（第6版）各章相关实验的指导与实验报告示例。附录分别给出数据库在线实验平台和数据库基准测试TPC-C的介绍。

通过综合练习本书的习题和实验，读者可以加深对数据库系统基本概念的理解、对基本知识的掌握，以及对基本技术的运用，特别是可以提高对数据库系统的实际使用能力。

本书既可与《概论》（第6版）配套使用，也可作为高校本科计算机类专业数据库课程的通用实验教材。

图书在版编目（CIP）数据

数据库系统概论（第6版）习题解析与实验指导／王珊，张俊，卢卫编著. --北京：高等教育出版社，2024.11（2025.3重印）. -- ISBN 978-7-04-063013-8

Ⅰ．TP311.13

中国国家版本馆CIP数据核字第2024VW0206号

Shujuku Xitong Gailun (Di 6 Ban) Xiti Jiexi Yu Shiyan Zhidao

| 策划编辑 | 倪文慧 | 责任编辑 | 倪文慧 | 封面设计 | 李卫青 | 版式设计 | 明 艳 |
| 责任绘图 | 马天驰 | 责任校对 | 吕红颖 | 责任印制 | 张益豪 | | |

出版发行	高等教育出版社		网 址	http://www.hep.edu.cn
社 址	北京市西城区德外大街4号			http://www.hep.com.cn
邮政编码	100120		网上订购	http://www.hepmall.com.cn
印 刷	河北鹏盛贤印刷有限公司			http://www.hepmall.com
开 本	787 mm×1092 mm 1/16			http://www.hepmall.cn
印 张	18.5			
字 数	410千字		版 次	2024年11月第1版
购书热线	010-58581118		印 次	2025年3月第2次印刷
咨询电话	400-810-0598		定 价	42.00元

物 料 号 63013-00

数据库系统概论
（第6版）
习题解析与实验指导

王珊　张俊　卢卫　编著

1　计算机访问https://abooks.hep.com.cn/187539或手机微信扫描下方二维码进入新形态教材网。

2　注册并登录后，计算机端进入"个人中心"，点击"绑定防伪码"，输入图书封底防伪码（20位密码，刮开涂层可见），完成课程绑定；或手机端点击"扫码"按钮，使用"扫码绑图书"功能，完成课程绑定。

3　在"个人中心"→"我的学习"或"我的图书"中选择本书，开始学习。

数据库系统概论（第6版）习题解析与实验指导

作者　王珊　张俊　卢卫

出版单位　高等教育出版社

开始学习　　收藏

　　绑定成功后，课程使用有效期为一年。受硬件限制，部分内容可能无法在手机端显示，请按照提示通过计算机访问学习。

　　如有使用问题，请直接在页面点击答疑图标进行咨询。

https://abooks.hep.com.cn/187539

前　　言

本书是荣获首届全国教材建设奖的数据库经典教材《数据库系统概论》（以下简称《概论》）（第6版）（王珊、杜小勇、陈红编著，高等教育出版社出版）的配套习题解析与实验指导。读者可在学习《概论》（第6版）主教材的同时参考阅读本书。

本书内容

本书主要分为两部分。

第一部分是基本知识点与习题解析。按照《概论》（第6版）的章节，给出了第1章～第12章各章的基本知识点、习题解答和解析，同时增加了补充习题及答案。

这一部分对《概论》（第6版）各章所涉及的知识点按照学习要求大致分为三类：需要了解的、需要牢固掌握的和需要举一反三的。教师在讲课时可根据学生的具体情况来调整对知识点的学习要求。例如，把需要了解的知识点提升为需要牢固掌握的知识点。

在知识点之后还给出了这一章的学习难点，希望读者在学习时更加用心。习题解答和解析是针对主教材每一章习题的解答和分析，并且对部分较难的习题进行了细致分析，以帮助读者更好地理解习题所涉及的基本概念和解题的方法步骤。补充习题和答案是为了进一步加强学生对基本概念、基础知识和基本技能的掌握和应用而增加的，有余力的学生可以多做练习。

特别要提醒读者的是，习题的解答常常不是唯一的，对于问答题是如此，对于程序题、设计题也是如此。读者切忌死记硬背习题答案，要在理解本书的解答后给出自己的正确答案。通过练习习题、复习和掌握书上的内容，进一步加深对数据库系统基本概念的理解、对基本知识的掌握，以及对基本技术的运用，从而提高分析问题和解决问题的能力。

此外，在习题解析中还给出了解答习题时应该阅读的主教材相应的章节，方便读者学习主教材。

第二部分是实验指导。按照《概论》（第6版）的内容设计了9个实验26个实验项目，其中必修实验项目13个，选修实验项目13个。

这一部分介绍了数据库课程实验环境建设、实验数据准备的技术和方法；详细说明了每章的实验设置、每个实验的要求，提供了较为详细的实验报告示例，供读者学习参考；给出了数据库课程实验考核标准和实验评价方法；总结了SQL语言实验中的一些常见问题及解答。

实验报告示例中的实验代码以国产数据库管理系统金仓数据库（KingbaseES）为基础，但并不局限于该系统，这些示例代码针对其他具体的数据库管理系统稍加修改后同样可以运行。

我们收集整理并模拟生成了大量的实验数据，作为本书配套资源放在高等教育出版社新形态教材网上，供读者下载和参考使用。

本书附录主要包含两部分内容：

附录 A 介绍了由信息技术与管理国家级实验教学示范中心（中国人民大学）开发的数据库在线实验平台（简称 ondb 平台）的主要功能，主要包括教学班管理、题库管理、组卷考试与自动评分、做题分析等功能模块和使用方法，以及如何使用该平台完成与 SQL 查询评测相关的实验。

附录 B 介绍了数据库基准测试 TPC-C，并对 TPC 的最新发展和 TPC-C 的评测内容做了更新和补充。在全国大学生计算机系统能力大赛中，要求参赛选手实现的系统可支持对 TPC-C 中 9 张表的存取，被测系统的性能指标要按照成功提交指定数量的 TPC-C 事务所需要的时间进行性能优劣排序。这部分内容可方便读者，特别是参赛者学习参考。这一部分以二维码方式介绍了面向决策支持的测试基准 TPC-H。该测试基准由零件、供应商、客户、订单等关系表组成，包含面向业务场景的 22 个查询和多个并发的数据修改操作，其选择的查询和组成数据库的数据在业务场景上都具有广泛的代表性且易于实现。本书实验部分的零件供应销售数据库模式即参考了 TPC-H 数据库模式。

致谢

北京交通大学王宁教授审阅了书稿，她认真负责，提出了有益的建议和意见。中国人民大学陈晋川老师参与了数据库在线实验平台的讨论，并结合数据库系统概论课程教学实践实际使用了该平台，对平台的设计和功能设置提出了许多建议。信息技术与管理国家级实验教学示范中心（中国人民大学）周小明老师负责系统代码的开发，焦敏高级工程师在开发过程中做了许多工作。研究生刘宇涵、赵泓尧、史心悦、黄纯悦等参与了部分习题和实验的上机实现与验证。刘爽老师、徐聪慧同学参与了本书 TPC 内容的讨论、资料收集和书稿整理。还有许多老师和同学对本书提出了建议。在此一并向他们表示诚挚的谢意。

本书由王珊教授、张俊教授和卢卫教授执笔修编，王珊教授定稿。限于作者水平，本书必有许多不足，希望读者和学术同仁多提宝贵意见和建议，以便在今后的版本中改进提高。

王珊　张俊　卢卫
2023 年兔年岁末

《数据库系统概论（第5版）习题解析与实验指导》前言

　　本书是"十二五"普通高等教育本科国家级规划教材《数据库系统概论》（以下简称《概论》）（第5版）的配套习题解析和实验指导。

　　本书分为两部分：

　　第一部分是基本知识点和习题解析。这一部分对《概论》（第5版）所涉及的知识点进行了大致分类：需要了解的、需要牢固掌握的和需要举一反三的；给出了每一章的难点，希望读者在学习时更加用心；给出了《概论》（第5版）中第1章～第11章习题的参考解答，同时增加了一定数量的补充习题及解答。特别要提醒读者的是，习题的解答常常不是唯一的，对于问答题是如此，对于程序题、设计题也是如此。读者切勿死记硬背习题答案。希望读者能够在理解本书的解答后给出自己的正确答案。通过练习习题、复习和掌握书上的内容，进一步加深对数据库系统基本概念的理解、对基本知识的掌握，以及对基本技术的运用，从而提高分析问题和解决问题的能力。

　　第二部分是实验指导。这一部分介绍了数据库课程实验环境建设、实验数据准备的技术和方法；给出了《概论》（第5版）每一章的实验设置、每个实验的要求和较为详细的实验报告示例，供读者学习参考；介绍了数据库课程实验考核标准和实验评价方法，并总结了SQL语言实验中的一些常见问题及解答。

　　按照《概论》（第5版）的内容，本书设计了11个实验，每个实验包括若干实验项目，共计26个实验项目，其中必修实验项目12个，选修实验项目14个。

　　实验报告示例中的实验代码以国产数据库管理系统金仓数据库（KingbaseES）为基础，但又不局限于金仓数据库系统，实验示例代码针对其他具体的数据库管理系统稍做修改同样可以运行。

　　我们收集整理和模拟生成了大量的实验数据，放在中国人民大学"数据库系统概论"精品课程网站上，读者可以直接下载使用。

　　附录A对查尔斯·巴赫曼、埃德加·科德、詹姆斯·格雷及迈克尔·斯通布雷克4位数据库领域图灵奖获得者做了简要介绍。

　　附录B介绍了数据库基准测试TPC-C和TPC-H。数据库基准测试是针对数据库管理系统（DBMS）的性能测试。一个大型通用的DBMS软件必须要经过严格的测试，包括功能测试、SQL标准符合性测试、性能测试、稳定性测试、极限测试和综合应用测试等。

　　本书在前一版的基础上，进一步加强了上机实验和课程设计等教学环节。

　　本书由王珊教授和张俊教授执笔，王珊教授定稿。陈红教授和杜小勇教授审阅了书稿，提出了有益的建议和意见。本书选用了栾华博士在阅读和参考国外著名教材基础上编写的部分习题。研究生陈俞、蔡春丽、康冠男等参加了动画制作，张晓明、桂小庆、李汝君等参与了部分习题和实验的上机实现与验证，周宁男协助收集了图灵奖得主的相关资料。此外，还有其他许多老师和同学参与了本书内容的讨论。在此一并向他们表示诚挚的谢意。

　　限于作者水平，本书必有许多不足，希望读者和学术同仁多提宝贵意见和建议，以便在今后的版本中改进提高。

王珊
2015 年 7 月

《数据库系统概论（第4版）学习指导与习题解析》前言

本书是《数据库系统概论》（以下简称《概论》）（第 4 版）一书的辅导和补充教材。应广大读者的要求，为了配合"数据库系统概论"课程的学习，本书针对主教材中的习题提供了参考答案，希望读者通过练习习题，进一步加深对数据库系统基本概念的理解、对基本知识的掌握以及对基本技术的运用。

本书分为三部分：

第一部分是主教材中各章基本知识点的讲解、习题解答与解析。

第二部分是实验指导。

第三部分是 4 个附录。

第一部分按照《概论》（第 4 版）一书的章节，给出了第 1 章～第 11 章各章的基本知识点及习题解答与解析；自第 12 章起，侧重于主教材系统的解答与解析。

这一部分对数据库课程所涉及的知识点进行了大致分类：需要了解的、需要牢固掌握的和需要举一反三的；给出了每一章的难点，希望读者在学习时更加用心；提供了每一章的习题解答和部分解析。特别要提醒读者的是，习题的解答常常不是唯一的，对于问答题是如此，对于程序题、设计题也是如此。读者切忌死记硬背习题答案。希望读者能够在理解本书的解答后给出自己认为的正确答案；通过练习习题、复习和掌握书上的内容，进一步加深对数据库系统基本概念的理解、对基本知识的掌握，以及对基本技术的运用，从而快速提高分析问题和解决问题的能力。

第二部分是实验指导。《概论》（第 4 版）进一步加强了实验和课程设计等教学环节，根据各章节的内容安排了 9 个实验。本书给出了每个实验的详细要求和实验报告示例，供读者学习参考。

第三部分包括以下 4 个附录：

附录 A 是 4 套模拟试卷和答案。

附录 B 简要介绍了数据库领域的三位图灵奖获得者。

附录 C 介绍了 SQL99 对传统关系数据模型的扩展，以及对于面向对象的主要扩展与支持。

附录 D 简单介绍了数据库基准测试 TPC-C。

附录 B～附录 D 可作为《概论》（第 4 版）一书的补充和参考资料。

本书由王珊教授执笔，陈红教授和一些研究生参与了部分习题的初步解答，在此向他们表示诚挚的谢意。

本书难免存在错误和不足，希望读者多提宝贵意见和建议，以便在今后的版本中改进提高。

王　珊

2008 年 2 月于中国人民大学

《数据库系统概论（第3版）学习指导与习题解答》前言

本书是《数据库系统概论》的配套辅导和补充教材。应广大读者的要求，为了配合"数据库系统概论"课程的学习，本书针对主教材的习题提供了参考答案，希望读者通过练习习题，进一步加深对数据库系统基本概念的理解、对基本知识的掌握以及对基本技术的运用。

本书分为三部分：

第一部分是主教材中第 1 章～第 10 章基本知识点的讲解、各章的习题解答与解析，以及模拟试卷和答案。

第二部分是 4 个附录。

第三部分是一张随书附带的"数据库辅助教学软件"光盘。

第一部分按照《数据库系统概论》一书的章节，给出了第 1 章～第 10 章的基本知识点。对各章所涉及的知识进行了大致分类：需要了解的、需要牢固掌握的和需要举一反三的。此外，给出了每一章的难点，希望读者在学习时更加用心。随后给出了每一章后面的习题解答和部分解析。特别要提醒读者的是，习题的解答常常不是唯一的，对于问答题是如此，对于程序题、设计题也是如此。读者切忌死记硬背习题答案。希望读者能够在理解本书的解答后给出自己认为的正确答案。通过练习习题、复习和掌握书上的内容，进一步加深对数据库系统基本概念的理解、对基本知识的掌握以及对基本技术的运用，从而提高分析问题和解决问题的能力。

第二部分包括以下 4 个附录，可作为《数据库系统概论》一书的补充和参考资料：

附录 A 是模拟试卷和答案。

附录 B 介绍了数据库领域的三位图灵奖获得者。他们分别是：1973 年图灵奖得主查尔斯·巴赫曼（Charles W.Bachman，"网状数据库之父"）；1981 年图灵奖得主埃德加·科德（Edgar Frank Codd，"关系数据库之父"）；1998 年图灵奖得主詹姆斯·格雷（James Gray，数据库技术和"事务处理"专家）。

附录 C 介绍了 SQL99。我在 1999 年编写《数据库系统概论》第三版时，SQL99 还没有正式公布。现在我们把 SQL99 作为本书的附录，向读者做一概要介绍。与 SQL92 相比，SQL99 增加的新特征非常多。限于篇幅，此处只介绍 SQL99 对传统的关系数据模型的扩展，以及对于面向对象的主要扩展与支持。

附录 D 介绍了数据库基准测试 TPC-C。数据库基准（Benchmark）测试是针对数据库管理系统（DBMS）的性能测试。一个大型通用的 DBMS 软件必须要经过严格的测试，包括功能测试、SQL 标准符合性测试、性能测试、稳定性测试、极限测试和综合应用测试等。其中，性能测试的一个重要内容就是数据库基准测试。

第三部分是"数据库辅助教学软件"光盘。这是《数据库系统概论》及其复习参考资料的多媒体教学辅助软件，集多媒体信息于一体。光盘包括教师投影演示教案及文稿、学生课堂复习与课后练习解答等。

"教师投影演示教案及文稿"是针对《数据库系统概论》的提炼，其中包括主教材前 10 章的内容，可以为使用《数据库系统概论》教材的教师进行计算机投影教学提供方便。

"学生课堂复习与课后练习解答"的目的在于帮助学生课后复习及完成作业。另外，它还包括：作者及内容介绍、课程学习、重点与难点、课后练习及答案、多套模拟试卷及详细解答。学生可以自行选择需要学习的内容、复习学过的知识、总结并进行模拟考试、检查学习成果，这部分是课后辅导学生的好帮手。

本书第一、第二部分由王珊教授执笔，陈红教授和许多研究生参与了习题的初步解答。第三部分"数据库辅助教学软件"由王珊教授和朱青副教授共同策划，朱青副教授负责总体设计和实施，信息学院的倪泳智、温利华、张望、李凌云、杜贵彬等同学参与了软件开发。"数据库辅助教学软件"是在以前版本的基础上重新设计、重新开发的。麻占全老师、常瑞君同学曾经在前面版本的设计和开发过程中付出了辛勤劳动。在此一并向他们表示诚挚的谢意。

本书在习题解答和解析中难免存在错误和不足，"数据库辅助教学软件"从内容到界面也存在许多不足。希望读者多提宝贵意见和建议，以便在今后的版本中改进提高。

王　珊

2003 年 6 月于中国人民大学

目　　录

第一部分　基本知识点与习题解析

第二部分　实 验 指 导

附　录

第一部分
基本知识点与习题解析

    这一部分归纳了《概论》（第 6 版）[1]第 1 章~第 12 章的基本知识点及其学习要求，对各章的习题进行了解答和分析，并增加了补充习题及其答案；对部分较难的习题进行了细致分析，以帮助读者更好地理解习题所涉及的基本概念和解题的方法步骤。

    本部分对各章所涉及的知识点按学习要求分为三类：需要了解的、需要牢固掌握的和需要举一反三的。教师在讲课时可根据学生的具体情况来调整对知识点的学习要求，例如，把需要了解的知识点提升为需要牢固掌握的知识点。

    希望读者能够认真阅读《概论》的相关内容。本书列出了习题所对应的主教材章节，以引导大家仔细研读教材。

---

[1] 本书后文如无特别说明，均以《概论》或主教材指代《数据库系统概论》（第 6 版）一书。

第1章 \ 绪 论

由于读者刚刚步入数据库技术领域，学习"数据库系统概论"课程，因此《概论》第 1 章将主要告诉读者什么是数据库，并介绍数据库的若干基本概念，以便让读者明白学习数据库技术和使用数据库系统的原因。与此同时，向读者阐明《概论》一书讲解的主要内容。

1.1 基本知识点

学习本章的重点在于将注意力放在基本概念和基本知识的把握上，为后续各章节的学习打下扎实的基础。

① 需要了解的：了解数据管理技术的产生和发展过程、数据库系统的优点；了解数据库技术是用来管理数据和处理数据的先进技术；了解层次模型和网状模型的基本概念、数据库系统的组成等。

通过了解数据库技术发展的脉络，读者可理解**数据库系统与文件系统的区别**，以及**数据库系统的优点**。

② 需要牢固掌握的：掌握什么是数据建模、什么是概念模型、什么是数据模型的基本要素；掌握关系模型的相关概念、数据库系统三级模式和两级映像的体系结构、数据库系统的逻辑独立性和物理独立性等。

③ 难点：本章的难点是读者要在短时间内学习数据库领域大量的基本概念。有些概念对于初学者来说比较抽象、不易理解，读者可以通过具体实例来把握这些概念的核心思想，同时带着问题继续学习。需要说明的是，本章只是初步介绍这些概念，后面各章还将进行深入讲解。随着学习的逐步推进，这些抽象的概念会变得清晰和具体起来。

此外，数据模型及数据库系统三级模式和两级映像的体系结构也是本章的难点。

1.2 习题解答和解析

1. 试述数据、数据库、数据库管理系统、数据库系统的概念。

答：请阅读《概论》第 1 章 1.1.1 小节"数据库的 4 个基本概念"。下面对这些概念做一些解析。

【解析】应掌握 4 个概念的确切含义，理解这些概念之间是相互关联的。

（1）**数据**

在现代计算机系统中，数据的概念是广义的。早期的计算机系统主要用于科学计算，处理的数据是整数、实数、浮点数等数值型数据。现代计算机能存储和处理的对象越来越广泛，表示这些对象的数据也越来越复杂。

数据与其语义是不可分的，这一点很重要。例如，500 这个数字可以表示某物品的价格是 500 元，还可以表示一袋奶粉重 500 g 等。

数据库技术是管理数据的技术，数据是数据库管理的基本对象。为此，我们首先需要知道什么是数据，了解数据有多种形式。

（2）**数据库**

① 通俗地讲，数据库是指可供许多用户同时使用、按照一定的数据模型进行组织，并且长期存储在数据库管理系统中的数据集合。

② 数据模型是数据库的核心概念。要逐步掌握什么是数据模型。

（3）**数据库管理系统**

数据库管理系统是一类大型复杂的软件系统，是计算机系统中的基础软件。目前有许多专门研制数据库管理系统的厂商及其推出的相关产品。

（4）**数据库系统**

数据库系统是一种人机系统，数据库是数据库系统的组成部分之一。"数据库系统"与"数据库"是两个概念，但在日常工作中人们常常把"数据库系统"简称为"数据库"。希望读者能够从不同语境中区分这两个概念，不要混淆二者。

2. 试述文件系统与数据库系统的区别和联系。

答： 请参考《概论》第 1 章表 1.1 中的有关内容，并阅读《概论》第 1 章 1.1.2 小节中有关文件系统的阐述。

【解析】首先要明确文件系统和数据库系统都是计算机系统中管理数据的软件。文件系统中的数据以文件的形式组织和存储。每个文件只能被某个应用程序或应用系统使用，其中的数据属于"私有资源"，不能共享给其他应用程序。

数据库系统中的数据是整个组织或企业共享的数据，采用数据模型进行组织和描述，并由数据库管理系统进行统一管理和控制。读者可以阅读《概论》第 1 章 1.1.2 小节中有关数据库系统的阐述，并且参考其中的"扩展阅读"二维码内容，通过一个实例来比较文件系统与数据库系统操作的差异，从而理解数据库系统的优点。

文件系统是操作系统的重要组成部分，而数据库管理系统（DBMS）是独立于操作系统的软件。我们不能独立购买一个文件系统，但一般需要独立购买 DBMS 软件产品。

DBMS 的实现与操作系统中的文件系统紧密相关。数据库实现的基础是文件，对数据库的任何操作最终都要转化为对文件的操作。所以在 DBMS 的实现中，数据库物理组织的基本问题是：如何利用或如何选择操作系统提供的基本的文件组织方法。读者可以参考《概论》第 9 章

"关系数据库存储管理"9.1 节"数据组织"的有关内容。

3. 分别举出适合使用文件系统的应用示例，以及适合使用数据库系统的应用示例。

【解析】读者可以根据自己实际使用或了解的应用来回答，例如，许多手机应用把数据（如照片、短信和微信等）存放在手机操作系统的文件中。一般来说，功能比较简单、固定的应用系统适合使用文件系统。

当前，几乎所有企业或机构的信息系统都是以数据库系统为基础的。例如工厂的信息系统，其中包括许多诸如库存管理、物资采购、生产调度、设备管理和人事管理等子系统；再如学校的学生管理系统、人事管理系统、图书管理系统等。因此，数据库系统已成为信息系统的基础和核心。

4. 试述数据库系统的特点。

答：请阅读《概论》第 1 章 1.1.2 小节中有关数据库系统阶段的阐述。

【解析】数据库系统的主要特点有：

（1）整体数据的结构化

数据库系统实现了整体数据的结构化，这是数据库系统与文件系统的本质区别。

注意这里的"整体"二字。在数据库系统中，数据不再仅仅针对某一个应用，而是面向整个组织或企业的多种应用需求。

（2）数据的共享性强、冗余度低且易于扩充

数据库的数据可以被多个用户或多个应用通过不同的接口、不同的程序设计语言共享使用。

数据共享可以大大减少数据冗余，节省存储空间，同时还能够避免数据之间的不相容性与不一致性。

所谓数据库系统"弹性大"指的是应用系统既容易扩充也易于收缩，即增加或减少应用时无须修改整个数据库的结构，或者只做很少的改动即可。

（3）数据的独立性强

数据独立性是指**数据和程序**之间相互不依赖。即数据的逻辑结构或物理结构发生改变，而程序并不需要跟着改变。因此，数据独立性包括数据的物理独立性和数据的逻辑独立性。

数据的独立性把数据的定义从应用程序中分离出去，这是数据库系统非常重要的特点。

（4）数据由 DBMS 统一管理和控制

数据库数据的共享是并发性的，即多个用户可以同时存取数据库中的数据，甚至可以同时存取数据库中的同一个数据。为此，DBMS 必须提供统一的数据管理功能，包括：

① 数据的安全性保护：保护数据以防不合法的使用造成数据泄露和破坏。

② 数据的完整性检查：保证数据之间满足一定的约束条件。

③ 数据的并发性控制：控制和协调多用户的并发操作，保证并发操作的正确性。

④ 数据库的恢复：当计算机系统发生各种故障时，能够将数据库从错误状态恢复到正确状态。

数据库系统的出现，使信息系统从以加工数据的程序为中心转向以共享的数据库为中心的新阶段。

5．数据库管理系统的主要功能有哪些？

答：请阅读《概论》第 1 章 1.1.1 小节中有关数据库管理系统的阐述。

数据库管理系统的功能十分丰富，也非常复杂，概括起来，包括以下几个方面：

① 数据定义功能。

② 数据组织、存储和管理功能。

③ 数据操纵功能（即数据的查询、插入、删除和修改等）。

④ 数据库的事务管理和运行管理功能（包括数据的安全性与完整性、并发控制和系统恢复等数据控制功能）。

⑤ 数据库的建立和维护功能。

⑥ 其他功能（如异构数据库之间的互访和互操作功能等）。

有关数据库管理系统的详细介绍，读者可以阅读《概论》第 13 章"数据库管理系统概述"。

6．什么是概念模型？试述概念模型的作用。

答：请阅读《概论》第 1 章 1.2.1 小节"数据建模"和 1.2.2 小节"概念模型"相关内容。

概念模型是数据建模过程中从现实世界到机器世界的一个中间层次。

概念模型用于信息世界的建模，是数据库设计人员进行数据库设计的有力工具，也是数据库设计人员和用户之间进行交流的语言。

7．定义并解释概念模型中以下术语：

实体，实体型，实体集，实体之间的联系

答：请阅读《概论》第 1 章 1.2.2 小节"概念模型"相关内容。

实体：客观存在并可相互区别的事物称为实体。

实体型：用实体名及其属性名集合来抽象和刻画同类实体，称为实体型（或实体类型）。

实体集：同一类型实体的集合称为实体集。

实体之间的联系：包括实体（型）内部的联系和实体（型）之间的联系。实体内部的联系通常是指组成实体的各属性之间的联系，实体之间的联系通常是指不同实体集之间的联系。实体之间的联系有一对一、一对多和多对多等多种类型。

8．试述数据模型的概念、作用和数据模型的三个要素。

答：请阅读《概论》第 1 章 1.2.3 小节"数据模型的三要素"相关内容。

数据模型是数据库系统中最重要的概念之一。数据模型是数据库中用来对现实世界进行抽象的工具，是数据库中用于提供信息表示和操作手段的形式构架。

数据模型是数据库系统的基础。任何一个 DBMS 都是以某一种数据模型为基础，或者说支持某一种数据模型的。

数据模型通常由数据结构、数据操纵和完整性约束三部分组成。

① 数据结构：描述数据库的组成对象以及对象之间的联系。

② 数据操纵：是指对数据库中各种对象（型）的实例（值）允许执行的操作的集合，包括操作及有关的操作规则。

③ 数据的完整性约束：完整性约束是指给定的数据模型中数据及其联系所具有的制约和依存规则，用以限定符合数据模型的数据库状态以及状态的变化。

【解析】数据库系统中模型有不同的层次。根据模型应用的不同目的，可以将模型分成两个层次：一是概念模型，是按用户的观点来对数据和信息建模，用于信息世界的建模，强调语义表达能力，概念简单清晰；二是数据模型，是按计算机系统的观点对数据建模，用于机器世界，人们可以用它定义和操纵数据库中的数据。

9. 试述层次模型的概念，举出三个层次模型的实例。

答： 请阅读《概论》第 1 章 1.2.4 小节"层次模型"相关内容。首先要了解什么是基本层次联系，即两个记录及其之间的一对多（包括一对一）联系。

在数据库中，满足下面两个条件的基本层次联系的集合称为层次模型：

① 有且只有一个结点没有双亲结点，这个结点称为根结点。

② 根以外的其他结点有且只有一个双亲结点。

层次模型的实例在现实生活中有很多，例如，

① 行政机构层次模型：

编号	机构名	办公地点	机构

处室编号	处室名	处室

职工号	姓名	职务	职工

② 行政区域层次模型（记录的字段从略）：

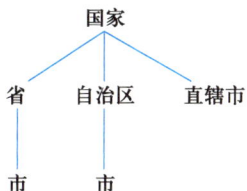

```
            国家
        ／    |    ＼
       省   自治区  直辖市
       |      |
       市     市
```

③ 学校层次数据模型：

编号	学校名称	地址	校长	学校

学院编号	学院名称	院长	学院

系编号	系名	系主任	教员人数	系

10．试述网状模型的概念，并举出三个网状模型的实例。

答：请阅读《概论》第 1 章 1.2.5 小节"网状模型"相关内容。

在数据库中，满足下面两个条件的基本层次联系集合称为网状模型。

① 允许一个以上的结点无双亲结点。

② 一个结点可以有多于一个的双亲结点。

网状模型的实例如下：

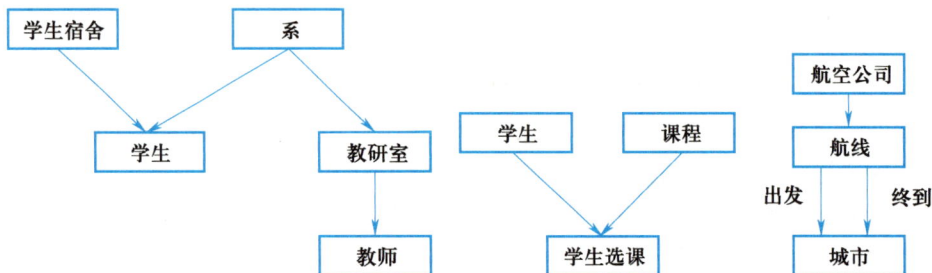

11．试述层次模型和网状模型的优缺点。

答：层次模型的优点主要有：

① 层次模型的数据结构比较简单清晰。

② 层次数据库的查询效率高。

③ 层次模型提供了良好的完整性约束支持。

层次模型的缺点主要有：

① 现实世界中很多联系是非层次性的，层次模型不能自然地表示这类联系。

② 层次模型中的查询必须按照层次结构从根结点开始，沿着路径进行。因此，用户必须清楚所用数据库的层次结构，这自然对用户提出了比较高的要求。

网状模型的优点主要有：

① 能够更为直接地描述现实世界，如一个结点可以有多个双亲结点。

② 具有良好的性能，存取效率较高。

网状模型的缺点主要有：

① 结构比较复杂，而且随着应用环境的扩大，数据库的结构会变得越来越复杂，不利于最终用户掌握。

② 网状模型的数据定义语言（DDL）、数据操纵语言（DML）比较复杂，并且要嵌入某一种高级语言中，用户不容易掌握和使用。

12．试述关系模型的概念，定义并解释以下术语：

关系，属性，域，元组，码，分量，关系模式

答：请阅读《概论》第 1 章 1.2.6 小节"关系模型"相关内容。

关系模型由关系数据结构、关系操作集合和关系完整性约束三部分组成。

在用户眼中，关系模型中数据的逻辑结构是一张二维表，它由行和列组成。

① 关系：一个关系对应一张二维表。

② 属性：表中的一列即为一个属性。

③ 域：某一属性的取值范围。

④ 元组：表中的一行即为一个元组。

⑤ 码：表中的某一个属性或一组属性，其值可以唯一确定一个元组。

⑥ 分量：元组中的一个属性值。

⑦ 关系模式：对关系的描述，一般表示为：

关系名(属性 1，属性 2，…，属性 n)

【解析】希望读者通过具体的实例来理解这些概念。《概论》第 2 章、第 3 章会更加深入地讨论这些概念。

13. 试述关系模型的优缺点。

答：请阅读《概论》第 1 章 1.2.6 小节"关系模型"相关内容。

关系模型具有下列优点：

① 关系模型建立在严格的数学定义基础上。

② 关系模型的概念单一，其数据结构简单、清晰，用户易懂易用。

③ 关系模型的存取路径对用户隐蔽。用户存取数据时不必考虑数据的存取路径，使用简单。

关系模型最主要的缺点是：由于存取路径对用户隐蔽，为了提高性能，关系数据库管理系统必须对用户的查询请求进行优化，从而增加了开发关系数据库管理系统的难度。

14. 试述数据库系统的三级模式结构，并说明这种结构的优点。

答：请阅读《概论》第 1 章 1.3 节"数据库系统的三级模式结构"相关内容。

数据库系统的三级模式结构由外模式、模式和内模式组成（参考《概论》第 1 章图 1.15）。

外模式：亦称子模式或用户模式，是数据库用户能够看见和使用的局部数据的逻辑结构和特征的描述，是数据库用户的数据视图。

模式：亦称逻辑模式，是数据库中全体数据的逻辑结构和特征的描述，是所有用户的公共数据视图。模式描述的是数据的全局逻辑结构。外模式通常是模式的子集。

内模式：亦称存储模式，是数据在数据库内部的组织方式，即对数据的物理结构和存储方式的描述。

为了能够在数据库系统内部实现这三个抽象层次的联系和转换，数据库系统在三级模式之间提供了两级映像：外模式/模式映像和模式/内模式映像。正是这两级映像保证了数据库系统中的数据能够具有较高的逻辑独立性和物理独立性。

15．试述数据与程序的逻辑独立性和物理独立性。为什么数据库系统具有数据与程序的独立性？

答：请阅读《概论》第 1 章 1.3.3 小节"数据库的两级映像与数据独立性"相关内容。

数据与程序的逻辑独立性：当数据的逻辑结构（即模式）发生改变时，数据库管理员通过对各个外模式/模式映像做相应的改变，可以使外模式保持不变，从而不必修改应用程序，这就是数据与程序的逻辑独立性，简称数据的逻辑独立性。

数据与程序的物理独立性：当数据库的存储结构发生改变时，数据库管理员通过对模式/内模式映像做相应的改变，可以使模式保持不变，从而也不必修改应用程序，这就是数据与程序的物理独立性，简称数据的物理独立性。

数据库管理系统在三级模式之间提供的两级映像，保证了数据库系统中的数据能够具有较高的逻辑独立性和物理独立性。

16．试述数据库系统的组成。

答：请阅读《概论》第 1 章 1.4 节"数据库系统的组成"相关内容。

数据库系统一般由数据库、数据库管理系统（及其应用开发工具）、应用系统和数据库管理员组成（参见《概论》第 1 章图 1.16）。

1.3　补充习题

1．选择题

① 数据库系统的核心和基础是（　　）。

    A．物理模型　　　　　　B．概念模型　　　　C．数据模型　　　　　D．逻辑模型

② 实现将现实世界抽象为信息世界的是（　　）。

    A．物理模型　　　　　　B．概念模型　　　　C．关系模型　　　　　D．逻辑模型

③ 数据管理技术经历了若干阶段，其中人工管理阶段和文件系统阶段相比，文件系统的一个显著优势是（　　）。

    A．数据可以长期保存　　　　　　　　B．数据共享性很强

    C．数据独立性很好　　　　　　　　　D．数据整体结构化

④ 能够保证数据库系统中的数据具有较高逻辑独立性的是（　　）。

    A．外模式/模式映像　　B．模式　　　　　C．模式/内模式映像　　D．外模式

⑤ IBM 公司的 IMS 数据库管理系统采用的数据模型是（　　）。

    A．层次模型　　　　　　B．网状模型　　　　C．关系模型　　　　　D．面向对象模型

⑥ DBMS 是一类系统软件，它建立在下列哪种系统之上？（　　）。

    A．应用系统　　　　　　B．编译系统　　　　C．操作系统　　　　　D．硬件系统

⑦ 关于网状数据库，以下说法正确的是（　　）。

    A．只有一个结点可以无双亲结点

  B．一个结点可以有多于一个的双亲结点

  C．两个结点之间只能有一种联系

  D．每个结点有且只有一个双亲结点

⑧　下列说法中，正确的是（　　　）。

  A．数据库的概念模型与具体的 DBMS 有关

  B．三级模式中描述全体数据的逻辑结构和特征的是外模式

  C．数据库管理员负责设计和编写应用系统的程序模块

  D．从逻辑模型到物理模型的转换一般是由 DBMS 完成的

⑨　长期存储在计算机内，有组织的、可共享的大量数据的集合是（　　　）。

  A．数据（Data）   B．数据库（DataBase）

  C．数据库管理系统（DBMS） D．数据库系统（DBS）

⑩　在数据管理技术发展过程中，需要应用程序管理数据的是（　　　）。

  A．人工管理阶段   B．人工管理阶段和文件系统阶段

  C．文件系统阶段和数据库系统阶段 D．数据库系统阶段

2．判断题

①　在文件系统管理阶段，由文件系统提供数据存取方法，所以数据已经达到很强的独立性。   （　　　）

②　通常情况下，外模式是模式的子集。   （　　　）

③　数据库管理系统是指在计算机系统中引入数据库后的系统，一般由 DB、DBS、应用系统和 DBA 组成。   （　　　）

④　在数据模型的组成要素中，数据结构是刻画一个数据模型性质的最重要的方面，人们通常按照数据结构的类型来命名数据模型。   （　　　）

⑤　数据库系统的三级模式是对数据进行抽象的三个级别，把数据的具体组织留给 DBMS 管理。   （　　　）

⑥　层次模型是比网状模型更具普遍性的结构，网状模型是层次模型的一个特例。 （　　　）

3．填空题

①　数据模型按照计算机的观点对数据建模，主要的数据模型包括_____、_____、_____、面向对象模型、对象关系模型和半结构化数据模型等。

②　最经常使用的概念模型是_____。

③　数据独立性是数据库领域的重要概念，包括数据的_____独立性和数据的_____独立性。

④　数据库系统的三级模式结构是指数据库系统是由_____、_____和_____三级构成。

⑤　两个实体型之间的联系可以分为三种：一对一联系、_____和_____。

⑥ 数据库管理系统提供的数据控制方面的功能包括_____、_____、_____和数据库恢复。

⑦ 数据库的三级模式结构中，描述局部数据的逻辑结构和特征的是_____。

⑧ 层次模型和网状模型中的单位是基本层次联系，这是指两个_____以及它们之间的_____（包括一对一）的联系。

⑨ 在数据模型的组成要素中，描述系统的静态特性和动态特性的分别是_____和_____。

4．问答题

*① 试述在数据管理的文件系统阶段和数据库系统阶段，"数据独立性"的含义有何不同。

② 简述使用文件系统管理数据的缺点。

1.4   补充习题答案

1．选择题答案

①	②	③	④	⑤	⑥	⑦	⑧	⑨	⑩
C	B	A	A	A	C	B	D	B	A

2．判断题答案

①	②	③	④	⑤	⑥
×	√	×	√	√	×

3．填空题答案

① 层次模型   网状模型   关系模型

② E-R 模型

③ 物理   逻辑

④ 外模式   模式   内模式

⑤ 一对多联系   多对多联系

⑥ 安全性   完整性   并发控制

⑦ 外模式

⑧ 记录（型）   一对多

⑨ 数据结构   数据操纵

4．问答题答案

*① 试述在数据管理的文件系统阶段和数据库系统阶段，"数据独立性"的含义有何不同。

答：在文件系统中，数据被组织成相互独立的数据文件，程序按照文件名来访问数据，"数据独立性"指的是一种"设备独立性"。数据库系统中的"数据独立性"包括物理独立性和逻辑独立性，物理独立性是指用户的应用程序与存储在磁盘上的数据库中的数据是相互独立的；逻辑独立性是指用户的应用程序与数据库的逻辑结构是相互独立的。

② 简述使用文件系统管理数据的缺点。

答：主要缺点是：

a．数据共享性差，冗余度高。

b．数据独立性差。

第2章 关系模型

《概论》第 2 章系统地讲解了关系模型的重要概念，关系模型包括关系数据结构、关系操作集合以及关系完整性约束三部分。另外，本章还讲解了关系代数和关系演算。

2.1 基本知识点

关系模型和关系数据库是《概论》一书的重点，在全书中占有较大的篇幅。因此，掌握本章的关键内容是学好后续各章的基础。

① 需要了解的：了解关系模型产生和发展的过程、关系数据库产品的发展及沿革；了解关系演算的概念，这部分内容不包括在本科教学大纲内。

② 需要牢固掌握的：掌握关系模型的三个组成部分及各部分所包含的主要内容；牢固掌握关系模型的数据结构及其形式化定义、关系的三类完整性约束的概念。

③ 需要举一反三的：关系代数，关系代数中的各种运算，包括并、交、差、选择、投影、连接、除，以及广义笛卡儿积等。

④ 难点：本章的难点在于关系代数。由于关系代数较为抽象，因此读者在学习过程中一定要结合具体实例进行反复练习。

2.2 习题解答和解析

1. 试述关系模型的三个组成部分。

【解析】按照数据模型的三要素，《概论》第 2 章 2.1 节讲解了关系模型的数据结构，2.2 节讲解了关系操作，2.3 节讲解了关系的三类完整性约束。希望读者能牢固掌握关系模型三个组成部分的内涵，并阅读有关章节。

答：关系模型由关系数据结构、关系操作集合，以及关系完整性约束三部分组成。

2. 简述关系数据语言的特点和分类。

答：请阅读《概论》第 2 章 2.2.2 小节"关系数据语言的分类"相关内容。

关系数据语言可以分为三类：关系代数、关系演算，以及结构化查询语言（简称 SQL，具有关系代数和关系演算双重特点）。

3. 定义并理解下列术语，说明它们之间的联系与区别：

① 域，笛卡儿积，关系，元组，属性

【解析】关系模型是建立在集合代数的基础上的，第 2 章从集合论的角度给出了关系数据结构较为形式化的定义，读者需要了解本题给出的术语和概念。而在第 1 章，则是用通俗的语言来说明什么是关系。

域：域是一组具有相同数据类型的值的集合。

笛卡儿积：给定一组域 $D_1, D_2, \cdots, D_n$，允许其中某些域是相同的，这组域的笛卡儿积为

$$D_1 \times D_2 \times \cdots \times D_n = \{(d_1, d_2, \cdots, d_n) \mid d_i \in D_i, i = 1, 2, \cdots, n\}$$

关系：在域 $D_1, D_2, \cdots, D_n$ 上笛卡儿积 $D_1 \times D_2 \times \cdots \times D_n$ 的子集称为关系，表示为

$$R(D_1, D_2, \cdots, D_n)$$

元组：关系中的每个元素称为元组。

属性：关系也是一张二维表，表的每行对应一个元组，表的每列对应一个域。由于域可以相同，为了加以区分，必须给每列起一个名字，称为属性（attribute）。

② 候选码，主码，全码，主属性，非主属性，外码

《概论》第 2 章 2.1.2 小节"关系模式"详细给出了主码、全码、候选码、主属性和非主属性的定义和解释，关键要掌握候选码和主码的概念。

《概论》第 2 章 2.3.2 小节"参照完整性"讲解了外码的概念，给出了参照完整性的示例，希望读者阅读这些内容。

下面对其中的三个概念进行说明。

候选码：若关系模式中的某一属性或属性组的值能唯一地标识一个元组，而它的真子集不能唯一地标识一个元组，则称该属性或属性组为候选码（candidate key）。

主码：若一个关系有多个候选码，则选定其中一个为主码（primary key）。

外码：设 F 是基本关系 R 的一个或一组属性，但不是关系 R 的码，如果 F 与基本关系 S 的主码 Ks 相对应，则称 F 是基本关系 R 的外部码（foreign key），简称外码。

③ 关系模式，关系，关系数据库

【解析】我们一直强调在数据库中要区分数据模型的型和值。在关系模型中，关系是元组的集合，关系是值；关系模式是对关系的描述，关系模式是型。

关系模式：关系的描述称为关系模式（relation schema）

$$R(U, D, DOM, F)$$

其中 R 为关系名，U 为组成该关系的属性集合，D 为 U 中属性所来自的域，DOM 为属性向域的映像集合，F 为属性间数据依赖关系的集合（将在第 6 章中讲解）。

关系：关系是关系模式在某一时刻的状态或内容。关系模式是静态的、稳定的，而关系是动态的、随时间不断变化的，这是因为关系操作在不断地更新着数据库中的数据。

关系数据库：关系数据库也有型和值之分。关系数据库的型称为关系数据库模式，是对关系数据库的描述，它包括若干域的定义以及在这些域上定义的若干关系模式。关系数据库的值

是这些关系模式在某一时刻对应的关系的集合，通常称为关系数据库。

4. 举例说明关系模式和关系的区别。

答：关系模式是型，关系是值，是关系模式的实例。例如，

Student(Sno, Sname, Sage)是关系模式，下面的表是关系，即某一时刻关系模式的值：

Sno	Sname	Sage
S_1	张俊丽	18
S_2	李红钰	19
S_3	王敏英	19

5. 试述关系模型的完整性约束。在参照完整性中，什么情况下外码属性的值可以为空值？

答：请阅读《概论》第 2 章 2.3 节"关系的完整性"。希望读者通过学习教材中的示例，加深对关系参照完整性的理解。

关系模型中有三类完整性约束：实体完整性、参照完整性和用户定义的完整性。关系模型的完整性约束是对关系的某种约束条件。

请注意，实体完整性和参照完整性是关系模型必须满足的完整性约束。

参照完整性是两个关系之间的一种约束，即基本关系 S 与 R 在主码和外码之间应该满足的约束条件。

用户定义的完整性是指针对某一具体应用场景，关系数据库需要满足的约束条件。它反映某一具体应用所涉及的数据必须满足的语义要求。

【解析】在参照完整性中，什么情况下外码属性的值可以为空值？

如果外码属性不是其所在关系的主属性，则外码属性的值可以取空值。

例如，下面"学生"表中的"专业号"和"专业"表中的主码"专业号"是主-外码的联系。"专业号"是学生表的外码，但不是学生表的主属性，可以为空。其语义是该学生的专业尚未确定。

学生(<u>学号</u>, 姓名, 性别, 专业号, 年龄)

专业(<u>专业号</u>, 专业名)

而下面"选修"表中的"课程号"虽然也是一个外码属性，但它又是"课程"表中的主属性，课程表必须满足实体完整性，所以其主属性"课程号"不能为空。

课程(<u>课程号</u>, 课程名, 学分)

选修(<u>学号</u>, <u>课程号</u>, 成绩)

6. 设有一个 SPJ 数据库，包括 4 个关系模式 S、P、J 及 SPJ：

S(SNO, SNAME, STATUS, CITY);

P(PNO, PNAME, COLOR, WEIGHT);

J(JNO, JNAME, CITY);

SPJ(SNO, PNO, JNO, QTY).

供应商表 S 由供应商代码（SNO）、供应商姓名（SNAME）、供应商状态（STATUS）和供应商所在城市（CITY）组成。

零件表 P 由零件代码（PNO）、零件名（PNAME）、颜色（COLOR）和重量（WEIGHT）组成。

工程项目表 J 由工程项目代码（JNO）、工程项目名（JNAME）和工程项目所在城市（CITY）组成。

供应情况表 SPJ 由供应商代码（SNO）、零件代码（PNO）、工程项目代码（JNO）和供应数量（QTY）组成，表示某供应商供应某种零件给某工程项目的数量为 QTY。

今有若干数据如下：

S 表

SNO	SNAME	STATUS	CITY
S1	精益	20	天津
S2	盛锡	10	北京
S3	东方红	30	北京
S4	丰泰盛	20	天津
S5	为民	30	上海

P 表

PNO	PNAME	COLOR	WEIGHT
P1	螺母	红	12
P2	螺栓	绿	17
P3	螺丝刀	蓝	14
P4	螺丝刀	红	14
P5	凸轮	蓝	40
P6	齿轮	红	30

J 表

JNO	JNAME	CITY
J1	三建	北京
J2	一汽	长春
J3	弹簧厂	天津
J4	造船厂	天津
J5	机车厂	唐山
J6	无线电厂	常州
J7	半导体厂	南京

SPJ 表

SNO	PNO	JNO	QTY
S1	P1	J1	200
S1	P1	J3	100
S1	P1	J4	700
S1	P2	J2	100
S2	P3	J1	400
S2	P3	J2	200
S2	P3	J4	500
S2	P3	J5	400
S2	P5	J1	400
S2	P5	J2	100
S3	P1	J1	200
S3	P3	J1	200
S4	P5	J1	100
S4	P6	J3	300
S4	P6	J4	200
S5	P2	J4	100
S5	P3	J1	200
S5	P6	J2	200
S5	P6	J4	500

试用关系代数、元组关系演算语言 ALPHA 和域关系演算语言 QBE 完成如下查询：

① 求供应工程项目 J1 零件的供应商代码 SNO。

此查询只涉及一个 SPJ 关系。先对 SPJ 做选择操作，再对查询结果做投影。

关系代数：

$$\pi_{SNO}(\sigma_{JNO='J1'}(SPJ))$$

ALPHA 语言：

GET W(SPJ.SNO): SPJ.JNO='J1'

【解析】ALPHA 语言是元组关系演算语言，操作条件是一个逻辑表达式，用来把操作结果限定在满足条件的元组中。

QBE 语言：

SPJ	SNO	PNO	JNO	QTY
	P. <u>S1</u>		J1	

② 求供应工程项目 J1 零件 P1 的供应商代码 SNO。

【解析】先对 SPJ 做选择操作（比上面题目多了一个选择条件），再对查询结果做投影。

关系代数：

$$\pi_{SNO}(\sigma_{JNO='J1' \wedge PNO='P1'}(SPJ))$$

ALPHA 语言：

GET W(SPJ.SNO): SPJ.JNO='J1'∧SPJ.PNO='P1'

QBE 语言：

SPJ	SNO	PNO	JNO	QTY
	P.<u>S1</u>	P1	J1	

③ 求供应工程项目 J1 红色零件的供应商代码 SNO。

【解析】此查询涉及 SPJ 和 P 两个关系。先分别对 SPJ 和 P 做选择和投影操作，再对这两个查询结果做连接操作，最后针对连接结果在 SNO 上做投影。

关系代数：

$$\pi_{SNO}(\pi_{SNO,PNO}(\sigma_{JNO='J1'}(SPJ)) \bowtie \pi_{PNO}(\sigma_{COLOR='红'}(P)))$$

ALPHA 语言：

RANGE P PX
GET W (SPJ.SNO): SPJ.JNO='J1'∧∃PX(PX.COLOR='红'∧PX.PNO=SPJ.PNO)

QBE 语言：

SPJ	SNO	PNO	JNO	QTY
	P.S1	P1	J1	

P	PNO	PNAME	COLOR	WEIGHT
	P1		红	

④ 求没有使用天津供应商生产的红色零件的工程项目代码 JNO。

关系代数:

$$\pi_{JNO}(J) - \pi_{JNO}(\pi_{SNO}(\sigma_{CITY='天津'}(S)) \bowtie \pi_{SNO, PNO, JNO}(SPJ)$$
$$\bowtie \pi_{PNO}(\sigma_{COLOR='红'}(P)))$$

【解析】$\pi_{JNO}(J)$是全部工程项目的工程项目代码,减法运算中被减的部分是使用了天津供应商生产的红色零件的所有工程项目代码。两者相减就是没有使用天津供应商生产的红色零件的工程项目代码,包括没有使用任何零件的工程项目代码。

ALPHA 语言:

```
RANGE SPJ SPJX
      P PX
      S SX
GET W (J.JNO): ¬∃SPJX( SPJX .JNO=J.JNO ∧
                ∃SX ( SX.SNO=SPJX .SNO ∧ SX .CITY='天津' ∧
                ∃PX(PX .PNO=SPJX .PNO ∧ PX .COLOR='红'))
```

【解析】

在 S、P、SPJ 表上各设了一个元组变量。

解题思路:要找的是满足给定条件的工程项目代码 JNO。因此,应对工程表 J 中的每一个 JNO 进行判断。

a. 查看 SPJ 中是否存在这样的元组:其 JNO=J.JNO,并且所用的零件是红色的,该零件的供应商是天津的。

b. 如果 SPJ 中不存在这样的元组,则该工程项目代码 JNO 满足条件,放入结果集合中。

c. 如果 SPJ 中存在这样的元组,则该工程项目代码 JNO 不满足条件,不放入结果集合中。接下来,再对工程表 J 中的下一个 JNO 进行同样的判断。

d. 直到所有 JNO 都检查完。

e. 结果集合中是所有没有使用天津供应商生产的红色零件的工程项目代码,包括没有使用任何零件的工程项目代码。

QBE 语言:

当不考虑没有使用任何零件的工程时,查询为

S	SNO	SNAME	STATUS	CITY
	<u>S1</u>			天津

P	PNO	PNAME	COLOR	WEIGHT
	<u>P1</u>		红	

SPJ	SNO	PNO	JNO	QTY
¬	<u>S1</u>	<u>P1</u>	P. <u>J1</u>	

【解析】

本题是从 SPJ 表中输出满足条件的 JNO，没有使用任何零件的工程项目的工程项目代码不会出现在 SPJ 中。所以本题的结果不包括没有使用任何零件的工程项目代码。

当考虑没有使用任何零件的工程时，查询为

J	JNO	JNAME	CITY
¬	P.<u>J1</u>		

S	SNO	SNAME	STATUS	CITY
	<u>S1</u>			天津

P	PNO	PNAME	COLOR	WEIGHT
	<u>P1</u>		红	

SPJ	SNO	PNO	JNO	QTY
	<u>S1</u>	<u>P1</u>	<u>J1</u>	

【解析】

本题是从 J 表中输出满足条件的 JNO，未使用任何零件的工程项目的工程项目代码也满足条件。所以本题的结果包括未使用任何零件的工程项目代码。

⑤ 求至少使用了与供应商 S1 所供应的全部零件相同零件代码的工程项目代码 JNO。

关系代数：

$$\pi_{JNO, PNO}(SPJ) \div \pi_{PNO}(\sigma_{SNO='S1'}(SPJ))$$

【解析】第一部分是所有工程与该工程所用的零件，第二部分是 S1 所供应的全部零件代码。对于 SPJ 表中的某一个 JNO，如果该工程使用的所有零件的集合包含了 S1 所供应的全部零件代码，则该 JNO 符合本题条件（在除法运算的结果集中）。

可以看到，使用关系代数的除法运算概念清晰，语言表达也很简洁。

ALPHA 语言：（类似于《概论》第 2 章［例 2.27］）。

```
RANGE SPJ SPJX
      SPJ SPJY
      P   PX
GET W(J.JNO): ∀PX(∃SPJX(SPJX.PNO=PX.PNO∧SPJX.SNO='S1')
      => ∃SPJY(SPJY.JNO=J.JNO∧SPJY.PNO=PX.PNO))
```

【解析】

SPJ 表上设了两个元组变量 SPJX、SPJY，P 表上设了一个元组变量 PX。

解题思路：要找的是满足给定条件的工程项目代码 JNO，因此对工程表 J 中的每一个 JNO（如 J1），进行以下一组操作：

a. 对于零件 PX 中的所有零件，依次对每一个零件，进行以下检查：

b. 例如，对于零件 P1，检查 SPJX，判断 S1 是否供应了该零件，如果是，再判断这一个 JNO（如 J1）是否使用了该零件。

c. 如果对于 S1 所供应的每种零件，这一个 JNO（如 J1）都使用了，则该 JNO（如 J1）满足所要求的工程项目。

为了帮助理解，读者可以画出所涉及的三个表，给出一些数据，并按照上面的解析步骤逐步进行分析，从而掌握解题方法，达到举一反三的要求。

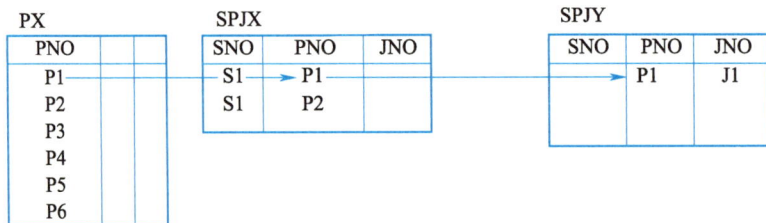

PX				SPJX					SPJY		
PNO				SNO	PNO	JNO			SNO	PNO	JNO
P1				S1	P1					P1	J1
P2				S1	P2						
P3											
P4											
P5											
P6											

QBE 语言：不要求。

7. 试述等值连接与自然连接的区别和联系。

【解析】它们是连接运算中两种最为重要，也最为常用的连接。

自然连接是一种特殊的等值连接，它要求两个关系中进行比较的分量（即连接属性）必须是同名的属性列，并且要在结果中把重复的属性列去掉。

8. 关系代数的基本运算有哪些？如何用这些基本运算来表示其他运算？

答：在 8 种关系代数运算中，并、差、笛卡儿积、投影和选择 5 种运算为基本运算，其他 3 种运算，即交、连接和除，均可以用这 5 种基本运算来表达。

交运算：

$$R \cap S = R - (R - S)$$

连接运算：

$$R \underset{A\theta B}{\bowtie} S = \sigma_{A\theta B}(R \times S)$$

除运算：

$$R(X, Y) \div S(Y, Z) = \pi_X(R) - \pi_X(\pi_X(R) \times \pi_Y(S) - R)$$

其中，X、Y、Z 为属性组，R 中的 Y 和 S 中的 Y 可以有不同的属性名，但必须出自相同的域集。

2.3　补充习题

1. 选择题

① 关于关系模型，下列叙述不正确的是（　　）。

　　A．一个关系至少要有一个候选码　　　　　B．列的次序可以任意交换

　　C．行的次序可以任意交换　　　　　　　　D．一个列的值可以来自不同的域

② 下列说法正确的是（　　）。

　　A．候选码都可以唯一地标识一个元组　　　B．候选码中只能包含一个属性

　　C．主属性可以取空值　　　　　　　　　　D．关系的外码不可以取空值

③ 关系操作中，操作的对象和结果都是（　　）。

　　A．记录　　　　　　　　B．集合　　　　　　　C．元组　　　　　　　D．列

④ 假设存在一张职工表，包含"性别"属性，要求该属性的值只能取"男"或"女"，这属于（　　）。

　　A．实体完整性　　　　　　　　　　　　　　B．参照完整性

　　C．用户定义的完整性　　　　　　　　　　　D．关系不变性

⑤ 有两个关系 $R(A, B, C)$ 和 $S(B, C, D)$，将 R 和 S 进行自然连接，得到的结果包含的列数为（　　）。

　　A．6　　　　　　　　　B．4　　　　　　　　C．5　　　　　　　　D．2

2. 判断题

① 关系模型的一个特点是实体以及实体之间的联系都可以使用相同的结构类型来表示。　　　　　　　　　　　　　　　　　　　　　　　　　　　　　　　　（　　）

② 关系模型中，非主属性不可能出现在任何候选码中。　　　　　　　　　（　　）

③ 在左外连接中，保留的是左边关系中所有的元组。　　　　　　　　　　（　　）

④ 关系模式是对关系的描述，关系是关系模式在某一时刻的状态或内容。（　　）

3. 填空题

① 在关系模型中，关系操作包括查询、_____、_____和_____等。

② 关系模型的三类完整性约束是指_____、_____和_____。

③ 关系模型包括8种查询操作，其中_____、_____、并、_____和笛卡儿积是5种基本操作，其他操作可以用基本操作定义和导出。

④ 职工（<u>职工号</u>，姓名，年龄，部门号）和部门（<u>部门号</u>，部门名称）存在引用关系，

其中_____是参照关系，_____是外码。

4. 问答题

① 说明什么是关系完备性。关系演算在语言表达能力上是完备的吗？

② 如果某数据库只有一个关系，是否就不存在参照完整性了？

5. 综合题

① 假设有一个数据库包含以下关系模式：

Teacher (<u>Tno</u>, Tname, Tage, Tsex)　　　/*主码下面加了下画线*/

Department (<u>Dno</u>, Dname, DTno)

Work (<u>Tno</u>, Dno, Year, Salary)

教师表 Teacher 由教师代码（Tno）、教师姓名（Tname）、教师年龄（Tage）、教师性别（Tsex）组成。

系表 Department 由系代码（Dno）、系名（Dname）、系主任代码（DTno）组成。

工作表由教师代码（Tno）、系代码（Dno）、入职年份（Year）、工资（Salary）组成。

试用关系代数表示每个查询：

a. 列出工资超过 5 000 元的教师的不同年龄。

b. 查找不在计算机系工作的教师代码。

c. 系主任 T1 管辖范围内的所有教师姓名。

d. 假设对于关系 r，$\rho_x(r)$ 表示别名为 x 的一个相同的关系，系里的每个教师都有工资，列出比 D1 系的所有教师工资都高的教师代码。

② 考虑①描述的数据库，每个关系包含的元组如下：

Teacher

Tno	Tname	Tage	Tsex
T1	张丽	42	女
T2	李波	45	男
T3	王艳	33	女
T4	赵明	29	男

Department

Dno	Dname	DTno
D1	计算机系	T1
D2	数学系	T2
D3	电子系	NULL

Work

Tno	Dno	Year	Salary
T1	D1	1995	6000
T2	D2	1992	6500
T3	D1	2005	4500

假设符号 ⟕ 和 ⟖ 分别表示左外连接、右外连接，使用关系代数完成以下查询并给出结果：

a. 列出所有教师的姓名以及所在的系名。

b. 列出所有系的名称以及包含的教师姓名。

③ 有两个关系 $S(A, B, C, D)$ 和 $T(C, D, E, F)$，分别包括 N_1、N_2 个元组，$N_2>N_1>0$，对于下列每个关系代数表达式，计算在使表达式有意义的情况下可以得到的最大、最小的元组数目以及列的数目。

$$S \cup T, \quad S \cap T, \quad S-T, \quad S \times T$$
$$\sigma_{A=10}(S), \quad \pi_{A,B}(S), \quad S \bowtie T, \quad \pi_{C,D}(S) \times T$$

2.4　补充习题答案

1．选择题答案

①	②	③	④	⑤
D	A	B	C	B

2．判断题答案

①	②	③	④
√	√	√	√

3．填空题答案

① 插入　删除　修改

② 实体完整性　参照完整性　用户定义的完整性

③ 选择　投影　差

④ 职工　部门号

4．问答题答案

① 说明什么是关系完备性。关系演算在语言表达能力上是完备的吗？

答：关系完备性是指一种查询语言能够表示关系代数可以表示的所有查询。关系演算具有完备的表达能力。

② 如果某数据库只有一个关系，是否就不存在参照完整性了？

【解析】如果数据库只有一个关系，仍然可能存在参照完整性。

请阅读《概论》第 2 章［例 2.3］。在课程(课程号，课程名，学分，先修课)中，"课程号"是主码，"先修课"属性表示选修该门课程之前需要完成的先修课程的课程号，是外码。它参照了本关系主码"课程号"，即"先修课"必须是确实存在的课程的课程号。有些课程也不一定要求有先修课，因此"先修课"属性也可以取空值。

这个例子说明，单独一个关系可以既是参照关系又是被参照关系，刻画了关系内部的互相参照的完整性约束。

5. 综合题答案

①

a. $\pi_{Tage}(Teacher \bowtie \sigma_{Salary>5000}(Work))$

b. $\pi_{Tno}(Teacher)-\pi_{Tno}(Work \bowtie \pi_{Dno}(\sigma_{Dname='计算机系'}(Department)))$

c. $\pi_{Tname}(Teacher \bowtie \pi_{Tno}(Work \bowtie \sigma_{Tno='T1'}(Department)))$

d. $\pi_{Tno}(Work)-(\pi_{Work.Tno}(Work \bowtie_{Work.Salary \leqslant Work2.Salary \wedge Work2.Dno='D1'} \rho_{Work2}(Work)))$

【解析】这里面包含一个自身连接的操作，即 WORK 与 $\rho_{Work2}(Work)$ 的连接。读者可以画出两张表 WORK 与 WORK2，连接条件是 Work.Salary≤Work2.Salary ∧ Work2.Dno='D1'。

Work

Tno	Dno	Year	Salary
T1	D1	1995	6000
T2	D2	1992	6500
T3	D1	2005	4500

Work2

Tno	Dno	Year	Salary
T1	D1	1995	6000
T2	D2	1992	6500
T3	D1	2005	4500

连接结果：得到这样的一些教师，他们的工资小于或等于 D1 中所有教师的工资，然后用全体教师减去这部分教师，就得到比 D1 系的所有教师工资都高的教师。

②

a. $\pi_{Tname, Dname}(Teacher \bowtie\!\!\!\!\!\!\times (Work \bowtie Department))$

【解析】先对 Work 和 Department 进行自然连接，得到教师所在系的系名信息，再把教师表和中间结果做左外连接，得到所有教师的工作信息，最后在教师姓名和系名上投影。如果某个新入职的教师还没有确定到哪个系工作，例如 T4 赵明，其姓名仍然在最后的结果中，所在的系为 NULL。

Tname	Dname
张丽	计算机系
李波	数学系
王艳	计算机系
赵明	NULL

b. $\pi_{\text{Tname, Dname}}((\text{Teacher} \bowtie \text{Work}) \bowtie \text{Department})$

【解析】电子系刚刚成立，还没有系主任和教师，右外连接得到如下结果：

Tname	Dname
张丽	计算机系
李波	数学系
王艳	计算机系
NULL	电子系

③

表达式	最大元组数目	最小元组数目	列的数目
$S \cup T$	$N_1 + N_2$	N_2	4
$S \cap T$	N_1	0	4
$S - T$	N_1	0	4
$S \times T$	$N_1 \times N_2$	$N_1 \times N_2$	8
$\sigma_{A=10}(S)$	N_1	0	4
$\pi_{A,B}(S)$	N_1	1	2
$S \bowtie T$	$N_1 \times N_2$	0	6
$\pi_{C,D}(S) \times T$	$N_1 \times N_2$	N_2	6

第 3 章 关系数据库标准语言 SQL

《概论》第 3 章详细介绍了结构化查询语言（SQL）。SQL 是关系数据库的标准语言，其内容十分丰富，是关系数据库概念和技术的重要组成部分。

3.1 基本知识点

关系模型和关系数据库是《概论》的重点，第 3 章则是重点中的重点，因为关系数据库系统的主要功能都是通过 SQL 来实现的。

① 需要了解的：了解 SQL 的发展过程，从而进一步了解关系数据库技术和关系数据库管理系统（RDBMS）产品的发展过程。

② 需要牢固掌握的：掌握 SQL 的特点和优点，体会面向过程的语言与 SQL 的区别；体会关系数据库系统为数据库应用系统的开发提供良好的环境、减轻用户的负担、提高用户生产率的原因。

③ 需要举一反三的：熟练且正确使用 SQL 完成对数据库的查询、插入、删除、更新操作，特别要熟练掌握 SQL 强大的查询功能。

在完成具体的 SQL 语句时，希望读者能有意识地和关系代数、关系演算等语言进行比较，了解其各自的特点。

④ 难点：本章的难点在于用 SQL 正确地完成复杂查询。因此，读者在学习的过程中一定要多加练习，要在一种 RDBMS 产品上进行实际运行，以检查自己的答案是否正确。只有通过大量练习，才能真正达到举一反三的熟练程度。

3.2 习题解答和解析

1. 试述 SQL 的特点。

【解析】详细内容可参考《概论》第 3 章 3.1.2 小节相关内容。请读者注意不仅要知道这些特点，更关键的是要通过使用 SQL 语句进行具体的练习来更好地理解这些特点。

答：

① 功能综合且风格统一。SQL 集数据定义语言（DDL）、数据操纵语言（DML）、数据控

制语言（DCL）的功能于一体。

② 数据操纵高度非过程化。用 SQL 进行数据操作时，只要提出"做什么"而不必指明"怎么做"，因此无须了解存取路径。存取路径的选择以及 SQL 语句的操作过程都是由系统自动完成的。

③ 面向集合的操作方式。SQL 采用集合操作方式，不仅操作对象、查询结果可以是元组的集合，而且一次插入、删除、更新操作的对象也可以是元组的集合。

④ 以统一的语法结构提供多种使用方式。SQL 既是独立的语言，又是嵌入式语言。作为独立的语言，SQL 能够独立地以联机交互方式使用；作为嵌入式语言，SQL 语句能够嵌入高级语言（如 C、C++、Java、Python）程序，供程序员设计程序时使用。

⑤ 语言简洁且易学易用。

*2. 说明在 DROP TABLE 时，RESTRICT 和 CASCADE 的区别。

答：RESTRICT 表示该表的删除是有限制条件的。例如，要删除的基本表不能被其他表的约束所引用，不能有视图，不能有触发器，不能有存储过程或函数等。如果存在这些依赖该表的对象，则该表不能被删除。

CASCADE 表示该表的删除没有限制条件，在删除基本表的同时，相关的依赖对象（如视图）都将被删除。

【解析】不同的数据库产品，在具体实现和处理 DROP TABLE 的策略上，会与 SQL 标准有所差别。我们对比了 DROP TABLE 的 SQL 标准与 Kingbase ES、Oracle、MS SQL Server 三种数据库产品的不同处理策略。读者可以扫描《概论》第 3 章 3.2.2 小节中的二维码，阅读"不同产品 DROP TABLE 处理策略比较"中的内容。

3. 有两个关系 $S(A, B, C, D)$ 和 $T(C, D, E, F)$，写出与下列查询等价的 SQL 表达式：

① $\sigma_{A=10}(S)$　　② $\pi_{A,B}(S)$　　③ $S \bowtie T$

④ $S \underset{S.C=T.C}{\bowtie} T$　　⑤ $S \underset{A<E}{\bowtie} T$　　⑥ $\pi_{C,D}(S) \times T$

答：

① SELECT * FROM S WHERE A = 10

② SELECT DISTINCT A, B FROM S

③ SELECT A, B, S.C, S.D, E, F FROM S, T WHERE S.C = T.C AND S.D = T.D

【解析】这是自然连接。

④ SELECT A, B, S.C, S.D, T.C, T.D, E, F FROM S, T WHERE S.C = T.C

【解析】这是等值连接。

⑤ SELECT A, B, S.C, S.D, T.C, T.D, E, F FROM S, T WHERE A < E

⑥ SELECT S1.C, S1.D, T.C, T.D, E, F FROM (SELECT DISTINCT(C, D) FROM S) AS S1,T

【解析】(SELECT DISTINCT C, D FROM S) AS S1：S 表在属性列 C 和 D 上投影，从结果集中去掉重复行后把结果集命名为 $S1$，然后连接 $S1$ 和 T 表，生成 $S1$ 和 T 的笛卡儿积。

4. 用 SQL 语句建立第 2 章习题 6 中 SPJ 数据库的 4 个表 S、P、J 及 SPJ，针对建立的表用 SQL 完成第 2 章习题 6 中的查询。

答：建 S 表：

```
S(SNO, SNAME, STATUS, CITY);
CREATE TABLE S
    (SNO CHAR(3) PRIMARY KEY,
    SNAME CHAR(10),
    STATUS CHAR(2),
    CITY CHAR(10) );
```

建 P 表：

```
P(PNO, PNAME, COLOR, WEIGHT);
CREATE TABLE P
    (PNO CHAR(3) PRIMARY KEY,
    PNAME CHAR(10),
    COLOR CHAR(4),
    WEIGHT INT);
```

建 J 表：

```
J(JNO, JNAME, CITY);
CREATE TABLE J
    (JNO CHAR(3) PRIMARY KEY,
    JNAME CHAR(10),
    CITY CHAR(10) ) ;
```

建 SPJ 表：

```
SPJ(SNO, PNO, JNO, QTY);
CREATE TABLE SPJ
    (SNO CHAR(3),
    PNO CHAR(3),
    JNO CHAR(3),
    QTY INT,
    PRIMARY KEY (SNO,PNO,JNO);                /*表级完整性定义，主码由三个属性构成*/
    FOREIGN KEY (SNO) REFERENCES S(SNO);      /*参照完整性定义*/
    FOREIGN KEY (PNO) REFERENCES P(PNO);      /*参照完整性定义*/
    FOREIGN KEY (JNO) REFERENCES J(JNO));     /*参照完整性定义*/
```

【解析】读者完成建表后，应先插入若干数据（如第 2 章习题 6）。

① 求供应工程项目 J1 零件的供应商代码 SNO。

```
SELECT SNO
FROM SPJ
WHERE JNO='J1' ;
```

② 求供应工程项目 J1 零件 P1 的供应商代码 SNO。

```
SELECT SNO
FROM SPJ
WHERE JNO='J1' AND PNO='P1';
```

③ 求供应工程项目 J1 红色零件的供应商代码 SNO。

```
SELECT SNO                          /*这是嵌套查询*/
FROM SPJ
WHERE JNO='J1' AND PNO IN          /*找出红色零件的零件代码 PNO */
     (SELECT PNO
       FROM P                       /*从 P 表中找红色零件*/
       WHERE COLOR='红');
```

或

```
SELECT SNO
FROM SPJ, P                         /*这是两表连接*/
WHERE SPJ.JNO='J1' AND SPJ.PNO=P.PNO AND P.COLOR='红';
                                    /*这是复合条件连接查询*/
```

④ 求没有使用天津供应商生产的红色零件的工程项目代码 JNO。

【解析】读者可以对比第 2 章习题 6 第④题中用 ALPHA 语言完成该查询的解答：
ALPHA 语言：

```
RANGE SPJ SPJX
      P PX
      S SX
GET W (J.JNO): ¬∃SPJX(SPJX .JNO=J.JNO ∧
      ∃SX(SX.SNO=SPJX.SNO ∧ SX.CITY='天津' ∧
      ∃PX(PX.PNO=SPJX.PNO ∧ PX.COLOR='红'))
```

如果理解了有关该题的解析说明，那么本题的解答可以看成是把关系演算用 SQL 来表示的过程。

```
SELECT JNO      /*这种解法是使用多重嵌套查询*/
FROM J          /*注意：从 J 表入手，以包含那些尚未使用任何零件的工程项目代码*/
```

```
WHERE NOT EXISTS
    (SELECT *
     FROM SPJ
     WHERE SPJ.JNO=J.JNO AND SNO IN
          (SELECT SNO      /*天津供应商的 SNO*/
           FROM S
           WHERE CITY='天津')
     AND PNO IN              /*红色零件的 PNO*/
          (SELECT PNO
           FROM P
           WHERE COLOR='红') );
```

或

```
SELECT JNO
FROM J
WHERE NOT EXISTS
    (SELECT *
     FROM SPJ, S, P          /*这里的子查询是一个多表连接*/
     WHERE SPJ.JNO=J.JNO AND SPJ.SNO=S.SNO
     AND SPJ.PNO=P.PNO AND S.CITY='天津'
     AND P.COLOR='红');
```

⑤ 求至少使用了与供应商 S1 所供应的全部零件相同零件代码的工程项目代码 JNO。

【解析】请阅读《概论》第 3 章 3.3.3 小节[例 3.65]。

本查询可以抽象为：/*工程项目 x，零件 y*/

要求这样的工程项目 x，使 $(\forall y)\,p{\rightarrow}q$ 为真。即：

对于所有的零件 y，满足逻辑蕴涵 $p{\rightarrow}q$：

    p 表示谓词"供应商 S1 供应了零件 y"。

    q 表示谓词"工程项目 x 选用了零件 y"。

即：只要"供应商 S1 供应了零件 y"为真，则"工程项目 x 选用了零件 y"为真。

逻辑蕴涵可以转换为等价形式：

$$(\forall y)p{\rightarrow}q\equiv\neg\,(\exists y\,(\neg(p{\rightarrow}q\,))\equiv\neg\,(\exists y\,(\neg(\neg\,p\vee q)\equiv\neg\,\exists y(p\wedge\neg q)$$

它所表达的语义为：不存在这样的零件 y，供应商 S1 供应了 y，而工程项目 x 没有选用 y。

用 SQL 语言表示如下：

```
SELECT DISTINCT JNO
FROM SPJ SPJZ
WHERE NOT EXISTS          /*这是一个相关子查询 */
    (SELECT *             /*父查询和子查询均引用了 SPJ 表*/
     FROM SPJ SPJX        /*用别名 SPJZ、SPJX 将父查询*/
```

```
        WHERE SNO='S1'              /*与子查询中的 SPJ 表区分开*/
            AND NOT EXISTS
            (SELECT *               /*用别名 SPJY 与父查询*/
             FROM SPJ SPJY          /*中的 SPJ 表区分开*/
             WHERE SPJY.PNO=SPJX.PNO
             AND SPJY.JNO=SPJZ.JNO));
```

可以把 SQL 和关系代数、ALPHA 语言、QBE 语言进行比较，体会各种语言的优点。

5.　针对上面第 4 题中的 4 个表 S、P、J 及 SPJ，试用 SQL 语句完成以下各项操作。

答：

① 找出所有供应商的姓名和所在城市。

```
    SELECT SNAME, CITY
    FROM S;
```

② 找出所有零件的名称、颜色、重量。

```
    SELECT PNAME, COLOR, WEIGHT
    FROM P;
```

③ 找出使用供应商 S1 所供应零件的工程项目代码。

```
    SELECT JNO
    FROM SPJ
    WHERE SNO='S1';
```

④ 找出工程项目 J2 使用的各种零件的名称及其数量。

```
    SELECT P.PNAME, SPJ.QTY
    FROM P, SPJ
    WHERE P.PNO=SPJ.PNO AND SPJ.JNO='J2';
```

⑤ 找出上海厂商供应的所有零件代码。

```
    SELECT DISTINCT PNO
    FROM SPJ
    WHERE SNO IN
          (SELECT SNO
           FROM S
           WHERE CITY='上海');
```

⑥ 找出使用上海产的零件的工程名称。

```
    SELECT JNAME
    FROM J, SPJ, S
```

WHERE J. JNO=SPJ. JNO AND SPJ. SNO=S.SNO AND S.CITY='上海';

或

```
SELECT JNAME
FROM J
WHERE JNO IN
        (SELECT JNO
          FROM SPJ, S
          WHERE SPJ. SNO=S.SNO AND S.CITY='上海');
```

⑦ 找出没有使用天津产的零件的工程项目代码。

```
SELECT JNO
FROM J
WHERE NOT EXISTS
        (SELECT *
          FROM SPJ
          WHERE SPJ.JNO=J.JNO AND SPJ. SNO IN
                (SELECT SNO
                  FROM S
                  WHERE CITY='天津'));
```

或

```
SELECT JNO
FROM J
WHERE NOT EXISTS
        (SELECT *
          FROM SPJ, S
          WHERE SPJ.JNO=J.JNO AND SPJ.SNO=S.SNO
                AND S.CITY='天津');
```

⑧ 把全部红色零件的颜色改成蓝色。

```
UPDATE P
SET COLOR='蓝'
WHERE COLOR='红';
```

⑨ 由 S5 供给 J4 的零件 P6 改为由 S3 供应（请做必要的修改）。

```
UPDATE SPJ
SET SNO='S3'
WHERE SNO='S5' AND JNO='J4' AND PNO='P6';
```

⑩ 从供应商关系中删除 S2 的记录，并从供应情况关系中删除相应的记录。

```
DELETE
FROM SPJ
WHERE SNO='S2';
DELETE
FROM S
WHERE SNO='S2';
```

⑪ 将 (S2, J6, P4, 200) 插入供应情况关系。

```
INSERT INTO SPJ(SNO, JNO, PNO, QTY)    /*INTO 子句中指明列名*/
VALUES (S2, J6, P4, 200);              /*插入的属性值与指明列要对应*/
```

或

```
INSERT INTO SPJ                        /*INTO 子句中没有指明列名*/
VALUES (S2, P4, J6, 200);              /*插入的记录在每个属性列上均有值*/
                                       /*并且属性列要和表定义中的次序一致*/
```

6. 什么是基本表？什么是视图？两者的区别和联系是什么？

答：基本表是本身独立存在的表，在 SQL 中一个关系就对应一个基本表。

视图是从一个或几个基本表导出的表。视图本身不独立存储在数据库中，是一个虚表，即数据库中只存放视图的定义而不存放视图对应的数据，这些数据仍存放在导出该视图的基本表中。视图在概念上与基本表等同，用户可以如同使用基本表那样使用视图，可以在视图上再定义新的视图。

7. 试述视图的优点。

答：请阅读《概论》第 3 章 3.6.4 小节相关内容。

① 视图能够对机密数据提供安全保护。

② 视图对重构数据库提供了一定程度的逻辑独立性。

③ 视图能够简化用户的操作。

④ 视图使用户能以多种角度看待同一数据。

8. 哪类视图是可以更新的，哪类视图是不可更新的？ 各举一例说明。

答：请阅读《概论》第 3 章 3.6.3 小节相关内容和示例。

基本表的行列子集视图一般是可更新的。若视图的属性来自聚集函数、表达式，则该视图肯定是不可更新的。

【解析】首先要区分两个概念："不可更新的视图"与"不允许更新的视图"。前者指理论上已证明其是不可更新的，后者与各数据库管理系统产品的规定有关。不同产品对视图的更新规定不尽相同，读者应参考具体产品手册，正确写出对视图的更新语句。

9. 针对第 2 章习题 6 建立的 4 个表，请为三建工程项目建立一个供应情况的视图，包括供应商代码（SNO）、零件代码（PNO）、供应数量（QTY）。针对该视图完成下列查询：

① 找出三建工程项目使用的各种零件代码及其数量。

② 找出供应商 S1 供应三建工程的情况。

答： 创建视图：

```
CREATE VIEW V_SPJ AS
SELECT SNO, PNO, QTY
FROM SPJ
WHERE JNO=
        (SELECT JNO
          FROM J
          WHERE JNAME='三建');
```

对该视图查询：

```
SELECT PNO, QTY
FROM V_SPJ;
```

③ SELECT PNO, QTY   /* S1 供应三建工程的零件代码和对应的数量*/

```
FROM V_SPJ
WHERE SNO='S1';
```

10. 什么是空值？请举例说明。SQL 中如何表示空值？空值如何参与运算？

【解析】请阅读《概论》第 3 章 3.5 节"空值的处理"相关内容。

空值是实际场景下存在的一种不确定的值，即目前"不知道""不存在"或"无意义"的值。例如，将学生信息插入 Student 表时，有些学生的信息漏报了，这些属性就取空值。

数据库用 NULL 表示空值。在创建基本表时，如果属性定义（或者域定义）为 NOT NULL 约束，则该属性不能取空值。空值与另一个值（包括另一个空值）的算术运算的结果为空值。空值与另一个值（包括另一个空值）的比较运算结果为 UNKNOWN。

3.3 补 充 习 题

1. 选择题

① 关于 SQL，下列说法正确的是（   ）。

　　A. 数据控制功能不是 SQL 的功能之一

　　B. SQL 采用的是面向记录的操作方式，以记录为单位进行操作

　　C. SQL 是非过程化的语言，用户无须指定存取路径

　　D. SQL 作为嵌入式语言，其语法与独立的语言有较大差别

② 对表中的数据进行删除的操作是（　　　）。

    A．DELETE　　　　　　B．DROP　　　　　　　C．ALTER　　　　　　D．UPDATE

③ 数据库中建立索引的目的是（　　　）。

    A．加快建表速度　　　　B．加快存取速度

    C．提高安全性　　　　　D．节省存储空间

④ 视图是数据库系统三级模式中的（　　　）。

    A．外模式　　　　　　　B．模式　　　　　　　　C．内模式　　　　　　D．模式映像

⑤ 下列说法不正确的是（　　　）。

    A．基本表和视图一样，都是关系

    B．可以使用 SQL 对基本表和视图进行操作

    C．可以从基本表或视图上定义视图

    D．基本表和视图中都存储数据

2．判断题

① 视图不仅可以从单个基本表导出，还可以从多个基本表导出。　　　　　　　（　　　）

② 不是所有的视图都可以进行更新，但视图都可以进行插入。　　　　　　　　（　　　）

③ SELECT 子句中的目标列可以是表中的属性列，也可以是表达式。　　　　　（　　　）

④ SQL 语句中表达某个属性 X 为空，可以使用 WHERE X = NULL。　　　　　（　　　）

⑤ SQL 语句中逻辑运算符 AND 和 OR 的优先级是一样的。　　　　　　　　　（　　　）

⑥ 谓词 ANY 或 ALL 必须与比较运算符同时使用。　　　　　　　　　　　　　（　　　）

3．填空题

① SQL 语言具有_____、_____、_____和数据控制的功能。

② SQL 语句中用来消除重复的关键词是_____。

③ 若一个视图是从单个基本表导出的，并且只是去掉了基本表的某些行和某些列，但保留了主码，这类视图称为_____。

④ SQL 语言的数据定义功能包括_____、表定义、视图定义和_____等。

4．问答题

① 解释相关子查询和不相关子查询。

② 写出谓词 ANY 和 ALL 与聚集函数或谓词 IN 可能存在的等价转换关系。

5．综合题

关系 R 有 A、B、C 三个属性，包含的数据如下：

R

A	B	C
10	NULL	20
20	30	NULL

写出当 X 为下列条件时，查询语句 SELECT * FROM R WHERE X;的查询结果：

① A is NULL

② A > 8 AND B < 20

③ A > 10 OR B < 20

④ C + 10 > 25

⑤ EXISTS (SELECT B FROM R WHERE A = 10)

⑥ C IN (SELECT B FROM R)

3.4 补充习题答案

1. 选择题答案

①	②	③	④	⑤
C	A	B	A	D

2. 判断题答案

①	②	③	④	⑤	⑥
√	×	√	×	×	√

3. 填空题答案

① 数据定义 数据查询 数据操纵

② DISTINCT

③ 行列子集视图

④ 模式定义 索引定义

4. 问答题

① 解释相关子查询和不相关子查询。

答：在嵌套查询中，如果子查询的查询条件不依赖于父查询，称为不相关子查询；反之，如果子查询的查询条件依赖于父查询，则称为相关子查询。

② 写出谓词 ANY 和 ALL 与聚集函数或谓词 IN 可能存在的等价转换关系。

【解析】请阅读《概论》第 3 章 3.3.3 小节中"带有 ANY（SOME）或 ALL 谓词的子查询"相关内容，其中说明了使用谓词 ANY 或 ALL 时必须同时使用比较运算符，并介绍了语义和示例。

下面给出了谓词 ANY（或 SOME）、ALL 与聚集函数、谓词 IN 的等价转换关系。

	=	<>	<	<=	>	>=
ANY	IN	—	< MAX	<= MAX	> MIN	>= MIN
ALL	—	NOT IN	< MIN	<= MIN	> MAX	>= MAX

5. 综合题

① 空的结果集

② 空的结果集

③

A	B	C
20	30	NULL

④

A	B	C
10	NULL	20

⑤

A	B	C
10	NULL	20
20	30	NULL

【解析】

SELECT * FROM R WHERE EXISTS (SELECT B FROM R WHERE A = 10);

这里的条件 (SELECT B FROM R WHERE A = 10) 返回一条记录，只不过这条记录只有一个属性 B，其值是 NULL，所以 EXISTS 返回真值。因此最后的答案是返回 R 的全部记录。

⑥ 空的结果集

【解析】

SELECT * FROM R WHERE C IN (SELECT B FROM R);

(SELECT B FROM R) 执行的结果是 (NULL, 30)，由于该集合中存在 NULL 值，无论 C 取何值，条件表达式 C IN (NULL, 30) 总为 NULL 值，因此该 WHERE 条件为假。SELECT * FROM R WHERE C IN (NULL, 30) 执行的结果应该是空的结果集。

第4章　数据库安全性

《概论》第 4 章详细介绍了数据库安全性问题和实现技术。计算机系统安全以及数据库系统安全是信息安全的重要内容。

4.1　基本知识点

数据库的安全性与计算机系统的安全性是紧密联系的，计算机系统的安全性问题可分为三大类：技术安全类问题、管理安全类问题和政策法律类问题。本章讨论数据库技术安全类问题，即讨论从技术上如何保证数据库系统的安全性。

① 需要了解的：了解什么是计算机系统安全性问题、什么是数据库的安全性问题、威胁数据库安全性的因素有哪些；了解 TCSEC 和 CC 标准的主要内容。

② 需要牢固掌握的：掌握 C2 级 DBMS、B1 级 DBMS 的主要特征；掌握 DBMS 提供的安全措施，包括用户身份鉴别、自主存取控制和强制存取控制机制、视图技术和审计技术、数据加密存储和加密传输等。

③ 需要举一反三的：使用 SQL 中的 GRANT 语句和 REVOKE 语句来实现自主存取控制。

④ 难点：在强制存取控制机制中，确定主体能否存取客体的存取规则。读者要理解并掌握制定该存取规则的原因，特别是关于主体写客体的规则。

4.2　习题解答和解析

1. 什么是数据库的安全性？

【解析】当今，数据已成为一个部门、企业，乃至一个国家的重要资源，数据库中存放着海量数据，其重要性决定了数据库安全性是数据库系统的主要技术指标。

数据库的安全性是指**保护数据库，以防不合法使用所造成的数据泄露、篡改或破坏**。

2. 举例说明对数据库安全性产生威胁的因素。

【解析】请读者列出自己在生活和工作中遇到的、听到的实际案例。

3. 试述实现数据库安全性控制的常用方法和技术。

【解析】请认真阅读并理解《概论》第 4 章图 4.2"数据库管理系统的安全性控制模型示例"。该模型清晰地展示了从用户登录数据库开始，在**事前—事中—事后的全过程**中数据库系统常用的安全性控制方法和技术。主要有：

① **用户身份鉴别**：系统提供多种方式让用户标识自己的名字或身份。用户要使用数据库系统时，需由系统进行核对，通过鉴定后才可以使用数据库。

② **入侵检测**：用户进入数据库系统时，系统依据预先设置的检测规则实时进行入侵分析，若发现入侵情况，则实时进行处理。

③ **多层存取控制**：系统提供用户权限定义和合法权限检查功能，用户只有获得某种权限才能访问数据库中的某些数据。控制机制主要有自主存取控制和强制存取控制。

④ **视图机制**：为不同的用户定义不同的视图。通过视图机制，向无权存取的用户隐藏应保密的数据，从而自动对数据提供一定程度的安全保护。

⑤ **审计**：建立审计日志，自动记录用户对数据库的所有操作并放入审计日志，审计员可以利用审计信息，重现导致数据库现有状况的一系列事件，找出非法存取数据的人员、时间和内容等。

⑥ **存储保护和传输加密保护**：对存储和传输的数据进行加密处理，从而阻止不知道解密算法的人获知数据的内容。

4. 什么是数据库中的自主存取控制方法和强制存取控制方法？

【解析】**自主存取控制**方法：定义各个用户对不同数据对象的存取权限。当用户访问数据库时，首先检查用户的存取权限，防止不合法用户对数据库的存取。SQL 主要通过 GRANT 语句和 REVOKE 语句实现自主存取控制。

自主存取控制中**"自主"的含义**是：用户可以将自己拥有的存取权限"自主"地授予别人，即用户具有一定的"自主"权。

强制存取控制方法：每一个数据对象被（强制地）标以一定的密级，每一个用户也被（强制地）授予某一个级别的许可证。系统规定只有具备某一许可证级别的用户才能存取某一个密级的数据对象。

强制存取控制方法提供了比自主存取控制方法更高程度的安全性。

5. 对下列两个关系模式：

学生(<u>学号</u>, 姓名, 年龄, 性别, 家庭住址, 班级号)

班级(<u>班级号</u>, 班级名, 班主任, 班长)

请用 SQL 的 GRANT 语句完成下列授权功能：

① 授予用户 U1 拥有两个表的所有权限，并可向其他用户授权。

② 授予用户 U2 对"学生"表具有查看权限，对"家庭住址"具有更新权限。

③ 将"班级"表的查看权限授予所有用户。

④ 将"学生"表的查询、更新权限授予角色 R1。

⑤ 将角色 R1 授予用户 U1，并且 U1 可继续向其他角色授权。

答：

① GRANT ALL PRIVILEGES ON TABLE 学生，班级 TO U1 WITH GRANT OPTION;

② GRANT SELECT, UPDATE(家庭住址) ON TABLE 学生 TO U2;

③ GRANT SELECT ON TABLE 班级 TO PUBLIC;

④ CREATE ROLE R1;

　　GRANT SELECT, UPDATE ON TABLE 学生 TO R1;

⑤ GRANT R1 TO U1 WITH ADMIN OPTION;

6. 今有两个关系模式：

　　职工(职工号, 姓名, 年龄, 职务, 工资, 部门号)

　　部门(部门号, 名称, 经理名, 地址, 电话号)

请用 SQL 的 GRANT 语句（加上视图机制）完成以下授权定义或存取控制功能：

① 用户王明对两个表有 SELECT 权限。

　　GRANT SELECT ON TABLE 职工, 部门 TO 王明;

② 用户李勇对两个表有 INSERT 和 DELETE 权限。

　　GRANT INSERT, DELETE ON TABLE 职工, 部门 TO 李勇;

③ 每个职工只对自己的记录有 SELECT 权限。

　　GRANT SELECT ON TABLE 职工 WHEN USER()=NAME TO ALL;

【解析】这里的 GRANT 语句支持 WHEN 子句和 USER()的使用。用户要将自己的名字作为 ID。注意, 在不同的系统中这些扩展语句可能有所不同, 读者练习时应了解自己所使用的 DBMS 产品的扩展语句。

④ 用户刘星对职工表有 SELECT 权限, 对工资字段具有更新权限。

　　GRANT SELECT, UPDATE(工资) ON TABLE 职工 TO 刘星;

⑤ 用户张新具有修改这两个表的结构的权限。

　　GRANT ALTER TABLE ON TABLE 职工, 部门 TO 张新;

⑥ 用户周平具有对两个表的所有权限（读、插、改、删数据）, 并具有给其他用户授权的权限。

　　GRANT ALL PRIVILEGES ON TABLE 职工, 部门 TO 周平 WITH GRANT OPTION;

⑦ 用户杨兰具有查询每个部门职工的最高工资、最低工资和平均工资的权限, 但是她不能查看每个人的工资。

首先建立一个视图, 存放每个部门的最高工资、最低工资和平均工资;

　　CREATE VIEW 部门工资 AS

　　SELECT 部门.部门号, 部门.名称, MAX(工资), MIN(工资), AVG(工资)

　　FROM 职工, 部门

　　　　WHERE　职工.部门号 = 部门. 部门号

　　　　GROUP BY　部门.部门号;

然后，把查询这个视图的权限授予杨兰:

　　　　GRANT SELECT ON 部门工资　TO 杨兰;

7. 针对上面第 6 题中第①～⑦题的每一种情况，撤销各用户所授予的权限。

答:

① REVOKE SELECT ON TABLE 职工, 部门 FROM 王明;

② REVOKE INSERT, DELETE ON TABLE 职工, 部门 FROM 李勇;

③ REOVKE SELECT ON TABLE 职工 WHEN USER()= NAME FROM ALL;

④ REVOKE SELECT, UPDATE(工资) ON TABLE 职工 FROM 刘星;

⑤ REVOKE ALTER TABLE ON TABLE 职工, 部门 FROM 张新;

⑥ REVOKE ALL PRIVILEGES ON TABLE 职工, 部门 FROM 周平;

【解析】语句 REVOKE ALL PRIVILEGES ON TABLE 职工, 部门 FROM 周平 CASCADE; 收回了用户周平的所有权限，同时，级联收回了周平授予其他用户在职工和部门表上的权限。

⑦ REVOKE SELECT ON 部门工资 FROM 杨兰;

【解析】原来杨兰使用的视图，是否也要删除呢? 即 DROP VIEW 部门工资; 应该由创建该视图的用户或 DBA 来确定。

8. 理解并解释强制存取控制机制中主体、客体、敏感度标记的含义。

答: 请阅读《概论》第 4 章 4.2.6 小节"强制存取控制方法"相关内容。

主体是系统中的活动实体，既包括 DBMS 所管理的实际用户，也包括代表用户的各进程。客体是系统中的被动实体，是受主体操纵的，包括文件、基本表、索引、视图等。

对于主体和客体，DBMS 为它们每个实例（值）指派一个敏感度标记。敏感度标记被分成若干级别，例如，绝密级、机密级、秘密级、公开等。主体的敏感度标记称为**许可证级别**，客体的敏感度标记称为**密级**。

9. 举例说明强制存取控制机制如何确定主体能否存取客体。

答: 假设要对关系变量 S 进行强制存取控制，为简化起见，假设要控制存取的数据单元是元组，则每个元组标以密级，如下表所示（4=绝密，3=机密，2=秘密）:

SNO	SNAME	STATUS	CITY	CLASS
S1	Smith	20	London	2
S2	Jones	10	Paris	3
S3	Clark	20	London	4

假设系统的存取规则是：

① 仅当主体的许可证级别大于或等于客体的密级时，才能读取相应的客体。

② 仅当主体的许可证级别小于或等于客体的密级时，才能写相应的客体。

如果用户 U1 和 U2 的许可证级别分别为 3 和 2，则根据规则，用户 U1 能读取元组 $S1$ 和 $S2$，并且可修改元组 $S2$；用户 U2 只能读取和修改元组 $S1$。

10. 什么是数据库的审计功能，为什么要提供审计功能？

答：请阅读《概论》第 4 章 4.4 节"审计"相关内容。

【解析】审计是 DBMS 提供的一种事后检查的安全机制，即在用户对数据库执行操作的同时，所有这些操作会被自动记录到系统的审计日志中。审计员可以根据审计日志中记录的信息，分析和重现导致数据库现状的一系列事件，找出非法存取数据的人员、时间和内容等。

4.3　补　充　习　题

1. 选择题

① 强制存取控制策略是 TCSEC/TDI 哪一级安全级别的特色?（　　　）

　A. C1　　　　　B. C2　　　　　C. B1　　　　　　D. B2

② SQL 的 GRANT 和 REVOKE 语句可以用来实现（　　　）。

　A. 自主存取控制　　　　　B. 强制存取控制

　C. 数据库角色创建　　　　D. 数据库审计

③ 在强制存取控制机制中，当主体的许可证级别等于客体的密级时，主体可以对客体进行的操作是（　　　）。

　A. 读取　　　　　　　　　B. 写入

　C. 不可操作　　　　　　　D. 读取、写入

2. 填空题

① 数据库安全技术包括用户身份鉴别、_____、_____、_____和数据加密存储和加密传输等。

② 在数据加密技术中原始数据通过某种加密算法变换为不可直接识别的格式，称为_____。

③ 数据库角色实际上是一组与数据库操作相关的各种_____。

④ 在对用户授予列 INSERT 权限时，一定要包含对_____的 INSERT 权限，否则用户的插入会因为空值被拒绝。除了授权的列，其他列的值或者取_____，或者为_____。

4.4　补充习题答案

1. 选择题答案

①	②	③
C	A	D

2. 填空题答案

① 自主存取控制和强制存取控制　视图技术　审计技术

② 密文

③ 权限

④ 主码　空值　默认值

第 5 章 数据库完整性

《概论》第 5 章详细介绍了数据库的完整性。数据库的完整性是指数据库数据的正确性和相容性。数据的正确性是指数据库数据符合现实世界语义且反映当前的实际状况。数据的相容性是指数据库同一对象在不同关系表中的数据是相同的，一致的。

数据库的完整性包括三方面：完整性约束的定义机制、检查方法和违约处理方法。

5.1　基本知识点

① 需要了解的：了解什么是数据库的完整性约束条件、完整性约束条件的分类、数据库的完整性概念与数据库的安全性概念之间的区别和联系。

② 需要牢固掌握的：牢固掌握 RDBMS 完整性控制机制的三个方面，即完整性约束的定义机制、检查方法和违约处理方法；使用触发器实现数据库完整性的方法。

③ 需要举一反三的：通过上机练习，掌握 SQL 的完整性约束定义功能、属性和元组完整性约束的定义语句，能够验证完整性约束检查机制是否发挥作用，掌握违约处理方法。

④ 难点：RDBMS 如何实现完整性约束的控制机制；当操作违反实体完整性、参照完整性和用户定义的完整性约束条件时，RDBMS 如何进行处理以确保数据的正确与有效。其中，比较复杂的是参照完整性的实现机制。

5.2　习题解答和解析

1.　什么是数据库的完整性？

答：数据库的完整性是指数据库**数据的正确性和相容性**。

2.　数据库的完整性概念与数据库的安全性概念有什么区别和联系？

【解析】数据的完整性和安全性是两个不同的概念，但是二者有一定的联系。

完整性是为了防止数据库中存在不符合语义的数据，防止错误信息的输入和输出，即所谓的垃圾进垃圾出（garbage in garbage out）所造成的无效操作和错误结果。

安全性是保护数据库防止恶意破坏和非法存取。

因此，完整性措施的防范对象是不合语义的、不正确的数据，安全性措施的防范对象是非法用户和非法操作。

DBMS 常使用触发器来实施复杂的完整性定义、检查和违约处理。安全性控制中也可以使用触发器来实现安全控制，例如入侵检测、审计操作等。

3. 什么是数据库的完整性约束？

答：完整性约束是指数据库中的数据必须满足的语义约束。

4. RDBMS 的完整性控制机制应具有哪三个方面的功能？

答：

① 定义功能：提供定义完整性约束的机制。

② 检查功能：检查用户发出的操作请求是否违背了完整性约束。

③ 违约处理功能：如果发现用户的操作请求违背了完整性约束，则采取一定的动作来保证数据的完整性。

5. RDBMS 在实现参照完整性时需要考虑哪些方面？

答：请阅读《概论》第 5 章 5.3.2 小节相关内容。下表清楚地总结了可能破坏参照完整性的 4 种情况以及可以采取的违约处理策略，并进行了详细讨论。

被参照表（例如 Student）	参照表（例如 SC）	违约处理
可能破坏参照完整性 ◀——	插入元组	拒绝
可能破坏参照完整性 ◀——	修改外码值	拒绝
删除元组 ——▶	可能破坏参照完整性	拒绝/级联删除/设置为空值
修改主码值 ——▶	可能破坏参照完整性	拒绝/级联修改/设置为空值

6. 假设有下面两个关系模式：

职工(职工号, 姓名, 年龄, 职务, 工资, 部门号), 其中职工号为主码;

部门(部门号, 名称, 经理名, 电话), 其中部门号为主码。

用 SQL 定义这两个关系模式，要求在模式中完成以下完整性约束的定义：

① 定义每个模式的主码。

② 定义参照完整性。

③ 定义职工年龄不得超过 65 岁。

答：

```
CREATE TABLE DEPT
    (Deptno NUMBER(2) PRIMARY KEY,          /*定义主码*/
     Deptname VARCHAR(10),
     Manager VARCHAR(10),
     PhoneNumber CHAR(12)
     );
```

```
CREATE TABLE EMP
    (Empno NUMBER(4) PRIMARY KEY,              /*定义主码*/
     Ename VARCHAR(10),
     Age NUMBER(2),
     Job VARCHAR(9),
     Sal NUMBER(7,2),
     Deptno NUMBER(2),
     CONSTRAINT C1 CHECK(Age <= 65),
     CONSTRAINT FK_DEPTNO FOREIGN KEY (Deptno) REFERENCES DEPT(Deptno));
```

7. 在关系系统中，当操作违反实体完整性、参照完整性和用户定义的完整性约束条件时，一般是如何分别进行处理的？

【解析】对于违反实体完整性和用户定义的完整性的操作，一般都采用拒绝执行的方式进行处理；而对于违反参照完整性的操作，并不都是简单地拒绝执行，有时要根据应用语义执行一些附加的操作，以保证数据库的正确性。具体的处理，可以参见第 5 题或阅读《概论》第 5 章 5.2.2 小节和 5.3.2 小节相关内容。

8. 某单位计划举行一个小型联谊会，关系 Male 记录注册的男宾信息，关系 Female 记录注册的女宾信息。建立一个断言，将来宾的人数限制在 50 人以内（提示：先创建关系 Male 和关系 Female）。

【解析】先创建关系 Male 和关系 Female，分别存储女宾和男宾的信息。

```
CREATE TABLE Male                              /*创建关系 Male*/
    (SerialNumber SmallInt   PRIMARY KEY,       /*注册的序列号*/
     Name CHAR(8),
     Age SMALLINT,
     Occupation CHAR(20)
     );
CREATE TABLE Female                            /*创建关系 Female*/
    (SerialNumber SMALLINT PRIMARY KEY,         /*注册的序列号*/
     Name CHAR(8),
     Age SMALLINT,
     Occupation CHAR(20)
     );
CREATE ASSERTION Party                         /*创建断言 PARTY*/
CHECK((SELECT COUNT(*) FROM Male) + (SELECT COUNT(*) FROM Female )
    <= 50);
```

SQL 标准支持数据库完整性断言（ASSERTION）功能。用户可以通过创建**断**言来指定更具一般性的完整性约束，详细介绍可参见《概论》第 5 章"扩展阅读：SQL 断言"的二维码内容。

5.3　补　充　习　题

1．选择题

① 定义关系的主码意味着主码属性（　　）。

　　A．必须唯一　　　　　　　　　　　　B．不能为空

　　C．唯一且部分主码属性不为空　　　　D．唯一且所有主码属性不为空

② 关于语句 CREATE TABLE R (no INT, sum INT CHECK (sum > 0)) 和 CREATE TABLE R (no INT, sum INT, CHECK (sum > 0))，以下说法不正确的是（　　）。

　　A．两条语句都是合法的

　　B．前者定义了属性上的约束条件，后者定义了元组上的约束条件

　　C．两条语句的约束效果不一样

　　D．当 sum 属性改变时检查，上述两种 CHECK 约束都要被检查

③ 下列说法正确的是（　　）。

　　A．使用 ALTER TABLE ADD CONSTRAINT 可以增加基于元组的约束

　　B．如果属性 A 上定义了 UNIQUE 约束，则 A 不可以为空

　　C．如果属性 A 上定义了外码约束，则 A 不可以为空

　　D．不能使用 ALTER TABLE ADD CONSTRAINT 增加主码约束

2．填空题

① 在 CREATE TABLE 时，用户定义的完整性可以通过_____、_____、_____等子句实现。

② 关系 R 的属性 A 参照引用关系 T 的属性 A，T 的某条元组对应的 A 属性值在 R 中出现，当要删除 T 的这条元组时，系统可以采用的策略包括_____、_____、_____。

③ 定义数据库完整性一般是由 SQL 的_____语句实现的。

3．综合题

① 考虑下面的关系模式：

　　　研究人员(人员编号, 姓名, 年龄, 职称)

　　　项目(项目编号, 名称, 负责人编号, 类别)

　　　参与(项目编号, 人员编号, 工作时间) /*一个研究人员可以参加多个项目，一个项目有多个研究人员参加，工作时间给出了某研究人员参加某项目的月数*/

写出下面的完整性约束：

a. 定义三个关系中的主码、外码、参照完整性。

b. 每个研究人员的年龄不能超过 35 岁。

c. 每个研究人员的职称只能是"讲师""副教授"或"教授"。

d. 一个研究人员参加各种项目的总工作时间不能超过 12 个月。

e. 每个项目至少有 5 位研究人员。

f. 每个研究人员参加的项目数不能超过 3 个。

② 考虑题①中的关系模式，使用 ALTER TABLE ADD CONSTRAINT 声明如下完整性约束：

a. 在关系模式"项目"中，负责人编号参照关系模式"研究人员"的"人员编号"属性，当对"研究人员"更新时，若违反约束则拒绝操作。

b. 同 a，但当违反约束时，将负责人编号置为 NULL。

c. 同 a，但当违反约束时，将"项目"中相应元组的负责人编号也进行修改。

d. 工作时间在 1 到 12 个月之间。

e. 项目名称不能为空。

③ 使用 CHECK 短语写出题①中关系模式"项目"的参照完整性约束。

④ 考虑下面的关系模式：

  Teacher (<u>Tno</u>, Tname, Tage, Tsex)

  Department (<u>Dno</u>, Dname, Tno)   /*Tno 为系主任的职工号*/

  Work (<u>Tno, Dno, Year</u>, Salary)   /*某系某职工在某一年的工资*/

将下列要求写成触发器：

a. 插入新教师时，同时将此教师信息插入 Work 关系，不确定的属性赋以 NULL 值。

b. 更改教师年龄时，如果新年龄比旧年龄低，则用旧年龄代替。

5.4 补充习题答案

1. 选择题答案

①	②	③
D	C	A

2. 填空题答案

① NOT NULL　UNIQUE　CHECK

② 拒绝执行　级联删除　设为空值

③ DDL

3. 综合题答案

①

  CREATE TABLE 研究人员

```
(人员编号 INT PRIMARY KEY,
 姓名    CHAR(8),
 年龄    SMALLINT CHECK (年龄<=35),
 职称    CHAR(8) CHECK (职称 IN ('讲师', '副教授', '教授'))
);
CREATE TABLE  项目
(项目编号      INT PRIMARY KEY,
 名称          CHAR(20),
 负责人编号    INT,
 类别          CHAR(8),
 FOREIGN KEY (负责人编号) REFERENCES  研究人员(人员编号)
);
CREATE TABLE  参与
(项目编号   INT,
 人员编号   INT,
 工作时间   SMALLINT,
 PRIMARY KEY (项目编号，人员编号),
 FOREIGN KEY (项目编号) REFERENCES  项目(项目编号),
 FOREIGN KEY (人员编号) REFERENCES  研究人员(人员编号),
);
CREATE ASSERTION 工作时间限制        /*创建断言：工作时间限制*/
 CHECK (12>=ALL(SELECT SUM(工作时间) FROM 参与 GROUP BY 人员编号));

CREATE ASSERTION 项目参加人数        /*创建断言项目参加人数限制*/
 CHECK (5<=ALL(SELECT COUNT(人员编号) FROM 参与 GROUP BY 项目编号));

CREATE ASSERTION 研究员参加项目       /*创建断言研究员参加项目数限制*/
 CHECK (3 >= ALL(SELECT COUNT(项目编号) FROM 参与 GROUP BY 人员编号));
```

②

【解析】希望读者通过此习题能掌握：当对参照表和被参照表的操作违反了参照完整性时，**系统一般选用默认策略**，即拒绝执行。如果想让系统采用其他策略，则必须在创建参照表时显式地加以说明。注意，是在参照表加以说明。所以下面的完整性约束是在参照表"项目"表上说明的。

　a.

```
ALTER TABLE 项目 ADD CONSTRAINT C1 FOREIGN KEY (负责人编号) REFERENCES  研究人员
 (人员编号) ON UPDATE NO ACTION ;
/*当对关系"研究人员"中的人员编号更新时，若违反参照完整性，则 NO ACTION，即拒绝更新"研
 究人员"中的人员编号，因为默认策略是拒绝，此语句也可以省略*/
```

b.

    ALTER TABLE 项目 ADD CONSTRAINT C2 FOREIGN KEY (负责人编号) REFERENCES 研究人员
        (人员编号) ON UPDATE SET NULL;
    /*当更新"研究人员"中的人员编号时，则把"项目"关系中相应的负责人编号设置为空值*/

c.

    ALTER TABLE 项目 ADD CONSTRAINT C3 FOREIGN KEY (负责人编号) REFERENCES 研究人员
        (人员编号) ON UPDATE CASCADE;
    /*当更新"研究人员"中的人员编号时，则要同时修改"项目"关系中相应的负责人编号*/

d.

    ALTER TABLE 参与 ADD CONSTRAINT C4 CHECK (工作时间>=1 and 工作时间 <= 12);

e.

    ALTER TABLE 项目 ADD CONSTRAINT C5 CHECK (名称 IS NOT NULL);

③

    CHECK (负责人编号 IN (SELECT 人员编号 FROM 研究人员));
    /* 使用 CHECK 短语写出题①中关系"项目"的参照完整性约束*/

④

a.

CREATE TRIGGER NewTeacher
    AFTER INSERT ON Teacher
    FOR EACH ROW AS
    BEGIN   /*插入新教师后将此教师信息插入 Work，不确定的属性赋以 NULL*/
        INSERT INTO Work VALUES (new.tno, NULL, NULL, NULL);
    END;

b.

CREATE TRIGGER UpdateAge
    AFTER UPDATE OF Tage ON Teacher
    FOR EACH ROW AS
    BEGIN
        IF (new.Tage < old.Tage)   /*更新教师年龄时，如果新年龄比旧年龄小*/
            UPDATE Teacher SET Tage = old.Tage WHERE Tno = new.Tno; /*则用旧年龄代替*/
    END;

注意：不同的 RDBMS 实现的触发器语法各不相同，互不兼容。请读者在上机实验前注意
阅读所用系统的使用说明书。

本章讲解关系数据理论。学习本章的目的主要有两方面：一是理论方面，本章用更加形式化的关系数据理论来描述和研究关系模型；二是实践方面，关系数据理论是进行数据库设计的有力工具。因此，人们也把关系数据理论中的规范化理论称为"数据库设计理论"。《概论》把这一章放在设计与应用开发篇进行介绍，就是强调它对数据库设计的指导作用。

6.1 基本知识点

本章内容理论性较强，主要分为基本要求部分（《概论》第 6 章 6.1 节～6.4 节）和高级部分（《概论》第 6 章 6.5 节）。前者是本科生应该掌握的内容，后者是研究生应该学习掌握的内容。

① 需要了解的：了解什么是"不好"的数据库模式、什么是模式的插入异常和删除异常，以及规范化理论对数据库设计的指导意义。

② 需要牢固掌握的：掌握关系的形式化定义、函数依赖和多值依赖的基本概念、范式的概念、规范化的基本思想、数据依赖公理系统及函数依赖的推理规则等，进而掌握判断数据库逻辑设计"好坏程度"的准则。

③ 需要举一反三的：能够根据应用语义，完整地写出关系模式的数据依赖集合，并能根据数据依赖求出关系模式所有的候选码，求得哪些是主属性、哪些是非主属性，从而进一步分析某一个关系模式属于第几范式。

④ 难点：能够运用保持函数依赖的分解算法和无损连接分解的算法辅助数据库设计和优化数据库模式。

6.2 习题解答和解析

1. 理解并给出下列术语的定义：

函数依赖，部分函数依赖，完全函数依赖，传递依赖，候选码，超码，主码，外码，全码，1NF，2NF，3NF，BCNF，多值依赖，4NF。

【解析】请读者认真阅读《概论》第 6 章 6.2 节"规范化"相关内容。

这些概念可以分为三部分来理解：

第一部分是函数依赖、部分函数依赖、完全函数依赖和传递依赖。

第二部分是候选码、超码、主码、外码和全码。

第三部分是 1NF、2NF、3NF、BCNF、多值依赖和 4NF。

【第一部分解析】牢固理解和掌握函数依赖的概念。

① 函数依赖是最基本的一种数据依赖，也是最重要的一种数据依赖。

② 函数依赖是属性之间的一种联系，体现在属性值是否相等。由定义可以知道，如果 $X \rightarrow Y$，则关系 r 中任意两个元组，若它们在 X 上的属性值相同，那么在 Y 上的属性值一定也相同。

③ 我们要从属性间实际存在的语义来确定它们之间的函数依赖，即函数依赖反映（描述）了现实世界的一种语义。

④ 函数依赖不是指关系模式 R 在某个时刻的关系（值）满足的约束条件，而是指 R 在任何时刻的一切关系均要满足的约束条件。

【第二部分解析】牢固理解和掌握候选码、主码、外码的概念

① 在第 2 章 2.1.1 小节中只是描述性地定义了码，第 6 章 6.2.2 小节用函数依赖严格定义了码的概念。

② 因为码有了严格定义，读者在学习了《概论》第 6 章 6.3 节"数据依赖的公理系统"后，就可以从 $R(U, F)$ 的函数依赖集 F 出发，用算法来求候选码。

如何求关系模式 $R(U, F)$ 所有的候选码，请读者阅读《概论》第 6 章的"扩展阅读"二维码内容。该内容首先讲解了求候选码的基本思想：自底向上、迭代求解，然后讲解了基于规则的候选码求解的优化方法，最后给出了一个具体示例。读者可以先从这个示例着手，了解求一个关系模式 $R(U, F)$ 所有候选码的方法，进而理解并掌握求解候选码的基本思想和算法。

【第三部分解析】第一范式、第二范式、第三范式、BC 范式和第四范式用来描述关系的规范化程度，通常按属性间的依赖情况来区分。关于它们的具体定义，请阅读《概论》第 6 章 6.2 节。读者要理解这些范式的内涵，了解各种范式之间的联系：4NF⊂ BCNF⊂ 3NF⊂ 2NF⊂ 1NF（《概论》第 6 章图 6.2），理解为什么有这种包含关系。

2. 建立一个包含系、学生、班级、学会等信息的关系数据库。

描述学生的属性有：学号、姓名、出生日期、系名、班号、宿舍区。

描述班级的属性有：班号、专业名、系名、人数、入校年份。

描述系的属性有：系名、系号、系办公室地点、人数。

描述学会的属性有：学会名、成立年份、地点、人数。

有关语义如下：一个系有若干专业，每个专业每年只招一个班，每个班有若干学生。一个系的学生住在同一宿舍区。每个学生可参加若干学会，每个学会有若干学生。学生参加某学会

有一个入会年份。

　　请给出关系模式，写出每个关系模式的最小依赖集，指出是否存在传递函数依赖，对于函数依赖左部是多属性的情况，讨论函数依赖是完全函数依赖还是部分函数依赖。指出各关系的候选码、外码，并说明是否存在全码。

【解析】请读者阅读《概论》第 6 章 6.2 节"规范化"相关内容。

关系模式：学生　　　　S(SNO, SN, SB, DN, CNO, SA)

　　　　　　班级　　　　C(CNO, CS, DN, CNUM, CDATE)

　　　　　　系　　　　　D(DNO, DN, DA, DNUM)

　　　　　　学会　　　　P(PN, DATE1, PA, PNUM)

　　　　　　学生-学会　SP(SNO, PN, DATE2)

其中：SNO 学号，SN 姓名，SB 出生日期，SA 宿舍区。

　　　CNO 班号，CS 专业名，CNUM 班级人数，CDATE 入校年份。

　　　DNO 系号，DN 系名，DA 系办公室地点，DNUM 系人数。

　　　PN 学会名，DATE1 成立年份，PA 地点，PNUM 学会会员人数。

　　　DATE2 入会年份。

依据上面给出的语义，写出每个关系模式的最小依赖集：

　　S：SNO→SN，SNO→SB，SNO→CNO，CNO→DN，DN→SA

　　　　　　　　　　　　　　　　/*一个系的学生住在同一宿舍区*/

　　C：CNO→CS，CNO→CNUM，CNO→CDATE，CS→DN，(CS,CDATE)→CNO

　　　　　　　　　　　　　　　　/*每个专业每年只招一个班*/

　　D：DNO→DN，DN→DNO，DNO→DA，DNO→DNUM

　　　　　　　　　　　　　　　　/*按照实际情况，系名和系号是一一对应的*/

　　P：PN→DATE1，PN→PA，PN→PNUM

　　SP：(SNO, PN)→DATE2　　　　/*学生参加某学会有一个入会年份*/

S 中存在的传递函数依赖如下：

　　　因为 SNO→CNO，CNO→DN，所以存在传递函数依赖 SNO→DN。

　　　因为 CNO→DN，DN→SA，所以存在传递函数依赖 CNO→SA。

　　　因为 SNO→CNO，CNO→DN，DN→SA，所以存在传递函数依赖 SNO→SA。

C 中存在的传递函数依赖如下：

　　　因为 CNO→CS，CS→DN，所以存在传递函数依赖 CNO→DN。

函数依赖左部是多属性的情况如下：

(SNO, PN)→DATE2 和 (CS, CDATE)→CNO 函数依赖左部具有两个属性，它们都是完全函数依赖，没有部分函数依赖的情况。

关系	候选码	外码	全码
S	SNO	CNO，DN	无
C	CNO 和(CS, CDATE)	DN	无
D	DNO 和 DN	无	无
P	PN	无	无
SP	(SNO, PN)	SNO, PN	无

关系模式 C 和 D 都有 2 个候选码。

3. 试由 Armostrong 公理系统推导出下面三条推理规则：

① 合并规则：若 $X{\rightarrow}Z$，$X{\rightarrow}Y$，则有 $X{\rightarrow}YZ$。

② 伪传递规则：由 $X{\rightarrow}Y$，$WY{\rightarrow}Z$，有 $XW{\rightarrow}Z$。

③ 分解规则：$X{\rightarrow}Y$，$Z{\subseteq}Y$，有 $X{\rightarrow}Z$。

证：

① 已知 $X{\rightarrow}Z$，由增广律知 $XY{\rightarrow}YZ$；又因为 $X{\rightarrow}Y$，可得 $XX{\rightarrow}XY{\rightarrow}YZ$；根据传递律得 $X{\rightarrow}YZ$。

② 已知 $X{\rightarrow}Y$，据增广律得 $XW{\rightarrow}WY$；因为 $WY{\rightarrow}Z$，所以 $XW{\rightarrow}WY{\rightarrow}Z$；根据传递律可知 $XW{\rightarrow}Z$。

③ 已知 $Z{\subseteq}Y$，根据自反律知 $Y{\rightarrow}Z$；又因为 $X{\rightarrow}Y$，根据传递律可得 $X{\rightarrow}Z$。

4. 给定关系模式 $R(U, F)$, 其中 $U=\{A, B, C, D, E\}$，请回答如下问题：

如果存在函数依赖 $B{\rightarrow}D$，$DE{\rightarrow}C$，$EC{\rightarrow}B$，列出 R 中所有的码，并给出主属性、非主属性。

【解析】对于求关系模式 $R(U, F)$ 所有的候选码，读者可以阅读《概论》第 6 章的"扩展阅读"二维码内容。下面我们按照基于规则的候选码求解方法来完成本习题。

设符号 N 为没有出现在函数依赖中的属性集合，L 为仅出现在函数依赖左侧的属性集合，R 为仅出现在函数依赖右侧的属性集合，LR 为既出现在函数依赖左侧又出现在函数依赖右侧的属性集合，可知候选码必须包含 N 和 L 中的属性，必定不包含 R 中的属性。

接下来用迭代方法求出关系模式 R 所有的候选码。

分析可知本习题中 $N=\{A\}$，$L=\{E\}$，$R=\{\}$，$LR=\{B, C, D\}$，然后进行迭代。

第一次迭代，选取属性组 AE，计算得到 $(AE)_F^+ = \{AE\}$，所以 AE 不是候选码。因此进入第二轮迭代，枚举 AE 与 LR 中每一个属性的组合，即 $\{AEB, AEC, AED\}$，如下图所示，可以得到 $(AEB)_F^+ = (AEC)_F^+ = (AED)_F^+ = \{ABCDE\}$。因此，关系模式 R 的所有候选码为 AEB、AEC、AED，主属性有 A、B、C、D、E，无非主属性。

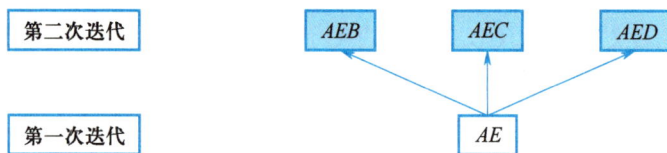

5．试举出三个多值依赖的实例。

【解析】读者可以根据现实生活场景给出实际例子。

① 关系模式 $MSC(M, S, C)$ 中，M 表示专业，S 表示学生，C 表示该专业的必修课。假设每个专业有多个学生，有一组必修课。设同专业内所有学生选择的必修课相同，实例关系如下表所示。按照语义，对于 M 的每一个值 M_i，S 有一个完整的集合与之对应而不论 C 取何值，所以 $M \rightarrow\rightarrow S$。由于 C 与 S 的完全对称性，必然有 $M \rightarrow\rightarrow C$ 成立。

M	S	C
$M1$	$S1$	$C1$
$M1$	$S1$	$C2$
$M1$	$S2$	$C1$
$M1$	$S2$	$C2$
...	...	...

② 关系模式 $ISA(I, S, A)$ 中，I 表示学生兴趣小组，S 表示学生，A 表示某兴趣小组的活动项目。假设每个兴趣小组有多个学生，设立若干活动项目。每个学生必须参加所在兴趣小组的所有活动项目，每个活动项目要求该兴趣小组的所有学生参加。

按照语义有 $I \rightarrow\rightarrow S$、$I \rightarrow\rightarrow A$ 成立。

③ 关系模式 $RDP(R, D, P)$ 中，R 表示医院的病房，D 表示责任医务人员，P 表示病人。假设每个病房住有多个病人，有多个责任医务人员负责医治和护理该病房的所有病人。按照语义有 $R \rightarrow\rightarrow D$、$R \rightarrow\rightarrow P$ 成立。

6．考虑关系模式 $R(U, F)$，$U=\{A, B, C, D, E\}$，请回答下面的问题：

① 若 A 是 R 的候选码，R 具有函数依赖 $BC \rightarrow DE$，那么在什么条件下 R 属于 BCNF？

【解析】属性 BC 包含码。理由如下：

按照 BCNF 的定义，每一个决定因素（即决定属性集）都要包含码，则 R 是 BCNF。因为 $BC \rightarrow DE$，BC 是函数依赖左部，属于决定因素，如果 BC 包含码，则 R 是 BCNF。

② 如果存在函数依赖 $F=\{A \rightarrow B, BC \rightarrow D, DE \rightarrow A\}$，列出 R 的所有码。

【解析】求关系模式 $R(U, F)$ 所有的候选码，读者可以阅读《概论》第 6 章的"扩展阅读"二维码内容，也可以参考上面的习题 4。

先求出本题中的候选码：$N=\{\}$，$L=\{C, E\}$，$R=\{\}$，$LR=\{A, B, D\}$。

然后用迭代方法求出 R 所有的候选码：ACE，BCE，DCE。

③ 如果存在函数依赖 $F=\{A \rightarrow B, BC \rightarrow D, DE \rightarrow A\}$，$R$ 属于 3NF 还是 BCNF？

答：由②可知 A、B、C、D、E 都是主属性，所以 R 是 3NF。

由②可知，R 的候选码有 ACE、BCE、DCE。因为 F 中所有函数依赖的决定因素 A、BC、DE 都不包含码，所以 R 不是 BCNF。

7. 下面的结论哪些是正确的？哪些是错误的？对于错误的结论，请给出理由或给出一个反例说明之。

① 任何一个二目关系都是属于 3NF 的。　（√）

② 任何一个二目关系都是属于 BCNF 的。（√）

③ 任何一个二目关系都是属于 4NF 的。　（√）

【解析】$R(X, Y)$ 如果 $X \twoheadrightarrow Y$，即 X、Y 之间存在平凡的多值依赖，R 属于 4NF。

④ 当且仅当函数依赖 $A \rightarrow B$ 在 R 上成立，关系 $R(A, B, C)$ 等于其投影 $R1(A, B)$ 和 $R2(A, C)$ 的连接。（×）

【解析】当 $A \rightarrow B$ 在 R 上成立，关系 $R(A, B, C)$ 等于其投影 $R1(A, B)$ 和 $R2(A, C)$ 的连接，反之则不然。读者可以举出一个反例。

正确的应该是：当且仅当多值依赖 $A \twoheadrightarrow B$ 在 R 上成立，关系 $R(A, B, C)$ 等于其投影 $R1(A, B)$ 和 $R2(A, C)$ 的连接（参见《概论》第 6 章定理 6.6）。

⑤ 若 $R.A \rightarrow R.B$，$R.B \rightarrow R.C$，则 $R.A \rightarrow R.C$　　（√）

⑥ 若 $R.A \rightarrow R.B$，$R.A \rightarrow R.C$，则 $R.A \rightarrow R.(B, C)$　（√）

⑦ 若 $R.B \rightarrow R.A$，$R.C \rightarrow R.A$，则 $R.(B, C) \rightarrow R.A$　（√）

⑧ 若 $R.(B, C) \rightarrow R.A$，则 $R.B \rightarrow R.A$，$R.C \rightarrow R.A$　（×）

反例：关系模式 $SC(SNO, CNO, G)$ 表示学生 SNO 选修了 CNO 课程后得分为 G。其中，$(SNO, CNO) \rightarrow G$，但是 $SNO \twoheadrightarrow G$，$CNO \twoheadrightarrow G$。

8. 证明：

① 如果 R 是 BCNF 关系模式，则 R 是 3NF 关系模式，反之则不然。

② 如果 R 是 3NF 关系模式，则 R 一定是 2NF 关系模式。

【解析】

先证：①中如果 R 是 BCNF 关系模式，则 R 是 3NF 关系模式。

证明：用反证法。

设关系 $R \in$ BCNF，但 $R \notin$ 3NF，则关系 R 中存在候选码 X、属性组 Y 和非主属性 $Z(Z \nsubseteq Y)$，满足

$$X \rightarrow Y, \quad Y \twoheadrightarrow X, \quad Y \rightarrow Z$$

由于 $Y \twoheadrightarrow X$，因此 Y 不包含候选码，即 $Y \rightarrow Z$ 函数依赖的决定因素 Y 不包含候选码，与 $R \in$ BCNF 相矛盾。所以如果 $R \in$ BCNF，则 $R \in$ 3NF。

再证：①中如果 R 是 3NF 关系模式，则 R 不一定是 BCNF 关系模式。

【解析】只要举出一个反例：

对于关系模式 $STJ(S, T, J)$，S 表示学生，T 表示教师，J 表示课程。每一位教师只教一门课。每门课有若干教师，某一学生选定某门课就对应一个固定的教师。由语义可得如下函数依赖：

$$(S, J) \rightarrow T, \quad (S, T) \rightarrow J, \quad T \rightarrow J$$

这里 (S, J)、(S, T) 都是候选码。

STJ 是 3NF，因为没有任何非主属性对码传递依赖或部分依赖。但 *STJ* 不是 BCNF 关系，因为 *T* 是决定因素，而 *T* 不包含码。

② 如果 *R* 是 3NF 关系模式，则 *R* 一定是 2NF 关系模式。

证明：用反证法。

设关系 $R \in 3NF$，但 $R \notin 2NF$，则必然存在一个非主属性 *Z* 不完全函数依赖于码。因此，存在候选码 *X* 的真子集 *Y*，$Y \subset X$，$Y \to Z$。

而由于 *Y* 是 *X* 的真子集，因此 $Y \nrightarrow X$；同时由于 *Y* 是主属性，*Z* 不是主属性，因此 $Z \nsubseteq Y$。

综上，存在候选码 *X*、属性组 *Y*、非主属性 $Z(Z \nsubseteq Y)$，有 $X \to Y$、$Y \nrightarrow X$、$Y \to Z$，与 $R \in 3NF$ 相矛盾。

所以如果 $R \in 3NF$，则 $R \in 2NF$。

*9. 为什么直接根据定义 6.18 去鉴别一个分解的无损连接性是不可能的？

【解析】先把定义 6.18 写在下面：

$\rho = \{R_1(U_1, F_1), \cdots, R_k(U_k, F_k)\}$ 是 $R(U, F)$ 的一个分解，若对 $R(U, F)$ 的任何一个关系 *r* 均有 $r = m_\rho(r)$ 成立，则称分解 *ρ* 具有无损连接性，将 *ρ* 简称为无损分解。

对于一个关系模式 $R(U, F)$，可能的关系实例 *r* 原则上有无数多个，因此无法验证对任意一个 *r*，有 $r = m_\rho(r)$ 成立。

6.3 补充习题

1. 考虑关系模式 $R(U, F)$，$U = \{A, B, C, D\}$，求满足下列函数依赖时 *R* 所有的候选码，并给出 *R* 属于哪种范式（1NF、2NF、3NF 或 BCNF）。

① $F = \{B \to D, AB \to C\}$

② $F = \{A \to B, A \to C, D \to A\}$

③ $F = \{BCD \to A, A \to C\}$

④ $F = \{B \to C, B \to D, CD \to A\}$

⑤ $F = \{ABD \to C\}$

2. 考虑属性集 *ABCDEF* 和函数依赖集 $\{AB \to C, B \to D, BC \to E, AC \to D, E \to F, CD \to A\}$，对于属性集 *ABC, ABCD, BCDE, CDEF, CDF*：

① 写出在属性集上的函数依赖集，说明是否为最小覆盖。

② 指出属于哪种范式（1NF、2NF、3NF 或 BCNF）。

3. 对于属性集 *ABCDEF* 和函数依赖集 $\{A \to BC, CD \to E, B \to D, BE \to F, EF \to A\}$，说明下列分解是否为无损连接分解，以及是否保持函数依赖：

① $\{ABCD, EFA\}$

② $\{ABC, BD, BEF\}$

4. 关系 R 有属性 $ABCD$，包括如下记录：

A	B	C	D
2	4	3	3
2	3	5	3
1	4	3	2
3	1	2	2

指出下列函数依赖或多值依赖在 R 上是否成立：

① $A \rightarrow B$

② $A \rightarrow BC$

③ $A \rightarrow\rightarrow BC$

④ $B \rightarrow C$

⑤ $BC \rightarrow\rightarrow A$

⑥ $C \rightarrow\rightarrow D$

5. 关系模式 R(员工编号, 日期, 零件数, 部门名称, 部门经理)，表示某个工厂中每个员工的日生产零件数以及员工所在的部门和经理信息。

假设：每个员工每天只有一个日生产零件数，每个员工只在一个部门工作，每个部门只有一个经理。那么：

① 写出模式 R 的基本函数依赖和码。

② R 是否为 2NF，如果不是，把 R 分解成 2NF。

③ 进一步将 R 分解成 3NF。

6. 对于关系模式 R(会议, 主持人, 时间, 会议室, 会员, 职务)，假设一个会议有唯一的一个主持人，在一个时间地点只能召开一个会议，在给定时间一个主持人只能在一个会议室，在给定时间一个会员只能在一个会议室，一个会员在一个会议中只能有一个职务。按照语义可以得到 R 的函数依赖 F={会议→主持人, (时间, 会议室)→会议, (时间, 主持人)→会议室, (时间, 会员)→会议室, (会议, 会员)→职务}。

① 写出 R 的所有码。

② 说明给出的函数依赖集 F 是否为极小函数依赖集。

③ 将 R 分解成具有无损连接和保持函数依赖的 3NF，判断是否有违反 BCNF 的关系。

7. 对于下列各个关系模式和依赖，回答是否为 4NF，若不是则将关系分解为满足 4NF 的关系：

① $R(A, B, C)$，存在依赖 $A \rightarrow\rightarrow B$ 和 $A \rightarrow C$。

② $R(A, B, C, D)$，存在依赖 $A \rightarrow\rightarrow C$ 和 $C \rightarrow\rightarrow BD$。

8．对给定的关系模式 $R(U, F)$，$U=\{A, B, C, D\}$，$F=\{A\rightarrow B, B\rightarrow C, C\rightarrow D, D\rightarrow A\}$，给出函数依赖范畴下关系模式 R 所满足的最高范式。

9．对给定的关系模式 $R(U, F)$，$U=\{C, T, H, R, S, G\}$，$F=\{CS\rightarrow G, C\rightarrow T, TH\rightarrow R, HR\rightarrow C, HS\rightarrow R\}$，给出函数依赖范畴下关系模式 R 所满足的最高范式。

10．对于给定的关系模式 $R(U, F)$，$U=\{X, Y, Z\}$，$F=\{X\rightarrow\rightarrow Y, Y\rightarrow\rightarrow Z\}$，试证明：$X\rightarrow\rightarrow Z-Y$。

11．关系模式 R(员工编号, 日期, 零件数, 部门名称, 部门经理)，表示某个工厂里每个员工的日产零件数以及员工所在的部门和经理信息。

① 写出该模式 R 的函数依赖、码、主属性、非主属性。

② 请给出 R 满足的最高范式。

③ 给出关系模式 R 设计中存在的问题（必须给出实例说明）。

④ 将 R 分解为2个或2个以上的关系模式，使得分解后的每个关系模式均满足 3NF 范式。

*12．证明题。

关于多值依赖的另一种定义是：给定一个关系模式 $R(X, Y, Z)$，其中 X、Y、Z 可以是属性或属性组合。设 $x\in X$，$y\in Y$，$z\in Z$，xz 在 R 中的像集为

$$Y_{xz}=\{r.Y\,|\,r.X=x\wedge r.Z=z\wedge r\in R\}$$

定义　$R(X, Y, Z)$ 当且仅当 $Y_{xz}=Y_{xz'}$ 对于每一组(x, z, z')都成立，则 Y 对 X 多值依赖，记作 $X\rightarrow\rightarrow Y$。这里，允许 Z 为空集，在 Z 为空集时，称为平凡的多值依赖。

请证明这里的定义和《概论》第 6 章 6.2.7 小节中定义 6.9 是等价的。

6.4　补充习题答案

1．【解析】对于求关系模式 $R(U, F)$ 所有的候选码，读者可以阅读《概论》第 6 章的"扩展阅读"二维码内容，也可以参考本章的习题 4。

① 分析可知本题中 $N=\{\}$，$L=\{B, A\}$，$R=\{C, D\}$，$LR=\{\}$，可以得到 AB 是码，有 $AB\rightarrow D$、$B\rightarrow D$ 成立，D 是非主属性，部分函数依赖于码，所以 R 是 1NF。

② 同样的方法可以求得 R 的码是 D，A、B、C 是非主属性，因为 B、C 都传递依赖于码 D，所以 R 是 2NF。

③ 同样的方法可以求得 R 的候选码有 BCD、ABD，A、B、C、D 都是主属性，没有非主属性对码的部分函数依赖和传递依赖，所以 R 是 3NF。

④ 同样的方法可以求得 R 的码是 B，A、C、D 是非主属性，因为有 $B\rightarrow CD$、$CD\rightarrow A$ 成立，非主属性 A 传递依赖于码 B，所以 R 是 2NF。

⑤ R 的码是 ABD，R 是 BCNF。

2．答：

① ABC：函数依赖集为 $AB\rightarrow C$，是最小覆盖；是 BCNF。

【解析】可以求得码=AB，决定因素 AB 是码，所以是 BCNF。

② $ABCD$：函数依赖集为 $AB \to C$，$B \to D$，$AC \to D$，$CD \to A$，是最小覆盖；是 1NF。

【解析】码=AB，因为 $B \to D$，存在非主属性 D 对码 AB 的部分函数依赖。

③ $BCDE$：函数依赖集为 $B \to D$，$BC \to E$，是最小覆盖；是 1NF。

【解析】码=BC，因为 $B \to D$，存在非主属性 D 对码 BC 的部分函数依赖。

④ $CDEF$：函数依赖集为 $E \to F$，是最小覆盖；是 1NF。

【解析】码=CDE，因为 $E \to F$，存在非主属性 F 对码 CDE 的部分函数依赖。

⑤ CDF：函数依赖集为空，即没有函数依赖；是 BCNF

【解析】码=CDF，即全码；是 BCNF。

3. 答：

①【解析】$U_1=ABCD$，$U_2=EFA$，是无损连接分解；没有保持函数依赖。理由：

$U=ABCDEF$，根据函数依赖集$\{A \to BC, CD \to E, B \to D, BE \to F, EF \to A\}$，可以求得码=$A$ 和 BE，所以有 $A \to EF$ 成立。

因为 $U_1 \cap U_2=A$，$U_2-U_1=EF$，即 $U_1 \cap U_2 \to U_2-U_1$，所以分解 $U_1=ABCD$，$U_2=EFA$ 是无损连接分解。

分解 $U_1=ABCD$ 上的函数依赖集为$\{A \to BC, B \to D\}$，分解 $U_2=EFA$ 上的函数依赖集为$\{EF \to A\}$，丢失了 $CD \to E$、$BE \to F$，因此没有保持函数依赖。

②【解析】对于分解 $U_1=ABC$，$F_1=\{A \to BC\}$

$$U_2=BD, F_2=\{B \to D\}$$
$$U_3=BEF, F_3=\{BE \to F\}$$

构造初始表：

A	B	C	D	E	F
$a1$	$a2$	$a3$	$b14$	$b15$	$b16$
$b21$	$a2$	$b23$	$a4$	$b25$	$b26$
$b31$	$a2$	$b33$	$b34$	$a5$	$a6$

第一遍扫描由 $B \to D$ 可将 $b14$、$b34$ 改为 $a4$：

A	B	C	D	E	F
$a1$	$a2$	$a3$	$a4$	$b15$	$b16$
$b21$	$a2$	$b23$	$a4$	$b25$	$b26$
$b31$	$a2$	$b33$	$a4$	$a5$	$a6$

第二遍扫描表无变化，没有出现一行 $a1$、$a2$、$a3$、$a4$、$a5$、$a6$，因此不是无损连接分解；

分解也没有保持函数依赖，因为丢失了 $CD{\to}E$，$EF{\to}A$。

4. 答：
① 不成立
② 不成立
③ 不确定
④ 不确定
⑤ 不成立
⑥ 不成立

【解析】针对关系的某个值，我们可以判断某个函数依赖和多值依赖不成立，但不能确定它们成立。

5. 【解析】
① 根据给出的语义，R(员工编号, 日期, 零件数, 部门名称, 部门经理)的函数依赖有：
    F={(员工编号, 日期)→零件数, 员工编号→部门名称, 部门名称→部门经理}
码：(员工编号, 日期)
② R 不是 2NF，因为 (员工编号, 日期) 是码，存在非主属性部门名称对码的部分依赖 (员工编号→部门名称)。
分解为 2NF：
    $R1$(员工编号, 日期, 零件数)
    $R2$(员工编号, 部门名称, 部门经理)
③ 分解为 3NF：
    $R1$(员工编号, 日期, 零件数)
    $R2$(员工编号, 部门名称)
    $R3$(部门名称, 部门经理)

6. 【解析】
① $R(U, F)$，U=(会议, 主持人, 时间, 会议室, 会员, 职务)
    R 的码为(时间, 会员)，因为(时间, 会员)$^+_F=U$。
② 函数依赖集 F 是极小函数依赖集。理由如下：
a. 所有函数依赖的右边都已经是单个属性。
b. 没有一个函数依赖在删除之后可以被剩下的函数依赖集逻辑蕴含。
c. 对于左部是属性组的函数依赖：
    (时间, 会议室)→会议，(时间, 主持人)→会议室，
    (时间, 会员)→会议室，(会议, 会员)→职务
考查它们的子集：
    时间→会议，会议室→会议，时间→会议室，主持人→会议室，
    会员→会议室，会议→职务，会员→职务

都无法由函数依赖集导出。

所以，函数依赖集 F 是极小函数依赖集。

③ 根据《概论》第 6 章算法 6.2（合成法）"转换为 3NF 的保持函数依赖的分解"，可以将 R 分解为：

U_1(会议, 主持人)，U_2(时间, 会议室, 会议)，U_3(时间, 主持人, 会议室)，

U_4(时间, 会员, 会议室)，U_5(会议, 会员, 职务)

其中 U_4(时间, 会员, 会议室) 包含码 (时间, 会员)，因此不需要添加新的关系，此分解是具有无损连接和保持函数依赖的 3NF。

在分解后的每个关系模式中，每个决定因素是码，因此都是 BCNF。

7.【解析】

① 分析可知，R 的码是 AB。因为 $A \rightarrow\rightarrow B$，而 A 不是码，所以 R 不是 4NF。

将 R 分解为 $R(A, B)$ 和 $R(A, C)$，都满足 4NF。

② R 的码是 $ABCD$，因此 R 不是 4NF。

将 R 分解为 $R(A, C)$ 和 $R(B, C, D)$，都满足 4NF。

8.【解析】R 为 BCNF。理由如下：

由 F 可知 A、B、C、D 均为候选码，故 A、B、C、D 均为主属性，因此 R 至少满足 3NF；又因为 A、B、C、D 都可以作为码，因此每个决定属性集都包含候选码，所以 R 满足 BCNF。

9.【解析】R 是 2NF。

首先求出所有候选码，根据本章习题第 4 题求候选码的思路，有

$$N=\{\}, \quad L=\{S, H\}, \quad R=\{G\}, \quad LR=\{C, R, T\}$$

因为所有的候选码必定包含 HS，又因为 $(HS)^+_F=\{C, T, H, R, S, G\}=U$。所以可得 HS 是候选码。由于 HS 已经是候选码，且每个候选码必须包含 HS，所以 HS 是唯一的候选码。主属性为 H、S，非主属性为 C、T、R、G。由于存在非主属性对码的传递函数依赖（$HS \rightarrow R, HR \rightarrow C, C \rightarrow T$），但不存在非主属性对码的部分函数依赖，因此该关系模式最高满足 2NF。

10.【解析】将 $Y \cup Z$ 分解为三个不相交的集合：$Y-Z$、$Z-Y$、$Y \cap Z$。在 $R(U)$ 的任意关系 r 中，t 和 s 是属于 r 的两个元组，满足 $t[X]=s[X]$：

元组	X	$Y-Z$	$Y \cap Z$	$Z-Y$
t	$t[X]$	$t[Y-Z]$	$t[Y \cap Z]$	$t[Z-Y]$
s	$s[X]$	$s[Y-Z]$	$s[Y \cap Z]$	$s[Z-Y]$

因为 $X \rightarrow\rightarrow Y$，所以交换元组 t 和 s 在属性 Y 上的值，得到如下两个新的元组 t^* 和 s^*，也一定属于 r，其中 $Y=(Y-Z) \cup (Y \cap Z)$：

元组	X	$Y-Z$	$Y\cap Z$	$Z-Y$
$t*$	$t[X]$	$s[Y-Z]$	$s[Y\cap Z]$	$t[Z-Y]$
$s*$	$s[X]$	$t[Y-Z]$	$t[Y\cap Z]$	$s[Z-Y]$

考查元组 t 和 $s*$，可以发现 $t[Y]=s*[Y]$：

元组	$Y-Z$	$Y\cap Z$	X	$Z-Y$
t	$t[Y-Z]$	$t[Y\cap Z]$	$t[X]$	$t[Z-Y]$
$s*$	$t[Y-Z]$	$t[Y\cap Z]$	$s[X]$	$s[Z-Y]$

又因为 $Y\rightarrow\rightarrow Z$，所以，交换元组 t 和 $s*$ 在属性 Z 上的值得到如下两个新的元组 w 和 v 也一定属于 r，其中 $Z=(Z-Y)\cup(Y\cap Z)$：

元组	$Y-Z$	$Y\cap Z$	X	$Z-Y$
w	$t[Y-Z]$	$t[Y\cap Z]$	$t[X]$	$s[Z-Y]$
v	$t[Y-Z]$	$t[Y\cap Z]$	$s[X]$	$t[Z-Y]$

可以发现，交换元组 t 和 s 在属性 $Z-Y$ 上的值，可以得到 w 和 v 两条元组，而 w 和 v 两条元组属于关系 r。因此，$X\rightarrow\rightarrow Z-Y$ 得证。

11. 【解析】

① R 的函数依赖包括：(员工编号, 日期)→零件数，员工编号→部门名称，员工编号→部门经理，部门名称→部门经理。

候选码只有一个，即(员工编号, 日期)。

主属性：员工编号，日期。

非主属性：零件数，部门名称，部门经理

② 因为主码是(员工编号, 日期)，但存在"员工编号→部门名称"这样的函数依赖，即非主属性对主码的部分函数依赖，因此最高范式是 1NF。

③ 存在的问题：

插入异常：当新员工入职前还未正式参加工作，这时不能插入员工信息。

删除异常：某个部门的所有员工都离职时，相关的部门信息也从数据库中消失了。

数据冗余：每个员工对应的部门信息应当是不变的，但在当前设计模式下部门信息被反复录入。

修改复杂：如果要修改部门经理的信息，该部门的所有员工的所有记录都要修改一遍。

④ 将 R 分解为：

　　$R_1(U_1, F_1)$，$U_1=\{$员工编号, 日期, 零件数$\}$，$F_1=($员工编号, 日期$)\rightarrow$零件数

　　$R_2(U_2, F_2)$，$U_2=\{$员工编号, 部门名称$\}$，　　$F_2=$员工编号→部门名称

$R_3(U_3, F_3)$，$U_3 =$ {部门名称, 部门经理}，F_3=部门名称→部门经理

这样分解后，每个关系模式的非主属性都不存在部分函数依赖或者传递函数依赖于候选码，且每个主属性也不存在部分函数依赖或者传递函数依赖于候选码，每个决定因素都是码，因此分解后的每个关系模式满足 BCNF 范式。

*12.【解析】这是一道选择证明题，有兴趣的读者可以认真练习。

先把定义 6.9 写在下面：

设 $R(U, F)$ 是属性集 U 上的一个关系模式。X、Y、Z 是 U 的子集，并且 $Z=U-X-Y$。关系模式 $R(U, F)$ 中多值依赖 $X \rightarrow\rightarrow Y$ 成立，当且仅当对 $R(U, F)$ 的任一关系 r 给定的一对 (x, z) 值有一组 Y 的值，这组值仅仅决定于 x 值而与 z 值无关。

证明：设 $Y_{xz}=Y_{xz'}$ 对于每一组 (x, z, z') 都成立，现要证其能推出定义 6.9 的条件。

设 s、t 是关系 r 中的两个元组，$s[X]= t[X]$，由新定义的条件知，对于每一个 z 值，都对应相同的一组 y 值。这样一来，对相同的 x 值，交换 y 值后所得的元组仍然属于关系 r，即定义 6.9 的条件成立。

如果定义 6.9 的条件成立，则对相同的 x 值，交换 y 值后所得的元组仍然属于关系 r，由于任意性及其对称性，可知每个 z 值对应相同的一组 y 值，所以 $Y_{xz}=Y_{xz'}$ 对于每一组 (x, z, z') 都成立。

综上可知，新定义和定义 6.9 的条件是等价的，所以新定义和定义 6.9 是等价的。

第 7 章 \ 数据库设计

第 7 章讲解数据库设计的方法和步骤。

大型数据库的设计和开发是一项庞大的工程，是涉及多学科的综合性技术。数据库设计的重要性在于：数据库设计技术是信息系统开发和建设中的核心技术。

《概论》在讲解数据库设计时，力求将数据库设计与应用系统设计相结合，密切关联结构（数据）设计与行为（处理）设计。

我们不能把数据库设计简单地描述为"如何把一组数据储存在数据库中，为这些数据设计一个合适的逻辑结构，即如何设计关系模式，以及各个关系模式中的属性"。因为这仅仅是数据库逻辑设计的内容。

学习本章时，要把软件工程的思想、方法具体运用到数据库设计中，要把第 6 章讲解的关系数据理论作为我们进行数据库设计的工具，用以指导数据库的设计。

最后，读者应当能够完成一个大作业：选择一个实际的应用场景，设计并实现相应的数据库应用系统。

7.1　基本知识点

本章讲解数据库设计的方法和技术，涉及内容的实践性较强。

① 需要了解的：了解数据库设计的特点、数据库物理设计的内容和评价，以及数据库的实施和维护。

② 需要牢固掌握的：掌握数据库设计的基本步骤，数据库设计过程中数据字典的内容，数据库设计各个阶段的具体设计内容、设计描述、设计方法等。

③ 需要举一反三的：E-R 图的设计、E-R 图向关系模型的转换。

④ 难点：技术上的难点是 E-R 图的设计、数据模型的优化；真正的难点是理论与实际的结合。读者一般缺乏实际经验，缺乏对实际问题解决的能力，特别是缺乏应用领域的知识。数据库设计需要设计人员对应用环境、专业业务有具体深入的了解，这样才能设计出符合具体领域要求的数据库及其应用系统。希望读者在完成本章习题的基础上认真完成大作业，体会这些要点，从而真正掌握本章讲解的知识、方法和技术。

7.2　习题解答和解析

1. 试述数据库设计过程。

【解析】请读者阅读《概论》第 7 章 7.1.3 小节"数据库设计的基本步骤"相关内容。

这里概要列出数据库设计过程的 6 个阶段：

① 需求分析。

② 概念结构设计。

③ 逻辑结构设计。

④ 物理结构设计。

⑤ 数据库实施。

⑥ 数据库运行和维护。

这是一个完整的实际数据库及其应用系统的设计过程，不仅包括设计数据库本身，还包括数据库的实施、数据库的运行和维护。

设计一个完善的数据库应用系统往往是上述 6 个阶段的不断反复。

希望读者能够认真阅读《概论》7.1 节的内容，了解并掌握数据库设计过程。更重要的是亲自实践，调查企业或组织某个部门实际的应用需求，开发一个数据库应用系统。

2. 试述数据库设计过程中形成的数据库模式。

【解析】请读者参考《概论》第 7 章图 7.4，该图给出了数据库设计的不同阶段形成的数据库的各级模式：

① 在概念结构设计阶段，形成独立于机器特点，独立于各个 DBMS 产品的概念模式，在本篇中就是 E-R 图。

② 在逻辑结构设计阶段，将 E-R 图转换成具体的数据库产品支持的数据模型，如关系模型，形成数据库逻辑模式，然后在基本表的基础上再建立必要的视图（view），形成数据库的外模式。

③ 在物理结构设计阶段，根据 DBMS 产品特点和处理的需要进行物理存储安排，建立索引，形成数据库的内模式。

概念模式是面向用户和设计人员的，属于概念模型的层次；逻辑模式、外模式、内模式是 DBMS 支持的模式，属于数据模型的层次，可以在 DBMS 中加以描述和存储。

3. 需求分析阶段的设计目标是什么？调查的内容是什么？

【解析】请读者阅读《概论》第 7 章 7.2 节相关内容。

需求分析阶段的设计目标是通过详细调查，充分了解实际部门原有信息系统（手工系统或计算机系统）的情况，明确用户的各种需求，然后在此基础上确定新系统的功能。

调查的内容重点是"数据"和"处理"，即获得用户对数据库的如下要求：

① 信息要求：用户需要从数据库中获得信息的内容与性质。由信息要求可以导出数据要求，即在数据库中需要存储哪些数据，这些数据存储在本地、远程，还是云端等。

② 处理要求：用户要完成什么处理功能、对处理的响应时间有什么要求、处理方式是批处理还是联机处理、并发用户数估计（最大并发用户数量和平均用户数量）等。

③ 安全性与完整性要求。

4. 需求分析阶段得到的数据字典的内容和作用是什么？

【解析】请详细阅读《概论》第 7 章 7.2.3 小节"数据字典"相关内容。注意，这里讲的是需求分析阶段形成的数据字典，与第 13 章数据库管理系统中的数据字典不同。后者是 DBMS 关于数据库中数据的描述，由 DBMS 在数据库运行过程中生成和维护。

需求分析阶段得到的数据字典的内容通常包含 5 部分：数据项、数据结构、数据流、数据存储和处理过程。其中，数据项是数据的最小组成单位，若干个数据项可以组成一个数据结构。数据字典通过对数据项和数据结构的定义来描述数据流、数据存储的逻辑内容。

数据字典的作用：数据字典是关于数据库中数据的描述，即元数据，而不是数据本身。数据字典在需求分析阶段建立，是下一步进行概念设计的基础，并在数据库设计过程中不断修改、充实和完善。

5. 什么是数据库的概念结构？

【解析】请读者阅读《概论》第 7 章 7.3 节"概念结构设计"相关内容。

概念结构是信息世界的结构，即概念模型，其主要特点是：

① 能真实、充分地反映现实世界，包括事物和事物之间的联系，能满足用户对数据的处理要求，是现实世界的一个真实模型。

② 易于理解，可以用它和不熟悉计算机的用户交换意见。用户的积极参与是数据库设计成功的关键。

③ 易于更改，当应用环境和应用要求改变时，容易对概念模型进行修改和扩充。

④ 易于向关系模型、网状模型、层次模型等各种数据模型进行转换。

读者可以复习一下《概论》第 1 章 1.2.1 小节"数据建模"相关内容，概念模型是按用户的观点来对数据建模，是数据建模的第一步。

6. 定义并解释概念模型中的以下术语：

实体，实体型，实体集，属性，码，实体-联系图（E-R 图）

【解析】P. P. S. Chen 提出的 E-R 模型是用 E-R 图来描述现实世界的概念模型。第 1 章 1.2.2 小节初步介绍了 E-R 模型涉及的主要概念，第 7 章则进一步讲解了 E-R 图。

实体：客观存在并可以相互区分的事物叫实体。

实体型：含有相同属性的实体具有相同的特征和性质，用实体名及其属性名集合来抽象和刻画同类实体称为实体型。

实体集：同型实体的集合称为实体集。

属性：实体所具有的某一特性，一个实体可由若干个属性来刻画。

码：唯一标识实体的属性集称为码。

实体-联系图（E-R 图）：描述实体型、属性和联系的一种方法，其中：

① 实体型用矩形表示，矩形框内写明实体名。

② 属性用椭圆形表示，并用无向边将其与相应的实体型连接起来。

③ 联系用菱形表示，菱形框内写明联系名，并用无向边分别与有关实体连接起来，同时在无向边旁标上联系的类型（1∶1，1∶n 或 m∶n）。

读者应通过分析实际应用问题中的用户需求来抽象应用场景的概念模型、设计合理的 E-R 图，培养数据建模的抽象能力。

7. 某学院有若干个系，每个系有若干教研室和班级。每个教研室有若干教师，其中有的教授和副教授每人各带若干研究生。每个班有若干学生，每个学生选修若干课程。每门课可由若干学生选修，某学生选修某一门课程有一个成绩。请用 E-R 图画出此应用场景的概念模型。

【解析】在画 E-R 图时，读者可以按照习题中对问题的描述逐步画出每一句话中涉及的实体，再根据给出的实际语义画出实体之间的联系。

例如，每个教研室有若干教师，每个班有若干学生，可以画出教研室和教师、班级和学生之间的一对多联系，从"有的教授和副教授每人各带若干研究生"，以及一个研究生一般指定一个导师（这是通常的规则），可以画出教师和学生之间一对多的联系。

E-R 图如下。为清晰起见，E-R 图中没有画出各个实体的属性。

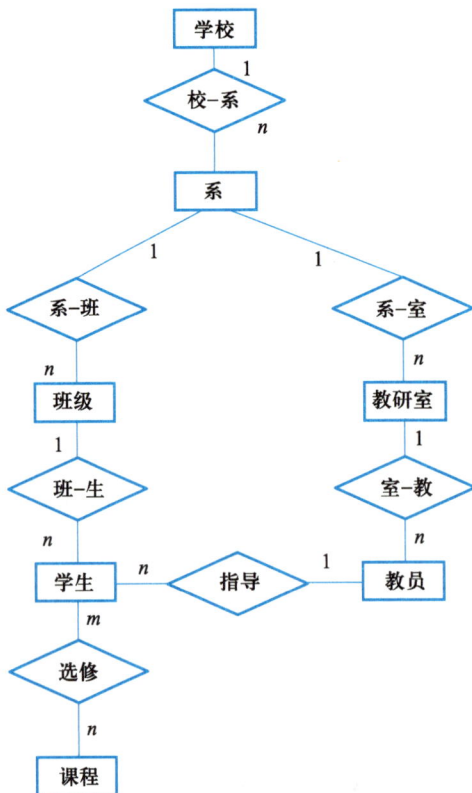

各实体的属性如下：

系：系编号，系名

班级：班级编号，班级名

教研室：教研室编号，教研室名

学生：学号，姓名，学历

课程：课程编号，课程名

教员：职工号，姓名，职称

联系"选修"的属性为"成绩"

8．某工厂生产若干产品，每种产品由不同的零件组成，有的零件可用在不同的产品上。零件由不同的材料制成，不同零件所用的材料可以相同。零件按所属的不同产品分别放在仓库中，材料按照类别放在若干仓库中。请用 E-R 图画出此工厂的产品、零件、材料、仓库的概念模型。

答：

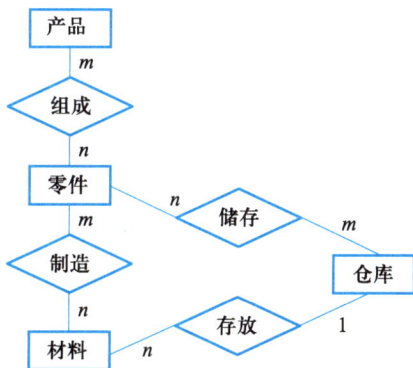

【解析】描述实体之间联系的语义有时并非直截了当，我们需要在对现实世界的整体描述中进行分析，以导出实体之间的某种联系。例如，本题"零件和仓库的联系"就要从以下描述中分析："零件按所属的不同产品分别放在仓库中"。因为一种产品由多种零件组成，所以一个仓库中放多种零件。反过来，一种零件是放在一个仓库还是多个仓库？因为一种零件可以用在多种产品上，这些零件按所属的不同产品分别放在仓库中，于是可知一种零件可以放在多个仓库中。所以零件和仓库之间是多对多的联系。

"材料和仓库的联系"则可以根据"材料按照类别放在若干仓库"这句描述得出：一个仓库中放多种材料，而一种材料只放在一个仓库中，所以仓库和材料之间是一对多的联系。

各实体的属性如下（简便起见，未用图表示）：

产品：产品号，产品名

零件：零件号，零件名

原材料：原材料号，原材料名，类别

仓库：仓库号，仓库名

各联系的属性如下：

产品组成：使用零件量

零件制造：使用材料量

零件存储：存储量

材料存放：存放量

9. 某医院的住院管理信息系统中需要下述信息：

科室：科室名，科室主任，科室地址，科室电话

病房：病房号，床位号，科室名

医生：工作证号，姓名，职称，科室名，性别，年龄

住院病人：姓名，性别，身份证号

其中，一个科室可以有多位医生，有且仅有一个科室主任领导其他医生，一个医生只属于一个科室。一个科室负责多个病房，一个病房只属于一个科室。一个医生可以负责治疗多位住院病人，一位住院病人可以同时由多名医生诊治，其中有一位为主治医生。

请用 E-R 图描述该住院管理信息系统的概念模型。

答：

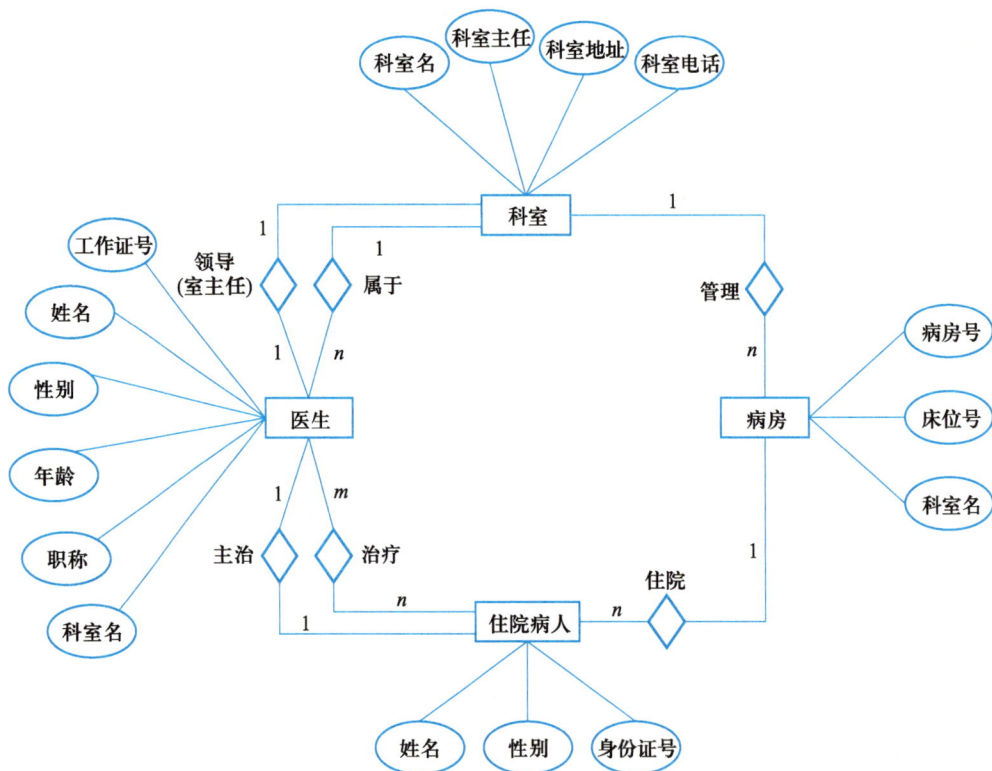

10．**什么是数据库的逻辑结构设计？试述其设计步骤。**

【解析】请阅读《概论》第 7 章 7.4 节"逻辑结构设计"相关内容

数据库的逻辑结构设计就是把概念结构设计阶段设计好的基本 E-R 图，转换为与选用的 DBMS 产品所支持的数据模型相符合的逻辑结构。目前 DBMS 都是关系模型，所以逻辑结构设计的步骤为：

① 将概念结构转换为关系模型的关系模式。

② 对转换的关系模式进行优化。

11．**试把第 7 题和第 8 题中的 E-R 图转换为关系模型。**

【解析】习题 7 中的 E-R 图经转换后关系模式如下，其中有下画线的属性是主码属性：

系(<u>系编号</u>, 系名, 学校名)

教研室(<u>教研室编号</u>, 教研室名, 系编号)

班级(<u>班级编号</u>, 班级名, 系编号)

教员(<u>职工号</u>, 姓名, 职称, 教研室编号)

学生(<u>学号</u>, 姓名, 学历, 班级编号, 导师职工号)

课程(<u>课程编号</u>, 课程名)

选课(<u>学号</u>, <u>课程编号</u>, 成绩)　　/*联系"选修"转换成的关系模式*/

习题 8 中的 E-R 图经转换后关系模式如下，其中有下画线的属性是主码属性：

产品(<u>产品号</u>, 产品名, 仓库号)

零件(<u>零件号</u>, 零件名)

原材料(<u>原材料号</u>, 原材料名, 类别, 仓库号, 存放量)

仓库(<u>仓库号</u>, 仓库名)

产品组成(<u>产品号</u>, <u>零件号</u>, 使用零件量)　　　　/*联系"产品组成"转换成的关系模式*/

零件组成(<u>零件号</u>, <u>原材料号</u>, 使用原材料量)　　/*联系"零件制造"转换成的关系模式*/

零件储存(<u>零件号</u>, <u>仓库号</u>, 存储量)　　　　　　/*联系"零件存储"转换成的关系模式*/

12．**试用规范化理论中有关范式的概念，分析第 7 题设计的关系模型中各个关系模式的候选码。它们属于第几范式？会产生什么更新异常？**

答：习题 7 中设计的各个关系模式的码都用下画线注明，这些关系模式都只有一个码，且都是唯一决定的因素，所以都属于 BCNF。不会产生更新异常现象。

13．**规范化理论对数据库设计有什么指导意义？**

答：规范化理论为数据库设计人员判断关系模式优劣提供了理论标准，可用以指导关系数据模型的优化、预测模式可能出现的问题。该理论为设计人员提供了自动产生各种模式的算法工具，使数据库设计工作有了严格的理论基础。可参考《概论》第 7 章 7.4.2 小节"数据模型的优化"相关内容。

14．**试述数据库物理结构设计的内容和步骤。**

【解析】数据库在物理设备上的存储结构与存取方法称为数据库的物理结构，它依赖于选定的 DBMS。为一个给定的逻辑数据模型选取一个适合应用要求的物理结构的过程，就是数据库的物理结构设计。注意，这里是选取。因为数据库的存储结构和存取方法是 DBMS 已经设计好的，数据库设计人员的任务是根据前面需求分析、概念设计和逻辑设计来选择合适的数据库物理结构。

数据库的物理结构设计通常分为两步：

① 确定数据库的物理结构。在关系数据库中主要指存取方法和存储结构。

② 对物理结构进行评价。评价的重点是时间和空间效率。

请读者详细参考《概论》第 7 章 7.5 节相关内容。

有关数据库的数据组织和存储管理，《概论》第 9 章"关系数据库存储管理"中有详细讲解。

15. 数据输入在实施阶段的重要性是什么？如何保证输入数据的正确性？

【解析】数据库是用来对数据进行存储、管理、处理和分析的，因此在实施阶段必须将原来系统中的历史数据输入数据库。数据量一般都很大，而且数据来源于单位的多个不同部门。数据的组织方式、结构和格式都与新设计的数据库系统有相当的差距。组织数据的载入就是将各类源数据从各个局部应用中抽取出来，输入计算机，分类整理、转换，最后综合成符合新设计的数据库结构的形式，输入数据库。因此，这样的数据抽取、转换、组织入库的工作是相当费力费时的。特别当原系统是手工数据处理系统时，各类数据分散在各种不同的原始表格、凭证、单据之中，数据输入的工作量更大。

保证输入数据正确性的方法如下：为提高数据输入工作的效率和质量，应针对具体的应用环境设计一个数据录入子系统，由计算机来完成数据入库的任务。在源数据入库之前要采用多种方法对其进行检验，以防止不正确的数据入库。

16. 什么是数据库的重组和重构？为什么要进行数据库的重组和重构？

【解析】请读者阅读《概论》第 7 章 7.6.3 小节"数据库的运行和维护"相关内容。

数据库的重组是指按原设计要求重新安排数据的存储位置、回收垃圾、减少指针链等，以提高系统性能。

数据库的重构则是指部分修改数据库的模式和内模式，即修改原设计的逻辑结构和物理结构。数据库的重组不修改数据库的模式和内模式。

进行数据库的重组和重构的原因如下：数据库运行一段时间后，由于记录不断更新，将会使数据库的物理存储情况变坏，降低数据的存取效率和数据库性能，因此 DBA 就要对数据库进行重组或部分重组。DBMS 一般都提供数据库重组用的实用程序。

数据库应用环境经常发生变化，如增加了新的应用或新的实体、取消了某些应用、有的实体与实体间的联系发生了变化等，使原有的数据库设计不能满足新的需求，因此需要调整数据库的模式和内模式，即进行数据库的重构。

7.3 补充习题

1. 选择题

① 数据库外模式是在下列哪个阶段设计的?(　)

　　A. 数据库概念结构设计　　　　　　　B. 数据库逻辑结构设计

　　C. 数据库物理结构设计　　　　　　　D. 数据库实施和维护

② 生成 DBMS 系统支持的数据模型是在下列哪个阶段完成的?(　)

　　A. 数据库概念结构设计　　　　　　　B. 数据库逻辑结构设计

　　C. 数据库物理结构设计　　　　　　　D. 数据库实施和维护

③ 根据应用需求确定建立索引是在下列哪个阶段完成的?(　)

　　A. 数据库概念结构设计　　　　　　　B. 数据库逻辑结构设计

　　C. 数据库物理结构设计　　　　　　　D. 数据库实施和维护

④ 员工性别的取值,有的为"男/女",有的为"1/0",这种情况属于(　)。

　　A. 属性冲突　　　　　　　　　　　　B. 命名冲突

　　C. 结构冲突　　　　　　　　　　　　D. 数据冗余

2. 填空题

① 数据库设计方法包括_____、_____、_____、_____和统一建模语言(UML)方法等。

② 数据库设计的基本步骤包括需求分析、_____、_____、_____、数据库实施、数据库运行和维护等。

③ 集成局部 E-R 图(也称为分 E-R 图)要分两个步骤,分别是_____和_____。

④ 数据库常见的存取方法主要有_____、_____和哈希方法。

3. 问答题

① 在进行概念结构设计时,将事物作为属性的基本准则是什么?

② 将 E-R 图转换为关系模式时,可以如何处理实体型间的联系?

4. 综合题

① 某商场可以为顾客办理会员卡,每个顾客只能办理一张会员卡。顾客信息包括顾客姓名、地址、电话、身份证号,会员卡信息包括号码、等级、积分,请给出该系统的 E-R 图。

② 请按照下列说明修改题①中的要求,分别给出相应的 E-R 图:

a. 顾客有多个地址和多个电话号码。地址包括省、市、区、街道,电话号码包括区号、号码。

b. 顾客有多个地址,每个地址有多个电话号码。地址包括省、市、区、街道,电话号码包括区号、号码。

③ 某数据库记录乐队、成员和歌迷的信息。乐队包括名称、多个成员、一个队长，队长也是乐队的成员。成员包括姓名、性别。歌迷包括姓名、性别、喜欢的乐队、喜欢的成员。

a. 请画出基本的 E-R 图。

b. 请修改 E-R 图，使之能够表示成员在乐队的工作记录，包括进入乐队时间以及离开乐队时间。

④ 考虑某个 IT 公司的数据库信息：

a. 部门有部门编号、部门名称、办公地点等属性。

b. 部门员工有员工编号、姓名、级别等属性，员工只在一个部门工作。

c. 每个部门有唯一一个部门员工作为部门经理。

d. 实习生有实习编号、姓名、年龄等属性，只在一个部门实习。

e. 项目有项目编号、项目名称、开始日期、结束日期等属性。

f. 每个项目由一名员工负责，由多名员工、实习生参与。

g. 一名员工只负责一个项目，可以参与多个项目，在每个项目具有工作时间比。

h. 每个实习生只参与一个项目。

请画出 E-R 图，并将 E-R 图转换为关系模型（包括关系名、属性名、码和完整性约束条件）。

7.4　补充习题答案

1. 选择题答案

①	②	③	④
B	B	C	A

2. 填空题答案

① 新奥尔良设计方法　基于 E-R 模型的设计方法　3NF 的设计方法　面向对象的设计方法。

② 概念结构设计　逻辑结构设计　物理结构设计

③ 合并　修改与重构

④ 索引　聚簇

3. 问答题答案

①【解析】请阅读《概论》第 7 章 7.3.5 小节"用 E-R 图进行概念结构设计"相关内容。在设计 E-R 图时首先要确定实体和属性，实体与属性之间并没有形式上可以截然划分的界限。根据一般的经验，可以得到以下基本准则：

a. 属性不能再有需要描述的性质。属性必须是不可分的数据项，不能包含其他属性。

b. 属性不能与其他实体有联系，即 E-R 图中所表示的联系是实体之间的联系。

凡满足上述两条准则的事物，一般均可作为属性对待。

②【解析】请阅读《概论》第 7 章 7.4 节 "逻辑结构设计" 相关内容。

a. 一个 1:1 联系可以转换为一个独立的关系模式，也可以与任意一端对应的关系模式合并。

b. 一个 1:n 联系可以转换为一个独立的关系模式，也可以与 n 端对应的关系模式合并。

c. 一个 m:n 联系可以转换为一个关系模式。

d. 3 个或 3 个以上实体间的一个多元联系可以转换为一个关系模式。

e. 具有相同码的关系模式可以合并。

4. 综合题答案

① 系统 E-R 图如下：

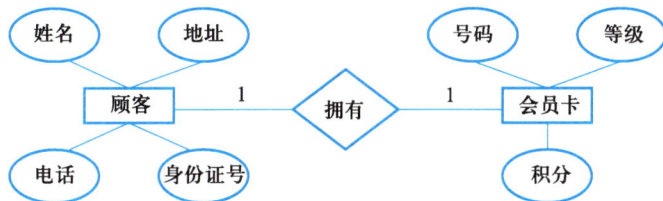

②

a. 顾客有多个地址和多个电话号码。地址包括省、市、区、街道，电话号码包括区号、号码。相应的 E-R 图如下：

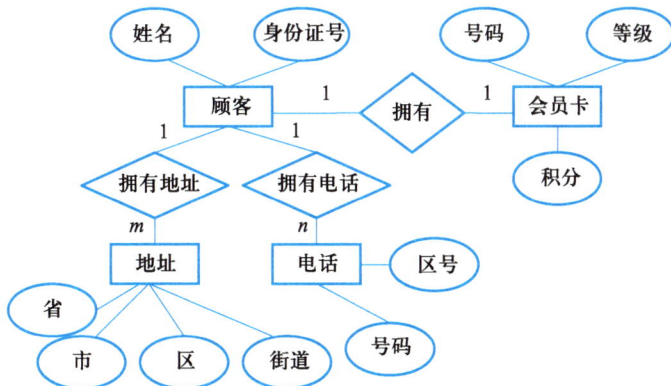

b. 顾客有多个地址，每个地址含有多个电话号码。地址包括省、市、区、街道，电话号码包括区号、号码。相应的 E-R 图如下：

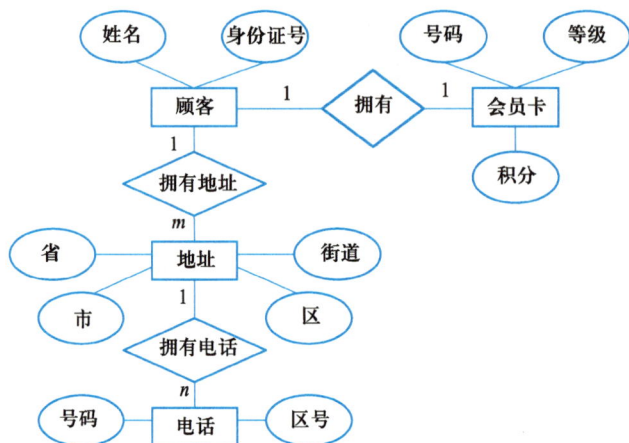

③

a. 基本的 E-R 图如下；

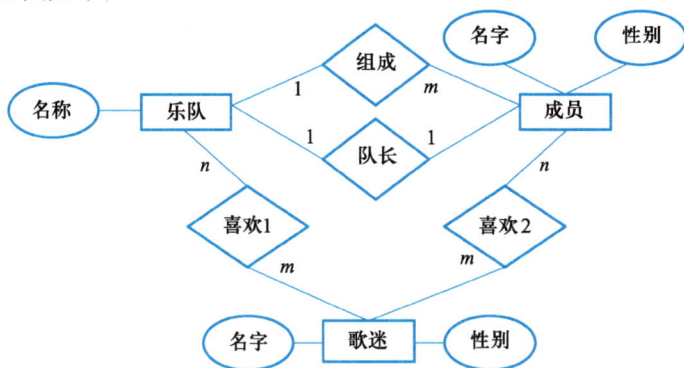

b. 修改的 E-R 图如下：

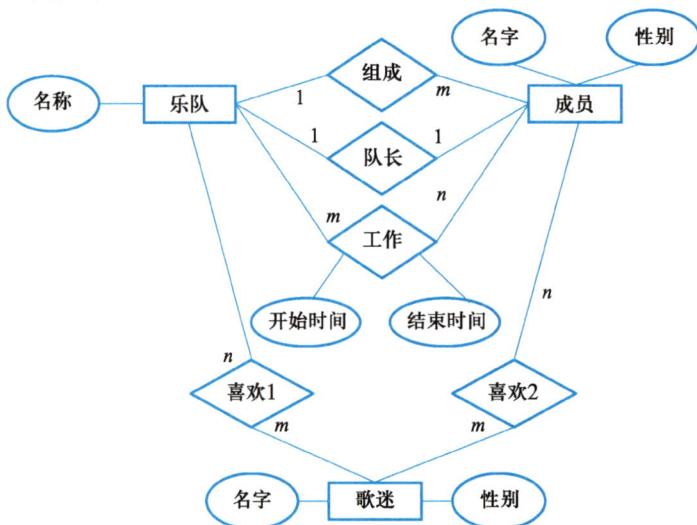

④ E-R 图如下：

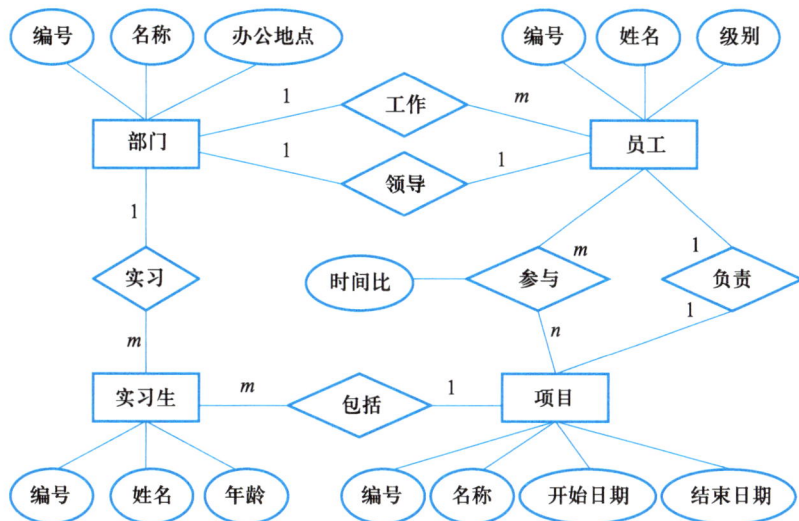

关系模型如下：

部门(<u>编号</u>, 名称, 办公地点, 经理编号)，其中经理编号参照员工的编号。

员工(<u>编号</u>, 姓名, 级别, 部门编号)，其中部门编号参照部门的编号。

实习生(<u>编号</u>, 姓名, 年龄, 部门编号)，其中部门编号参照部门的编号。

项目(<u>编号</u>, 名称, 开始日期, 结束日期, 负责人编号)，其中负责人编号参照员工的编号。

实习参与(<u>实习生编号</u>, 项目编号)，其中实习生编号、项目编号分别参照实习生的编号、项目的编号。

员工参与(<u>员工编号</u>, <u>项目编号</u>, 时间比)，其中员工编号、项目编号分别参照员工的编号、项目的编号，且一个员工的所有时间比相加不超过 100%。注意，这个完整性约束应在"CREATE TABLE 员工参与"中用 CHECK 短语进行声明；以上的参照完整性应在 CREATE TABLE 时进行声明。

第8章　　数据库编程

在数据库应用系统的开发中，需要使用编程方法对数据库进行操纵。本章从两个方面讲解数据库编程技术：一是扩展 SQL 自身的功能；二是在高级语言程序中使用 SQL，实现高级语言与数据库之间的交互，开发应用需求中复杂业务逻辑的技术和方法。

8.1　基本知识点

本章讲解开发数据库应用系统的编程技术，内容的实践性较强。希望读者多上机实验，通过动手实践，掌握数据库编程方法和技术，提高开发数据库复杂应用的能力。

① 需要了解的：了解 SQL 表达能力的限制，以及掌握数据库编程技术的必要性。数据库编程技术可以有效弥补 SQL 无法实现复杂业务逻辑的不足，提高应用系统和 RDBMS 间的互操作性。

② 需要牢固掌握的：掌握新引入的 SQL 子句（例如 WITH RECURSIVE 子句）、新的内置函数；掌握 PL/SQL 与存储过程/存储函数的基本概念、基本结构、语句语法和用法；掌握游标的概念和使用方法；掌握在 Java 程序中使用 JDBC 访问数据库的方法。

③ 需要举一反三的：能够在实际安装的 RDBMS 上通过编程的方法开发应用程序，完成对数据库的各种操作；能够使用 JDBC 来进行数据库应用程序的设计，使设计的应用系统可移植性好，并且能同时访问不同的数据库，共享数据资源。

8.2　习题解答和解析

1. 假定一门课程存在多门直接先修课程，使用 WITH RECURSIVE 子句查找"数据库系统概论"课程的所有先修课课程号和课程名称。

【解析】请读者阅读《概论》第 8 章 8.1.2 小节"扩展 SQL 的功能"相关内容。

本题假定一门课程存在多门直接先修课程，例如"数据库系统概论"的先修课有"数据结构"和"操作系统"，"操作系统"的先修课有"程序设计基础与 C 语言"和"离散数学"。所以，我们先要在原来的 Course 表中插入相应的记录，如下表所示。当然我们首先要修改 Course 表的关系模式，因为课程号不再是主码了。请读者思考一下，这时 Course 表的主码是什么？

Course 表是第几范式？应该如何优化 Course 表为 BCNF？

课程号 Cno	课程名 Cname	学分 Ccredit	先修课 Cpno
81001	程序设计基础与 C 语言	4	
81002	数据结构	4	81001
81003	数据库系统概论	4	81002
81004	信息系统概论	4	81003
81005	操作系统	4	81001
81006	Python 语言	3	81002
81007	离散数学	4	
81008	大数据技术概论	4	81003
81003	数据库系统概论	4	81005
81005	操作系统	4	81007

本题相应代码如下：

```
WITH RECURSIVE RS AS
    ( SELECT Cpno FROM Course WHERE Cname = '数据库系统概论'
      /*初始化 RS，假设结果集为 L[1]，即"数据库系统概论"的所有先修课*/
      UNION
      SELECT Course.Cpno FROM Course, RS WHERE RS.Cpno = Course.Cno
    ) /*递归查询第 i 层(i≥1)的数据，即第 i-1 层数据的先修课课程号，并更新 RS */
SELECT Cno, Cname FROM Course WHERE Cno IN (SELECT Cpno FROM RS);
      /*根据 RS 中记录的所有先修课程号，通过查找课程表，输出课程号与课程名*/
```

2. 对"学生选课"数据库编写存储过程，完成下述功能：

① 统计"离散数学"课程的成绩分布情况，即按照各分数段统计人数。
② 统计任意一门课的平均成绩。
③ 将学生选课成绩从百分制改为等级制（即 A、B、C、D、E）。

答：

①

```
CREATE PROCEDURE discrete_math_grade()
AS
DECLARE CURSOR dist FOR          /*定义游标*/
    SELECT grade FROM SC WHERE cno =
        (SELECT Cno FROM Course WHERE Cname = '离散数学');
    p_100      NUMBER := 0;
```

```
        p_90        NUMBER := 0;
        p_80        NUMBER := 0;
        p_70        NUMBER := 0;
        p_60        NUMBER := 0;
        p_others    NUMBER := 0;
        p_grade     NUMBER;
BEGIN
        OPEN dist;                              /*打开游标*/
        LOOP
            FETCH dist INTO p_grade;            /*使用游标*/
            EXIT WHEN (dist%NOTFOUND);
            IF (p_grade = 100)       THEN
                p_100 := p_100 + 1;
            ELSIF (p_grade >= 90) THEN
                p_90 := p_90 + 1;
            ELSIF (p_grade >= 80) THEN
                p_80 := p_80 + 1;
            ELSIF (p_grade >= 70) THEN
                p_70 := p_70 + 1;
            ELSIF (p_grade >= 60) THEN
                p_60 := p_60 + 1;
            ELSE
                p_others := p_others + 1;
            END IF;
        END LOOP;
        CLOSE dist;                             /*关闭游标*/
END;
```

②【解析】输入任意一门课的课程名，计算选修该课程学生的平均成绩。

```
CREATE PROCEDURE avegrade(incname CHAR(40))
AS
BEGIN
SELECT AVG(Grade) FROM SC WHERE Cno =
        (SELECT Cno FROM Course WHERE Cname = incname);
END;
```

③【解析】扫描 SC 表，把学生选课成绩 grade 的值由百分制更新为等级制。

```
CREATE PROCEDURE gradetype()
AS
        DECLARE CURSOR gradecursor FOR SELECT grade FROM SC;
```

```
    scgrade      NUMBER;
    score        CHAR(1);
BEGIN
    OPEN gradecursor;                                   /*打开游标*/
LOOP
    FETCH gradecursor INTO scgrade;                     /*使用游标*/
    EXIT WHEN (gradecursor %NOTFOUND);
    IF (scgrade >=90 AND scgrade <=100) THEN
        score := 'A';
    ELSIF (scgrade >= 80 AND scgrade <90) THEN
        score := 'B';
    ELSIF (scgrade >= 70 AND scgrade <80) THEN
        score := 'C';
    ELSIF (scgrade >= 60 AND scgrade <70) THEN
        score := 'D';
    ELSE
        score := 'E';
    END IF;
END LOOP;
END;
```

3．设有产品表的关系模式 Product(PID, PName, Price, Amount, DateOfManufacture)，描述的是产品编号、产品名称、单价、数量、生产日期，其中主码为产品编号与生产日期。请基于某一种 RDBMS，使用 DDL 语言完成 Product 关系模式的创建，并使用存储过程或存储函数生成不少于 1 000 条产品记录。

【解析】以下代码基于 mysql 数据库：

```
/*  当自动生成记录数量较大时，首先创建内存表可以提高效率  */
CREATE TABLE product_mem (
    PID int(11) NOT NULL AUTO_INCREMENT comment '产品编号',
    PName varchar(30) NOT NULL comment '产品名称',
    Price decimal(5, 2) NOT NULL comment '单价',
    Amount integer NOT NULL comment '数量',
    DateOfManufacture date NOT NULL comment '创建时间',
    PRIMARY KEY (PID, DateOfManufacture)
) ENGINE=MEMORY DEFAULT CHARSET=utf8mb4;


/*  再创建普通表，存储产品记录  */
CREATE TABLE Product (
```

```
    PID int(11) NOT NULL AUTO_INCREMENT comment '产品编号',
    PName varchar(30) NOT NULL comment '产品名称',
    Price decimal(5, 2) NOT NULL comment '单价',
    Amount integer NOT NULL comment '数量',
    DateOfManufacture date NOT NULL comment '创建时间',
    PRIMARY KEY (PID, DateOfManufacture)
) ENGINE=InnoDB DEFAULT CHARSET=utf8mb4;


/*生成由 1~9 组成的字符串，输入参数 n 为返回字符串的长度，用于生成随机数量和价格*/
DELIMITER $$
CREATE FUNCTION randNum(n int) RETURNS VARCHAR(255)
BEGIN
    DECLARE chars_str varchar(20) DEFAULT '123456789';
    DECLARE return_str varchar(255) DEFAULT '';
    DECLARE i INT DEFAULT 0;
    WHILE i < n DO
        SET return_str = concat(return_str, substring(chars_str ,
            FLOOR(1 + RAND()*9 ), 1));
        SET i = i +1;
    END WHILE;
    RETURN return_str;
END $$
DELIMITER ;


/* 生成由大小写字母 a~z 和数字 0~9 组成的字符串，
输入参数 n 为返回字符串的长度，用于生成随机 PName */
DELIMITER $$
CREATE FUNCTION randStr(n INT) RETURNS varchar(255) CHARSET utf8mb4
DETERMINISTIC
BEGIN
    DECLARE chars_str varchar(100) DEFAULT
    'abcdefghijklmnopqrstuvwxyzABCDEFGHIJKLMNOPQRSTUVWXYZ0123456789';
    DECLARE return_str varchar(255) DEFAULT '' ;
    DECLARE i INT DEFAULT 0;
        WHILE i < n DO
            SET return_str=concat(return_str, substring(chars_str,
                FLOOR(1+RAND()*62), 1));
            SET i = i + 1;
```

```
            END WHILE;
        RETURN return_str;
    END$$
    DELIMITER ;


    /* 创建存储过程，向内存表中插入数据 */
    DELIMITER $$
    CREATE PROCEDURE add_product_mem(IN n int)
    BEGIN
    DECLARE i INT DEFAULT 1;
        WHILE (i <= n) DO
            INSERT INTO product_mem (PName, Price, Amount, DateOfManufacture)
                VALUES (randStr(20), CONCAT(randNum(3), ".", randNum(2)),
                randNum(2), curdate());
            SET i = i + 1;
        END WHILE;
    END $$
    DELIMITER ;


    /* 调用循环来生成数据，输入参数 n 为循环次数，count 为每次循环产生的数据量 */
    DELIMITER $$
    CREATE PROCEDURE add_Product(IN n int, IN count int)
    BEGIN
    DECLARE i INT DEFAULT 1;
        WHILE (i <= n) DO
            CALL add_product_mem(count);
            INSERT INTO Product SELECT * FROM product_mem;
            delete from product_mem;
            SET i = i + 1;
        END WHILE;
    END $$
    DELIMITER ;
    /* 如果生成 1000 条记录，1000 = 10 * 100；调用 add_Product() */
    CALL add_Product(10, 100);
```

4. 使用 JDBC 编写应用程序，实现对异构数据库中的数据进行迁移。要求：

① 配置两个不同的数据源，编写程序连接两种不同 RDBMS 的数据源。

② 分别在上述两种 RDBMS 中完成第 3 题关系模式 Product 的创建及产品记录的生成。

③ 使用 JDBC 编写应用程序，将其中一种 RDBMS 中产品表的数据迁移到另一种 RDBMS 中的产品表进行追加。

```
/* 此处配置的两个数据源为 MySQL 和 PostgreSQL。MySQL 中创建关系模式及记录的生成已在上
面第 3 题完成，接下来为 PostgreSQL 数据库创建表 */
CREATE TABLE Product (
    PID serial NOT NULL,
    PName varchar(30) NOT NULL ,
    Price decimal(5, 2) NOT NULL ,
    Amount integer NOT NULL ,
    DateOfManufacture date NOT NULL ,
    PRIMARY KEY (PID, DateOfManufacture)
) ;


/* 在 Eclipse 开发平台中创建 Java 项目，根据 MySQL 和 PostgreSQL 各自数据库环境的参数配置修
改如下代码，如数据库名称、表名、账号和密码等。连接两个数据库，实现数据迁移 */
package jdbc_test;
import java.sql.Connection;
import java.sql.DriverManager;
import java.sql.ResultSet;
import java.sql.SQLException;
import java.sql.PreparedStatement;
import java.sql.Statement;
public class conn_pg {
    public static void main(String[] args) {
        Connection connection_pg=null;
        Statement statement_pg =null;
        Connection connection_mysql=null;
        Statement statement_mysql =null;
        PreparedStatement preparedStatement = null;
        String sql_add = null;
        try{
            int i = 0;
            String url_pg="jdbc:postgresql://127.0.0.1:5432/pg_db";
            String user_pg="ctf";
            String password_pg = "1";
            Class.forName("org.postgresql.Driver");
            connection_pg= DriverManager.getConnection(url_pg, user_pg,
```

```
                password_pg);
System.out.println("成功连接 pg 数据库");
sql_add = "insert into Product (pname, price, amount, dateofmanufacture)
        values (?,?,?,?)";
preparedStatement = connection_pg.prepareStatement(sql_add);


String url_mysql="jdbc:mysql://127.0.0.1:3306/mysql_db";
String user_mysql="root";
String password_mysql = "rootroot";
connection_mysql= DriverManager.getConnection(url_mysql, user_mysql,
        password_mysql);


System.out.println("成功连接 mysql 数据库");
String sql_mysql="select * from Product";
statement_mysql=connection_mysql.createStatement();
ResultSet resultSet_mysql=statement_mysql.executeQuery(sql_mysql);
while(resultSet_mysql.next()){
        i++;
        preparedStatement.setString(1, resultSet_mysql.getString(2));
        preparedStatement.setBigDecimal(2, resultSet_mysql.getBigDecimal(3));
        preparedStatement.setInt(3, resultSet_mysql.getInt(4));
        preparedStatement.setDate(4, resultSet_mysql.getDate(5));
        preparedStatement.addBatch();

        /* 积攒够 100 条记录，就批量更新 */
        if(i % 100 == 0)
        {
                preparedStatement.executeBatch();
                preparedStatement.clearBatch();
        }
}

preparedStatement.executeBatch();
preparedStatement.clearBatch();


System.out.println("mysql->pg:数据迁移完毕!");
```

```
        }catch(Exception e){
                throw new RuntimeException(e);
        }finally{
                try{
                        statement_pg.close();
                        statement_mysql.close();
                        preparedStatement.close();
                }

                catch(SQLException e){
                        e.printStackTrace();
                        throw new RuntimeException(e);
                }finally{
                        try{
                                connection_pg.close();
                                connection_mysql.close();
                        }
                        catch(SQLException e){
                                e.printStackTrace();
                                throw new RuntimeException(e);
                        }
                }
        }
    }
}
```

8.3　补充习题

1. 填空题

① 嵌入式 SQL 语句为了和主语言语句进行区分，在 SQL 语句前加前缀_____，以_____结束。

② 主变量可以附加一个指示变量，指示变量可以表示输入主变量是否为_____。

③ SQL 是面向集合的，主语言是面向记录的，可以使用_____解决这一问题。

④ 存储过程经过编译、优化之后存储在_____。

⑤ 应用程序中访问和管理数据库的方法有_____、_____、_____、_____和OLEDB 等。

2. 综合题

① 对于下面的数据库模式，使用存储过程/存储函数完成以下各个查询：

　　Teacher (<u>Tno</u>, Tname, Tage, Tsex)

　　Department (<u>Dno</u>, Dname, Tno)

　　Work (<u>Tno</u>, Dno, Year, Salary)

a. 根据用户输入的工资，给出所有工资比这个工资高的教师姓名、年龄、性别及工资。

b. 根据用户输入的工资，将所有比这个工资低的教师工资都改为与之相同。

② 根据下面的数据库模式，写出满足要求的 PL/SQL 存储过程：

　　Author (<u>Ano</u>, Name, Age, Sex)

　　Book (<u>Bno</u>, Title, Publisher)

　　Write (<u>Ano</u>, <u>Bno</u>, IsFirstAuthor)

a. 给定作者姓名，删除作者信息并从 Write 中删除作者写作信息。

b. 给定书名，如果此书的作者只有一人，则输出此作者姓名，否则返回 NULL。

8.4　补充习题答案

1. 填空题答案

① EXEC SQL 分号/;

② 空值

③ 游标

④ 数据库服务器中

⑤ 嵌入式 SQL　PL/SQL　ODBC　JDBC

2. 综合题答案

①

a. 根据用户输入的工资，给出所有工资比这个工资高的教师姓名、年龄、性别及工资。

```
void showInfo( )
{
    EXEC SQL BEGIN DECLARE SECTION;              /*主变量说明开始*/
        char Hname[20];
        int Hage;
        char Hsex[2];
        int Hsalary;
    EXEC SQL END DECLARE SECTION;                /*主变量说明结束*/
    long SQLCODE;
    EXEC SQL INCLUDE sqlca;
```

```
    int inputsalary;
    printf("Please input the salary: ");
    scanf("%d", &inputsalary);

    EXEC SQL DECLARE showCursor CURSOR FOR          /*定义游标 showCursor */
    SELECT tname, tage, tsex, salary FROM teacher, work where teacher.tno = work.tno;

    EXEC SQL OPEN showCursor;                        /*打开游标 showCursor */

    for (; ;)
    {
        EXEC SQL FETCH showCursor INTO :Hname, :Hage, :Hsex, :Hsalary;
        if (sqlca.sqlcode != 0)
        break;
        if (inputsalary < Hsalary)
        printf("name: %s, age: %d, sex: %s, salary: %d\n", Hname, Hage, Hsex, Hsalary);
    }

    EXEC SQL CLOSE showCursor;                       /*关闭游标 showCursor */
}
```

b. 根据用户输入的工资，将所有比这个工资低的教师工资都改为与之相同。

```
void updateSalary( )
{
    EXEC SQL BEGIN DECLARE SECTION;
        int Hsalary;
        int inputsalary;
    EXEC SQL END DECLARE SECTION;
    long SQLCODE;
    EXEC SQL INCLUDE sqlca;
    printf("Please input the salary: ");
    scanf("%d", &inputsalary);

    EXEC SQL DECLARE updateCursor CURSOR FOR        /*定义游标 updateCursor */
    SELECT salary FROM work;

    EXEC SQL OPEN updateCursor;                      /*打开游标 updateCursor */
```

```
        for (; ;)
        {
            EXEC SQL FETCH updateCursor INTO :Hsalary;
            if (sqlca.sqlcode != 0)
            break;
            if (inputsalary > Hsalary)
            EXEC SQL UPDATE work SET salary = :inputsalary
            WHERE CURRENT OF updateCursor;
        }

        EXEC SQL CLOSE updateCursor;                          /*关闭游标 updateCursor */
        EXEC SQL COMMIT WORK;
    }
```

②

a. 给定作者姓名，删除作者信息并从 Write 中删除作者写作信息；

```
    CREATE PROCEDURE deleteAuthor(IN authorname CHAR(20))
    AS
    BEGIN
        DELETE FROM write WHERE ano in (SELECT ano FROM author
            WHERE name = authorname);
        DELETE FROM author WHERE name = authorname;
        COMMIT;
    END;
```

b. 给定书名，如果此书的作者只有一人，则输出此作者名字，否则返回 NULL。

```
    CREATE PROCEDURE findAuthor(IN bookname CHAR(50), OUT authorname CHAR(20))
    AS DECLARE
    count INT;
    BEGIN
        SET authorname = NULL;
        SELECT count(*) INTO count
        FROM write
        WHERE bno in
                (SELECT bno
                  FROM book
                  WHERE title = bookname);
        IF 1 = count THEN
        SELECT name INTO authorname
```

```
        FROM author
        WHERE ano in
                (SELECT ano
                  FROM write
                  WHERE bno in
                  (SELECT bno
                    FROM book
                    WHERE title = bookname)
                );
    END;
```

第 9 章 \ 关系数据库存储管理

存储管理是数据库管理系统（DBMS）的重要职责之一。了解关系数据库的数据组织与存储管理，能帮助我们更好地理解关系数据库查询优化的原理，也有助于我们在应用开发中更好地进行数据库物理设计。

9.1 基本知识点

本章讲解基于磁盘的数据库的组织与存储。

① 需要了解的：数据库的逻辑组织方式与物理组织方式。

② 需要牢固掌握的：掌握记录如何在块中组织存储以及如何组织关系表的存放；深入理解索引的作用，包括顺序表索引、辅助索引、B+树索引、哈希索引和位图索引等。

③ 需要深入了解的：B+树索引和哈希索引的组织方式与查找方式。

④ 难点：理解数据库逻辑组织与物理组织之间的对应关系。

9.2 习题解答和解析

1. 试分析每个数据库对象对应一个操作系统文件与整个数据库对应一个或若干个文件，这两种存储关系数据库的策略各有什么优缺点？

【解析】请阅读《概论》第 9 章 9.1.1 小节"数据库的逻辑组织方式与物理组织方式"相关内容。

每个数据库对象对应一个操作系统文件，这在本质上是将存储管理交由操作系统完成。其优势在于方便 DBMS 实现，其缺点在于不能利用数据库的特点来优化存储管理。而整个数据库对应一个或若干个文件，这在本质上是由 DBMS 自己负责存储管理。其优缺点与前者正好相反。

2. 假设 Course 表以定长记录方式存储。请描述 Course 表的记录存储在以下情况中一条记录占多少字节。

① 字段可以在任何字节处开始。

② 字段必须在 4 的倍数的字节处开始。

③ 字段必须在 8 的倍数的字节处开始。

【解析】Course 表的定义，可以参阅《概论》第 3 章例 3.6 建立一个 "课程" 表 Course，即

```
CREATE TABLE Course
    (Cno CHAR(5) PRIMARY KEY,              /*列级完整性约束，Cno 是主码*/
     Cname VARCHAR(40) NOT NULL,           /*列级完整性约束，Cname 不能取空值*/
     Ccredit SMALLINT,
     Cpno CHAR(5),                          /* Cpno 的含义是 Cno 课程的直接先修课 */
     FOREIGN KEY (Cpno) REFERENCES Course(Cno)
     /*表级完整性约束，Cpno 是外码，被参照表是 Course，被参照列是 Cno */
    );
```

① 字段可以在任何字节处开始。

一条记录占 52 字节。

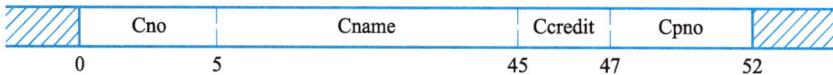

	Cno	Cname	Ccredit	Cpno	
0	5		45	47	52

② 字段必须在 4 的倍数的字节处开始。

一条记录占 60 字节。

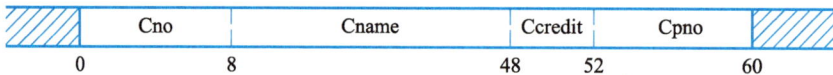

	Cno	Cname	Ccredit	Cpno	
0	8		48	52	60

③ 字段必须在 8 的倍数的字节处开始。

一条记录占 64 字节。

	Cno	Cname	Ccredit	Cpno	
0	8		48	56	64

3. 试述关系表有哪些组织方式，并分析各自的优缺点。

【解析】请阅读《概论》第 9 章 9.1.4 小节 "关系表的组织" 相关内容。

常见的关系表组织方式包括堆存储、顺序存储、多表聚簇存储、B+树存储和哈希存储等。

① 堆存储：表中的一条记录可以存储在该表的任何块中，没有顺序要求。堆存储的优点是可以高效地进行插入操作，在插入记录时只需找到合适的空闲空间即可。其缺点是搜索、更新、删除操作代价较高，需要扫描全表以找到所有满足条件的记录。

② 顺序存储：一个表中的各条记录按照指定的属性或属性组的取值大小顺序存储。顺序存储方式的优点是可以高效地处理按排序属性（组）进行查询的请求。其缺点是具有较高的维护代价，在插入、更新和删除记录时，可能需要在块内或块间迁移已有记录来保持记录顺序。

③ 多表聚簇存储：不同表的记录聚簇存储在同一组块中。聚簇存储相当于对不同表进行预连接。其优点是可以减少连接操作的开销。其缺点一是降低了单表查询的效率，因为同一个关系表的记录会分散在更多的块里；二是增加了更新操作的代价。在关系表中插入新记录时，

为保证不同表之间的记录聚簇存放，可能需要频繁地迁移记录来腾出空间。

④ B+树存储：以 B+树索引的形式确定记录存储在哪个数据块中。B+树存储方式的优点是能在保持较高的记录访问效率的同时降低数据维护开销。其缺点是按不等于某个值的条件进行搜索时效率很低。

⑤ 哈希存储：用哈希函数计算表中指定属性的哈希值，以此确定相应记录存储在哪个块中。哈希存储方式的优点是可以提高记录查询效率。通过哈希函数，可以将记录的存储位置与其指定属性的取值之间建立一个对应关系，因此在按哈希属性进行等值条件查询时，可以通过计算哈希属性值快速定位到记录的位置。其缺点是不适合数据分布严重倾斜的情况，而且也不能快速完成一切非等值查询，如范围查询、按大于某个值进行的查询等。

4. 试述数据库索引机制的优点。

【解析】请阅读《概论》第 9 章 9.2 节"索引结构"相关内容。

索引是一种针对关系表的类似于图书目录的附加结构，可用来提高查询效率。索引机制的主要优点有：

① 一个表的索引块数量通常比数据块数量少得多，因而搜索起来就会比较快。

② 索引通常采用一些易于检索的数据结构，可以使用高效的方法在索引中快速查找。

③ 对于经常访问的数据库表，如果其索引文件足够小，则可以让其长久地驻留在内存缓冲区中，从而减少 I/O 操作。

5. 试述稠密索引和稀疏索引的优缺点。

【解析】请阅读《概论》第 9 章 9.2.1 小节"顺序表索引"相关内容。

① 稠密索引的索引块中存放每条记录的索引属性值，以及指向相应记录的指针。稠密索引的优点在于仅通过扫描索引就可以准确定位记录。其缺点为当关系表的记录数比较多时，索引也会比较大，这将导致在索引中查找可能会花费较多的时间；与此同时，对基本表进行增删改时，稠密索引的维护代价相对较高。

② 稀疏索引的每个索引项存放每个物理块的第一条记录的索引属性值，以及指向该物理块的指针。稀疏索引的优点为索引尺寸较小且维护成本较低。当对基本表进行增删改时，只要修改的记录属性不是存储块第一条记录的索引属性，稀疏索引就不需要维护。其缺点为查询效率比稠密索引低一些，因为这种索引不能精确定位记录，所以仍需在数据块中进行顺序查找。

6. 分别描述利用《概论》第 9 章图 9.12 的稠密索引、图 9.13 的稀疏索引、图 9.14 的多级索引、图 9.20 的 B+树索引、图 9.23 的哈希索引，是如何对 Student 表进行如下查询的。

【解析】请读者阅读《概论》第 9 章 9.2 节"索引结构"相关内容。注意，请从查找算法的角度来描述如何利用不同的索引结构对 Student 表进行查询。

① 查询学号为 20180013 的记录。

稠密索引：依次读入索引块。由于稠密索引是有序索引，因此，可以在索引块中利用顺序查找或二分查找法，查找 Sno 为 20180013 的索引项。在第 3 个索引块中找到该索引项，根据索引项的指针读取相应的存储块，并在存储块中取出 Sno 为 20180013 的记录。

稀疏索引：依次读入索引块。首先，在索引项中利用顺序查找或二分查找法，查找属性值小于或等于 20180013 的最大索引项，找到在第 2 个索引块中有值为 20180013 的索引项。然后，根据该索引项中的指针读取相应的存储块。最后，在存储块中顺序搜索，查找并取出 Sno 属性值为 20180013 的记录。

多级索引：首先，在二级索引中按稀疏索引的查找方法定位 20180013 索引项在一级索引中索引块的位置，依次读取二级索引块，在索引块中利用顺序查找或二分查找法，查找 Sno 属性值小于或等于 20180013 的最大索引项，即第一个索引块中的 20180013。然后，根据该索引项中的指针读取一级索引块，在这个索引块中查找 20180013 索引项。最后，根据该索引项的指针读取存储块，在存储块中顺序查找并取出 Sno 属性值为 20180013 的记录。

B+树索引：首先，在根结点中进行判断，由于 20180013>20180008，因此沿右子树继续搜索。然后，在中间结点，由于 20180013>20180012，因此沿 20180012 右侧指针继续向下搜索。最后，在叶结点中找到 20180013 后，用其左侧指针从数据库中取出 Sno 属性值为 20180013 的记录。

哈希索引：首先，利用哈希函数计算出 20180013 索引项所在的桶号，为 1 号桶。然后，在 1 号桶中查找 20180013 索引项，根据索引项的指针在存储块中取出 Sno 属性值为 20180013 的记录。

② **查询学号为 20180014 的记录**。

稠密索引：依次读入索引块。由于稠密索引是有序索引，因此，可以在索引块中利用顺序查找或二分查找法，查找 Sno 属性值为 20180014 的索引项。在第 3 个索引块中找到该索引项，根据索引项的指针读取相应的存储块，并在存储块中取出 Sno 为 20180014 的记录。

稀疏索引：依次读入索引块。首先，在索引项中利用顺序查找或二分查找法，查找属性值小于或等于 20180014 的最大索引项，找到在第 2 个索引块中有值为 20180013 的索引项。然后，根据该索引项中的指针，读取相应的存储块。最后，在存储块中顺序搜索，查找并取出 Sno 属性值为 20180014 的记录。

多级索引：首先，在二级索引中按稀疏索引的查找方法，定位 20180014 索引项在一级索引中索引块的位置，依次读取二级索引块，在索引块中利用顺序查找或二分查找法，查找 Sno 属性值小于或等于 20180014 的最大索引项，即第一个索引块中的 20180013。然后，根据该索引项中的指针读取一级索引块，在这个索引块中查找 20180014 索引项。最后，根据该索引项的指针读取存储块，在存储块中顺序查找并取出 Sno 属性值为 20180014 的记录。

B+树索引：首先，在根结点中进行判断，由于 20180014>20180008，因此沿右子树继续搜索。然后，在中间结点，由于 20180014>20180012，因此沿 20180012 右侧指针继续向下搜索。最后，在叶结点中找到 20180014 后，用其左侧指针从数据库中取出 Sno 属性值为 20180014 的记录。

哈希索引：首先，利用哈希函数计算出 20180014 索引项所在的桶号，为 2 号桶。然后，在 2 号桶中查找 20180014 索引项，根据索引项的指针，在存储块中取出 Sno 属性值为 20180014

的记录。

③ 查询学号为 20180016 的记录。

稠密索引：依次读入索引块。由于稠密索引是有序索引，且最后一个索引块中的最后一个索引项是 20180015 小于 20180016，因此判断数据库中不存在 Sno 属性值为 20180016 的记录。

稀疏索引：依次读入索引块。首先，在索引项中利用顺序查找或二分查找法，查找属性值小于或等于 20180016 的最大索引项，找到在第 2 个索引块中有值为 20180015 的索引项。然后，根据该索引项中的指针，读取相应的存储块。最后，在存储块中顺序搜索，由于记录是顺序存储的，并且该存储块的最后一条记录为 20180015，小于 20180016，可知 Sno 属性值为 20180016 的记录在数据库中不存在。

多级索引：依次读取二级索引块，在索引块中利用顺序查找或二分查找法，查找 Sno 属性值小于或等于 20180016 的最大索引项，找到属性值为 20180013 的索引项。然后，根据该索引项的指针读取一级索引块，在这个索引块中查找 20180016 索引项。由于一级索引是稠密索引，且当前索引块中最大索引项是 20180015，可知 Sno 属性值为 20180016 的记录在数据库中不存在。

B+树索引：首先在根结点中进行判断，由于 20180016>20180008，因此沿右子树继续搜索。然后，在中间结点，由于 20180016>20180012，因此沿 20180012 右侧指针继续向下搜索。最后，在叶结点中未找到 20180016 索引项，所以该记录在关系表中不存在。

哈希索引：首先，利用哈希函数计算出 20180016 索引项所在的桶号，为 1 号桶。在 1 号桶中未找到 20180016 索引项，所以 20180016 记录在关系表中不存在。

④ 查询学号大于或等于 20180009 的记录。

稠密索引：依次读入索引块，由于稠密索引是有序索引，因此可以在索引块中利用顺序查找或二分查找法，查找 Sno 属性值为 20180009 的索引项。根据该索引项中的指针读入存储块，取出满足条件的所有记录。由于文件是顺序存放的，所以后面所有记录的 Sno 均大于或等于 20180009，因此依次读入之后的所有存储块并取出相应记录。

稀疏索引：依次读入索引块，找到小于或等于 20180009 的最大索引项，即 20180009。根据该索引项中的指针读入存储块，取出满足条件的所有记录。由于文件是顺序存放的，所以后面所有记录的 Sno 均大于或等于 20180009，因此依次读入之后的所有存储块并取出相应记录。

多级索引：首先，读入二级索引（稀疏索引）的索引块，从中找到小于或等于 20180009 的最大索引项，即 20180007。然后，根据二级索引项的指针，读取相应的一级索引（稠密索引）索引块，找到索引块中 Sno 属性值大于或等于 20180009 的索引项，再根据索引项的指针读取存储块，从存储块中取出第一条满足条件的记录。由于关系表是顺序存放的，可知该记录后的所有记录均满足条件，因此依次遍历并取出该存储块中的记录。遍历完当前存储块后，依次读取其后的存储块及其中的记录，直到关系表的最后。

B+树索引：首先，从根节点开始沿相应的父子结点指针逐层向下搜索，直到在叶结点中找到属性值为 20180009 的索引项，可知其后所有叶结点中的索引项属性值均大于或等于 20180009。根据当前叶结点中的指针读入存储块，读取存储块中满足条件的记录。遍历完当前叶结点后，沿指向下一叶结点的指针继续遍历，直到最后一个叶结点。

哈希索引：哈希索引本身并不能保证记录的顺序，因此不能利用哈希索引进行范围查询。通过依次读取每个存储块，遍历每条记录并取出所有 Sno>=20180009 的记录。

7. 描述当依次用下列方式更新 Student 表中的记录时，图 9.12 的稠密索引、图 9.13 的稀疏索引、图 9.14 的多级索引、图 9.16 的辅助索引、图 9.20 的 B+树索引、图 9.23 的哈希索引分别是如何进行维护的。

① 插入记录(20180016, 张婧, 女, 2002-1-2, 信息安全)。

稠密索引：依次读入索引块，查找 Sno 小于或等于 20180016 的最大索引项，即 20180015。根据索引项指针读取存储块，找到 Sno 小于或等于 20180016 的最大记录（其 Sno 为 20180015）。该存储块中仍有空闲空间，因此将存储插入当前存储块的第一个空位中，然后在索引块中增加对应的索引项。

20180013			20180013	李昱	男	2000-10-1	信息管理与信息系统
20180014			20180014	沈录	男	1999-12-2	信息管理与信息系统
20180015							
20180016			20180015	邓瑶	女	2001-2-22	信息安全
			20180016	张婧	女	2002-1-2	信息安全

稀疏索引：根据索引，查找 Sno 小于或等于 20180016 的最大索引项，即 20180015。根据索引项指针读取存储块，该存储块中仍有空闲空间，因此直接将这条记录插入存储块。由于新插入的记录不在存储块的开头，因此无须更新索引。

20180013		
20180015		
		20180015	邓瑶	女	2001-2-22	信息安全
		20180016	张婧	女	2002-1-2	信息安全

多级索引：根据多级索引，查找 Sno 小于或等于 20180016 的最大索引项，即 20180015。根据索引项指针读取存储块，该存储块中仍有空闲空间，因此直接将这条记录插入存储块，然后在一级索引块中增加对应的索引项。由于新插入的记录不在存储块的开头，因此无须更新第二级索引。

20180013	李昱	男	2000-10-1	信息管理与信息系统
20180014	沈录	男	1999-12-2	信息管理与信息系统
20180015	邓瑶	女	2001-2-22	信息安全
20180016	张婧	女	2002-1-2	信息安全

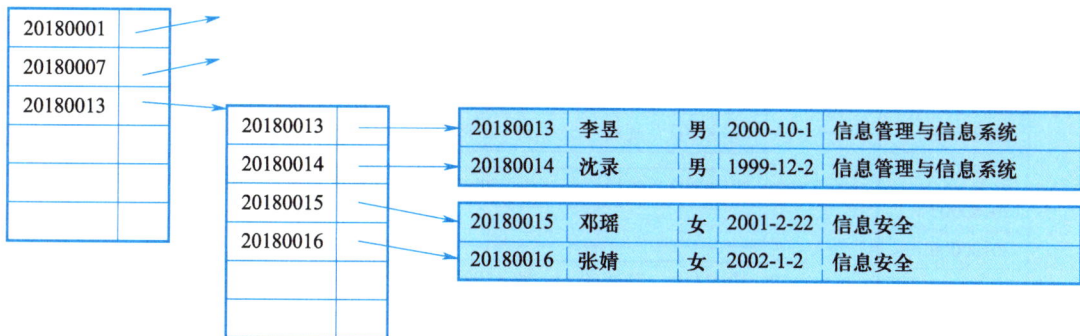

B+树索引：首先在关系表中插入这条记录，根据 B+树索引找到插入索引项的位置。由于当前结点中属性值 key 的个数等于 4，已经达到最大充满度，因此需要将这个叶结点分裂成两个结点（即增加一个新的叶结点），其中一个结点存放 Sno 为 20180012、20180013 以及 20180014 的 3 个索引项，新增加的叶结点存放 Sno 为 20180015 和 20180016 的 2 个索引项，并且把 20180016 属性值左侧的指针指向新插入记录所在的存储块位置。然后，在 B+树的中间结点中插入属性值 key 20180015，并令指针指向新增加的叶结点。

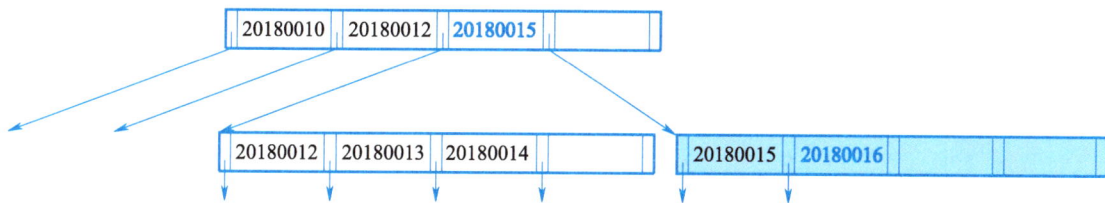

哈希索引：首先在关系表中插入这条记录，根据哈希函数计算插入索引项的位置（16%3=1）为 1 号桶。1 号桶中仍有空闲空间，因此将索引项插入 1 号桶，并且令索引项的指针指向存储块中新插入记录的位置。

1号桶

20180001	
20180004	
20180007	
20180010	
20180013	
20180016	

20180015	邓瑶	女	2001-2-22	信息安全
20180016	张婧	女	2002-1-2	信息安全

② 删除学号为 20180004 的记录。

稠密索引：通过稠密索引查找算法，在存储块中找到 Sno 为 20180004 的记录。先将该记录在存储块中删除，然后在索引块中删除相应的索引项，并把该索引块中位于 20180004 后的索引项朝着起始方向迁移。

20180001				
20180001	李勇	男	2000-3-8	信息安全
20180002	刘晨	女	1999-9-1	计算机科学与技术
20180002				
20180003	20180003	王敏	女	2001-8-1	计算机科学与技术
20180005				
20180006				
	20180005	陈新奇	男	2001-11-1	信息管理与信息系统
	20180006	赵明	男	2000-6-12	数据科学与大数据技术

稀疏索引：通过稀疏索引查找算法，在存储块中找到 Sno 为 20180004 的记录，删除该记录。由于该记录不是所在存储块的第 1 条数据，因此无须更新稀疏索引的索引项。

20180001				
20180001	李勇	男	2000-3-8	信息安全
20180002	刘晨	女	1999-9-1	计算机科学与技术
20180003				
20180005	20180003	王敏	女	2001-8-1	计算机科学与技术
20180007				
20180009				
20180011				

多级索引：通过多级索引查找算法，在存储块中找到 Sno 为 20180004 的记录，删除该记录。在一级索引（稠密索引）中找到该记录对应的索引项并删除，然后将同一索引块中那些位于其之后的索引项朝着起始方向迁移。由于删除的索引项不是该一级索引块中的第 1 条索引项，因此二级索引（稀疏索引）无须更新。

20180001		20180001					
20180007		20180002	20180001	李勇	男	2000-3-8	信息安全
20180013		20180003	20180002	刘晨	女	1999-9-1	计算机科学与技术
		20180005	20180003	王敏	女	2001-8-1	计算机科学与技术
		20180006					
			20180005	陈新奇	男	2001-11-1	信息管理与信息系统
			20180006	赵明	男	2000-6-12	数据科学与大数据技术

B+树索引：根据 B+树索引，找到并删除叶结点中 20180004 的索引项。因删除 20180004 索引项后当前叶结点只有 1 个索引项，小于最小充满度，而其左兄弟结点中有 3 个索引项，未达到最大充满度，所以将属性值为 20180005 的索引项并入左叶结点，然后删除父结点中的

20180004 及其右指针。父结点删除 20180004 后只剩下一个属性值，因此需要与其右兄弟结点重新分配属性值，并根据重分配后的属性值修改根结点的属性值。更新后的 B+树如下图所示：

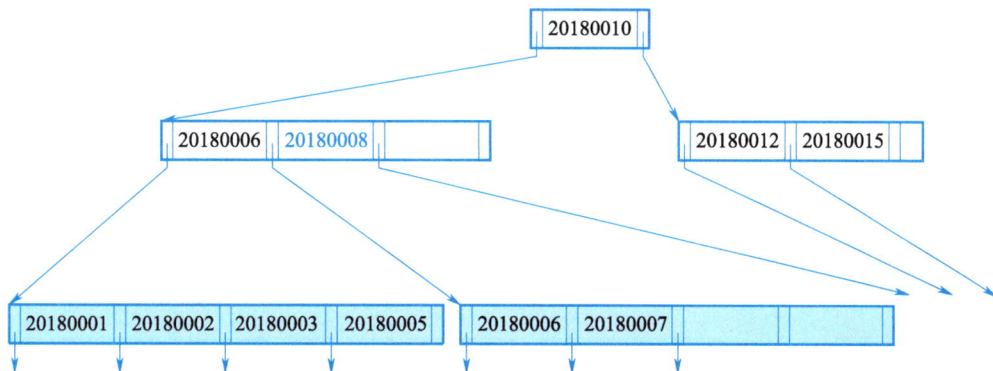

哈希索引：根据哈希函数计算 20180004 所在的桶号，为 1 号桶，然后到 1 号桶中找到 20180004 索引项，删除该索引项及其所指向的存储块中的记录。

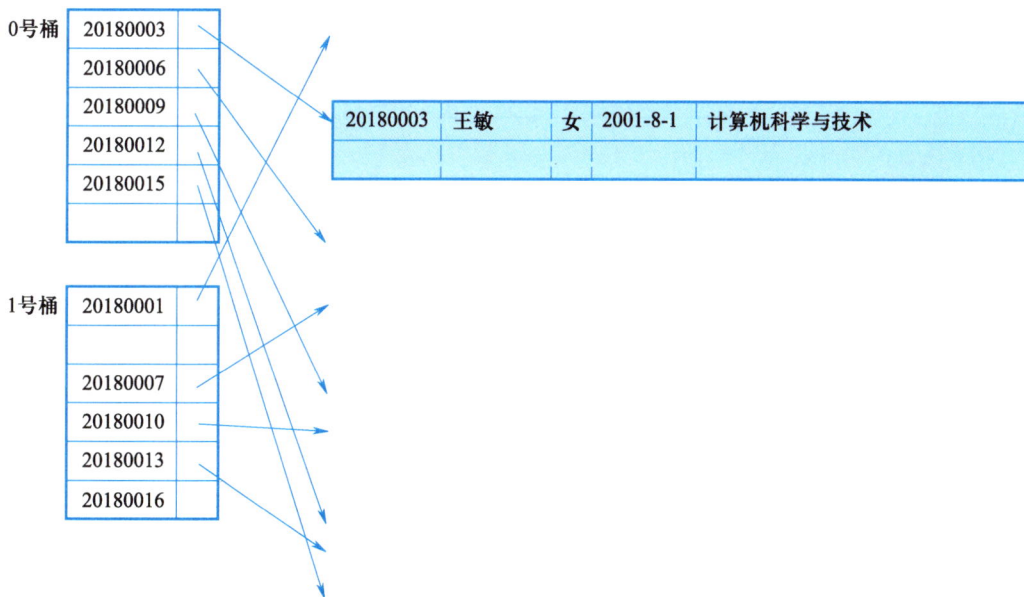

③ 删除学号为 2018005 的记录。

稠密索引：通过稠密索引查找算法，在存储块中找到 Sno 为 20180005 的记录，先将该记录在存储块中删除，视空闲空间管理方法的不同，位于该记录后的数据可以向数据块起始方向迁移，也可以维持现状；然后在索引块中删除相应的索引项，并把该索引块中位于 20180005 后的索引项朝着起始方向迁移。

20180001	李勇	男	2000-3-8	信息安全
20180002	刘晨	女	1999-9-1	计算机科学与技术
20180003	王敏	女	2001-8-1	计算机科学与技术
20180006	赵明	男	2000-6-12	数据科学与大数据技术

索引表：20180001、20180002、20180003、20180006

稀疏索引：通过稀疏索引查找算法，在存储块中找到 Sno 为 2018005 的记录，删除该记录。由于该记录是所在数据块的第 1 条数据，因此需要将该记录后的数据向数据块起始方向迁移，并需要更新稀疏索引的索引项，将属性值为 2018005 的索引项更新为 2018006。

索引表：20180001、20180003、20180006、20180007、20180009、20180011

20180001	李勇	男	2000-3-8	信息安全
20180002	刘晨	女	1999-9-1	计算机科学与技术
20180003	王敏	女	2001-8-1	计算机科学与技术
20180006	赵明	男	2000-6-12	数据科学与大数据技术

多级索引：通过多级索引查找算法，在存储块中找到 Sno 为 2018005 的记录，删除该记录。在一级索引（稠密索引）中找到该记录对应的索引项并删除，然后将同一索引块中那些位于其之后的索引项朝着起始方向迁移。由于删除的索引项不是该一级索引块中的第 1 条索引项，因此二级索引（稀疏索引）无须更新。

二级索引：20180001、20180007、20180013
一级索引：20180001、20180002、20180003、20180006

20180001	李勇	男	2000-3-8	信息安全
20180002	刘晨	女	1999-9-1	计算机科学与技术
20180003	王敏	女	2001-8-1	计算机科学与技术
20180006	赵明	男	2000-6-12	数据科学与大数据技术

B+树索引：根据 B+树索引，找到叶结点中 2018005 的索引项并删除。因为删除该索引项

后当前叶结点有 3 个索引项，大于最小充满度，所以直接删除该索引项及相应指针即可，如下图所示：

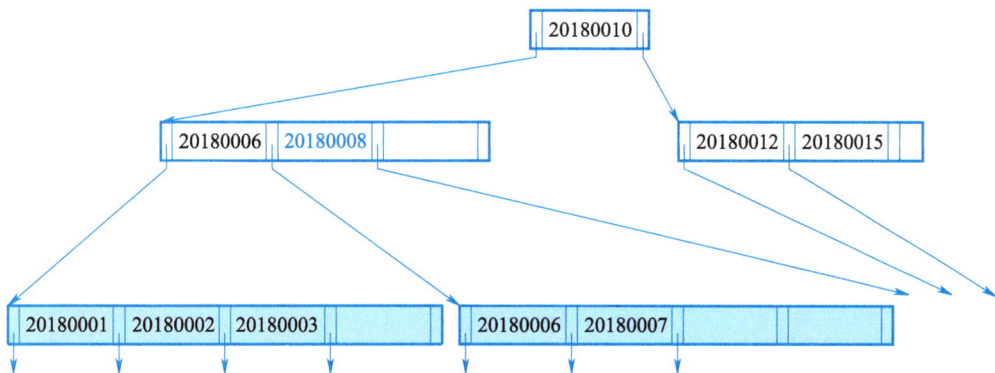

哈希索引：根据哈希函数计算 20180005 所在的桶号，为 2 号桶。到 2 号桶中找到 20180005 索引项，删除该索引项及其指向的存储块中的记录。

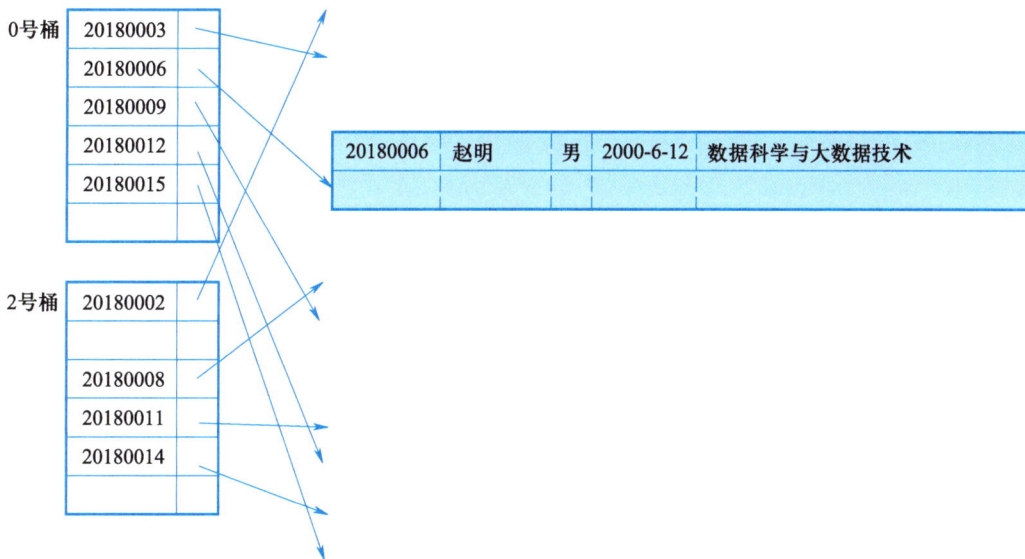

④ **将学号为 20180008 的记录修改为计算机科学与技术专业。**

答：根据各个索引的查找算法，找到 20180008 记录，将这条记录从存储块中取出后，修改其专业为计算机科学与技术。由于索引是建立在学号上的，因此无须更新索引。

第 10 章 关系查询处理和查询优化

第 10 章讲解了关系数据库管理系统（RDBMS）查询处理和查询优化的基本概念、方法和技术。

查询优化是 RDBMS 内部实现的技术，对于一般用户而言是隐蔽的。用户不必了解 RDBMS 如何针对查询语句进行优化，然而对于 DBA 和应用开发人员来说，"性能调优（performance tuning）"是其职责之一，因此需要掌握查询优化的概念和 RDBMS 的内部优化技术，进而为在数据库应用开发中利用查询优化技术提高查询效率和系统性能打下基础。

10.1 基本知识点

本章首先介绍 RDBMS 的查询处理步骤和实现查询操作的算法，然后深入讨论 RDBMS 查询优化的基本概念和方法，包括基于关系代数等价变换规则的优化方法、基于启发式规则的存取路径优化和基于代价估算的优化等方法。

查询处理是 RDBMS 的核心，它是 RDBMS 语言处理中最重要、最复杂的部分。

为了提高关系数据库系统的执行效率，RDBMS 必须进行查询优化。由于关系查询语言（例如 SQL）具有较高的语义层次，使得 RDBMS 可以进行查询优化，这就形成了 RDBMS 查询优化的必要性和可能性。

① 需要了解的：了解查询处理的基本步骤；了解查询分析、查询检查、查询优化和查询执行。

② 需要牢固掌握的：掌握什么是 RDBMS 的查询优化，查询优化的方法，特别是基于启发式规则的优化和基于代价估算的优化。

③ 需要举一反三的：能够画出一个查询的语法树以及优化后的语法树。

④ 难点：掌握查询优化算法，包括代数优化算法和物理优化算法。

10.2 习题解答和解析

1．试述查询优化在关系数据库管理系统中的重要性和可能性。

【解析】请阅读《概论》第 10 章 10.2.1 小节"查询优化概述"相关内容。

查询优化的重要性：查询优化既是 RDBMS 实现的关键技术，又是 RDBMS 的优点所在。它减轻了用户选择存取路径的负担，用户只要提出"干什么"，而不必指出"怎么干"。

查询优化的优点不仅在于用户不必考虑如何最好地表达查询以获得较高的效率，而且在于 RDBMS 可以比用户程序的"优化"做得更好。这是因为：

① 优化器可以从数据字典中获取许多统计信息，例如每个关系表中的元组数，关系中每个属性值的分布情况，这些属性上是否建立了索引、是什么索引等。优化器可以根据这些信息做出正确的估算，选择高效的执行计划，而用户程序则难以获得这些信息。

② 如果数据库的物理统计信息改变了，系统可以自动对查询进行重新优化以选择相适应的执行计划。在层次和网状数据库系统中，这种情况必须重写程序，而重写程序在实际应用中往往是不太可能的。

③ 优化器可以考虑数百种甚至数千种不同的执行计划，并从中选出较优的一个，而程序员一般只能考虑有限的几种可能性。

④ 优化器中包含很多复杂的优化技术，特别是最新的机器学习技术。这些优化技术往往只有最好的程序员才能掌握。RDBMS 的查询自动优化相当于使得所有人都拥有了这些优化技术。

2. 假设关系 $R(A, B)$ 和 $S(B, C, D)$ 情况如下：R 有 20 000 个元组，S 有 1 200 个元组，一个块能装 40 个 R 的元组、30 个 S 的元组，试估算下列操作需要多少次磁盘块读写。

【解析】请阅读《概论》第 10 章 10.4.2 小节"基于代价估算的优化"相关内容。

① R 上没有索引，select * from R;。

② R 中 A 为主码，A 有 3 层 B+树索引，select * from R where A = 10;。

③ 嵌套循环连接 $R \bowtie S$。

④ 排序合并连接 $R \bowtie S$，区分 R 与 S 在 B 属性上有序和无序两种情况。

答：

① 需要对 R 进行全表扫描，块数=20 000/40 =500。

② 对 R 进行索引扫描，块数=3+1=4，其中 3 块 B 树索引块，1 块数据块。

③ R 本身有 20 000/40=500 个块，S 本身有 1 200/30=40 个块，以 S 为外表，假设内存分配的块数为 k，嵌套循环连接需要的块数为 $40 + \left\lceil \dfrac{40}{k-1} \right\rceil \times 500$。

④ 如果 R 和 S 都在 B 属性上排好序，块数为 500+40=540；如果都没有排序，则还要加上排序代价，结果为 540+2×500×($\log_2 500$+1)+2×40×($\log_2 40$+1)。

3. 对"学生选课管理"数据库，查询信息管理与信息系统专业学生选修的所有课程名称。

```
SELECT Cname
FROM Student, Course, SC
```

WHERE Student.Sno=SC.Sno AND SC.Cno=Course.Cno AND Student.Smajor='IS';

试画出用关系代数表示的语法树，并用关系代数表达式优化算法对原始的语法树进行优化处理，画出优化后的标准语法树。

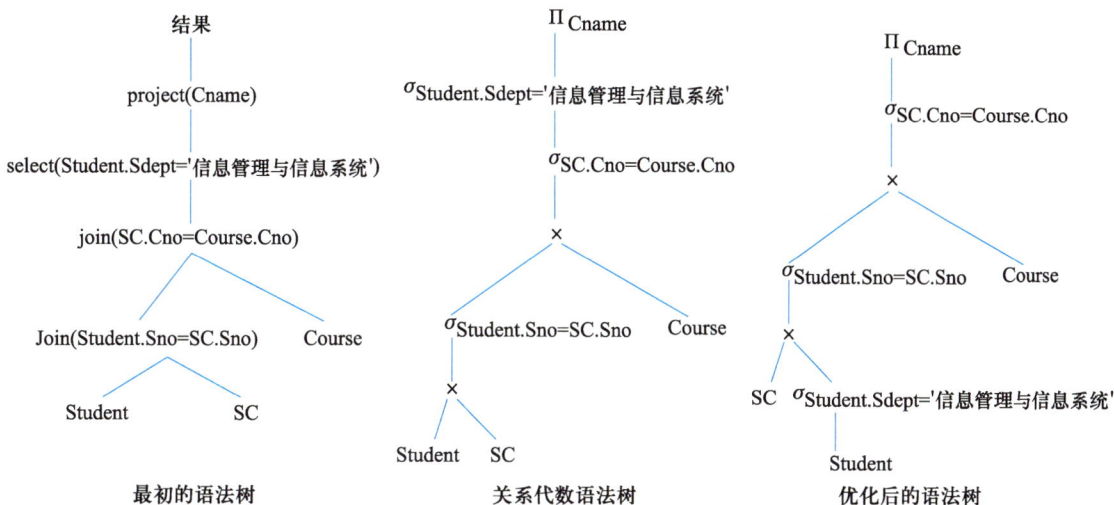

最初的语法树　　　　　　　关系代数语法树　　　　　　优化后的语法树

4．对于数据库模式：

Teacher(<u>Tno</u>, Tname, Tage, Tsex)

Department(<u>Dno</u>, Dname, Tno)

Work(<u>Tno</u>, Dno, Year, Salary)

假设 Teacher 的 Tno 属性、Department 的 Dno 属性以及 Work 的 Year 属性上有 B+树索引，请说明下列查询语句的一种较优的处理方法。

① SELECT * FROM Teacher WHERE Tsex = '女';

② SELECT * FROM Department WHERE Dno < 301;

③ SELECT * FROM Work WHERE Year <> 2000;

④ SELECT * FROM Work WHERE Year > 2000 AND Salary < 5000;

⑤ SELECT * FROM Work WHERE Year < 2000 OR Salary < 5000;

【解析】

① 对 Teacher 进行全表扫描，查看元组是否满足性别为女。

因为男、女比例相差不会很大，使用全表扫描是合适的。

② 如果满足 Dno < 301 的元组数目较少，可以通过索引找到 Dno = 301 的索引项，然后顺着 B+树的顺序集得到 Dno < 301 的索引项，通过这些索引项的指针找到 Department 中的元组。

如果满足 Dno < 301 的元组数目较多，可以采用对 Department 的全表扫描方式处理。

RDBMS 的查询优化算法将计算这两种执行计划的代价，然后选择代价小的一种执行。

③ 对 Work 进行全表扫描，查看元组是否满足 Year <> 2000。

虽然在 Work 的 Year 属性上有 B+树索引，因为要查找的是除 2000 年之外的所有元组，所以使用全表扫描是合适的。

④ 一种查询执行计划是：通过 Year 的索引找到满足 Year > 2000 的元组，检查元组是否满足 Salary < 5000。

因为 Work 的 Year 属性上有 B+树索引，可以通过索引找到 Year=2000 的索引项作为入口点，然后顺着 B+树的顺序集得到 Year > 2000 的所有索引项，再通过这些索引项的指针找到 Work 元组中满足 Salary < 5000 条件的元组。

另一种查询执行计划是：对 Work 进行全表扫描，一边扫描一边查看元组是否满足 Year > 2000 AND Salary < 5000。

RDBMS 的查询优化算法将计算这两种执行计划的代价，然后选择代价小的一种执行。

⑤ 对 Work 进行全表扫描，一边扫描一边查看元组是否满足 Year < 2000 或 Salary < 5000。因为查询条件是 OR 连接的析取选择条件，所以采用全表扫描是合适的。

5. 对于第 4 题中的数据库模式，存在如下的查询：

```
SELECT Tname
FROM Teacher, Department, Work
WHERE Teacher.Tno = Work.Tno AND Department.Dno = Work.Dno AND
Department.Dname = '计算机系' AND Salary > 5000;
```

画出语法树以及用关系代数表示的语法树，并对关系代数语法树进行优化，画出优化后的语法树。

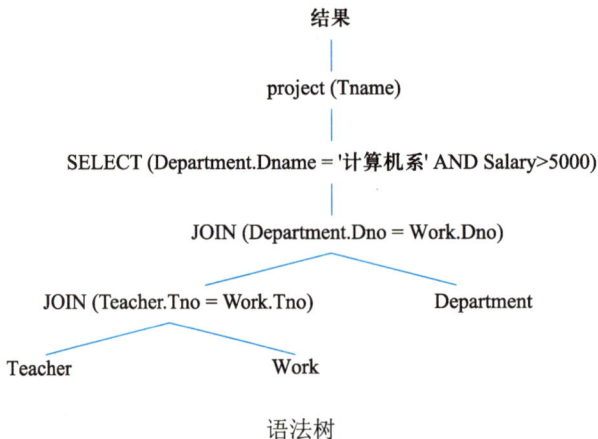

语法树

$$\Pi_{\text{Tname}}$$

$$\sigma_{\text{Department.Dname = '计算机系'} \wedge \text{Salary>5000}}$$

$$\sigma_{\text{Department.Dno = Work.Dno}}$$

$$\times$$

$$\sigma_{\text{Teacher.Tno = Work.Tno}} \qquad \text{Department}$$

$$\times$$

Teacher   Work

关系代数语法树

$$\Pi_{\text{Tname}}$$

$$\bowtie_{\text{Department.Dno= Work.Dno}}$$

$$\bowtie_{\text{Teacher.Tno = Work.Tno}} \qquad\qquad \sigma_{\text{Department.Dname ='计算机系'}}$$

Teacher $$\sigma_{\text{Salary>5000}}$$ Department

Work

优化后的语法树

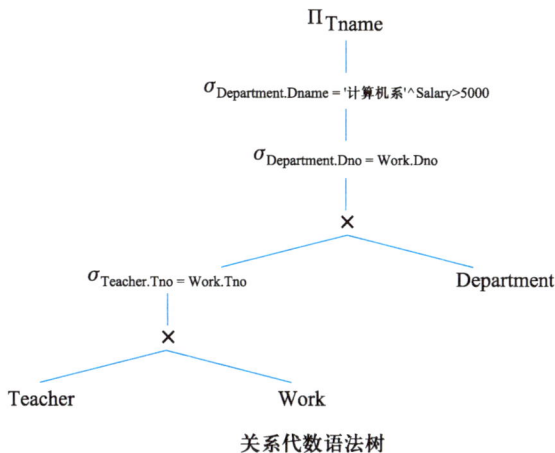

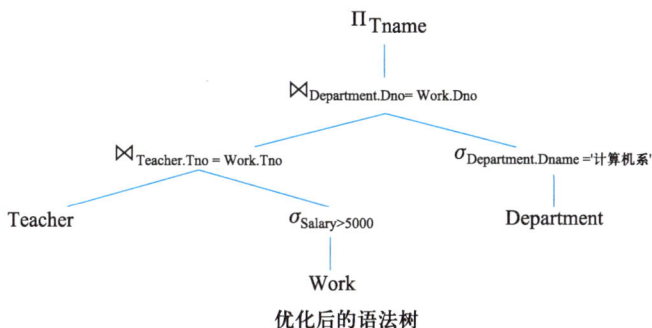

6. 试述关系数据库管理系统查询优化的一般准则。

【解析】请阅读《概论》第 10 章 10.3.2 小节"语法树的启发式优化"和 10.4 节"物理优化"相关内容。

下面的优化策略一般能提高查询效率：

① 选择运算应尽可能先做。

② 投影运算和选择运算同时进行。

③ 将投影同其前或其后的双目运算结合起来执行。

④ 将某些选择同在它前面要执行的笛卡儿积结合起来成为一个连接运算。

⑤ 找出公共子表达式。

⑥ 选取合适的连接算法。

其中，①~⑤是代数优化策略，⑥涉及物理优化。

① 选择运算应尽可能先做。因为满足选择条件的记录一般是原来关系的子集，从而使计算的中间结果变小。

② 投影运算和选择运算同时进行。如果在同一个关系上有若干投影和选择运算，则可以把投影运算和选择运算结合起来，即选出符合条件的记录后就对这些元组做投影。

③ 把投影同其前或其后的双目运算结合起来。双目运算有 JOIN 运算、笛卡儿积运算。与上面的理由类似，在进行 JOIN 运算、笛卡儿积运算时要选出关系的元组，没有必要为了投影操作（通常是去掉某些字段）而单独扫描一遍关系。

④ 把某些选择同在它前面要执行的笛卡儿积运算结合起来成为一个连接运算。连接运算，特别是等连接运算要比在同样关系上的笛卡儿积运算产生的结果小得多，执行代价也小得多。

⑤ 找出公共子表达式。先计算一次公共子表达式并把结果保存起来共享，以避免重复计算公共子表达式。当查询的是视图时，定义视图的表达式就是公共子表达式的情况。

⑥ 选取合适的连接算法。连接操作是关系操作中最费时的操作，人们研究了许多连接优化算法。例如，索引连接算法、排序—合并算法、哈希连接算法等。

选取合适的连接算法属于选择"存取路径"，是物理优化的范畴。

7. 试述关系数据库管理系统查询优化的一般步骤。

【解析】各个关系数据库管理系统的优化方法不尽相同，大致的步骤可以归纳如下：

① 把查询转换成某种内部表示，通常用的内部表示是语法树。

② 把语法树转换成标准（优化）形式，即利用优化算法，把原始的语法树转换成优化的形式。

③ 选择低层的存取路径。

④ 生成查询计划，选择所需代价最小的计划加以执行。

读者要把 SQL 查询处理和查询优化的概念结合起来学习，了解 SQL 查询处理工作的步骤，如《概论》第 10 章图 10.1 所示，了解查询优化在查询处理中的核心地位。

10.3　补充习题及答案

考虑关系模式 $R(A, B, C, D)$，假设 B 上具有 B+树索引，(C, D) 上具有聚簇的 B+树索引。每条关系记录占 100 字节，索引的数据条目占 20 字节，整个关系表占 10 000 个数据块。假设符合每个条件的数目比例为 10%，B+树为 3 层，每个数据块包括 40 个关系记录，计算执行下列语句的开销，选出较小的执行代价。

① SELECT * FROM R WHERE B > 1000;

② SELECT * FROM R WHERE C = 10;

③ SELECT * FROM R WHERE C = 20 AND D > 100;

④ SELECT SUM(B) FROM R WHERE B > 1000;

【解析】

① SELECT * FROM R WHERE B > 1000;

第一种查询计划是使用 B+树索引，代价为

　　　　（B+树前两层）+（B+树叶结点的块数）+存取表中记录需要读取的块数

即：

$$2 + 10\,000 \times (20/100) \times 0.1 + 10\,000 \times 40 \times 0.1 = 40\,202$$

这里的计算比较保守，即假设记录无序分布，所以要存取块数为记录数×10%。

第二种查询计划是使用全表扫描，代价为 10 000 个数据块。

因此较小的执行代价是第二种全表扫描的 10 000 个数据块。

② SELECT * FROM R WHERE C = 10;

使用 (C, D) 上聚簇的 B+树索引，代价为

（B+树前两层）+（满足条件的 B+树叶结点的块数）+存取表中记录需要读取的块数

因为是聚簇的 B+树索引，所以 $C=10$ 的记录都聚集在一起，存取次数为总块数的 0.1。代价为

$$2 + 10\,000 \times (20/100) \times 0.1 + 10\,000 \times 0.1 = 1\,202$$

③ SELECT * FROM R WHERE C = 20 AND D > 100;

使用 (C, D) 上聚簇的 B+树索引，代价为

（B+树前两层）+（满足条件的 B+树叶结点的块数）+存取表中记录需要读取的块数

即：

$$2 + 10\,000 \times (20/100) \times 0.1 \times 0.1 + 10\,000 \times 0.1 \times 0.1 = 122$$

因为假设了符合每个条件的数目比例为 10%，所以每个条件都要乘以 0.1。

④ SELECT SUM(B) FROM R WHERE B > 1000;

使用 B+树索引，因为可以对索引中满足条件 $B > 1\,000$ 的属性 B 的个数进行 SUM 操作，不需要再访问表中的数据，所以代价为

（B+树前两层）+（满足条件的 B+树叶结点的块数）

即：

$$2 + 10\,000 \times (20/100) \times 0.1 = 202$$

第 11 章 　数据库恢复技术

《概论》第 11 章、12 章讨论事务处理技术。事务处理技术主要包括数据库恢复技术和并发控制技术，它们是数据库管理系统的重要组成部分。本章讨论数据库恢复的概念和常用技术。

11.1　基本知识点

① 需要了解的：了解数据库运行过程中可能产生的故障类型，它们如何影响事务的正常执行、如何破坏数据库数据；了解数据转储的概念及分类；了解什么是数据库镜像功能。

② 需要牢固掌握的：掌握事务的基本概念和事务的 ACID 特性；掌握数据库恢复的实现技术；掌握日志文件的内容及作用、登记日志文件所要遵循的原则；掌握具有检查点的恢复技术。

③ 需要举一反三的：恢复的基本原理，针对不同故障的恢复策略和方法。

④ 难点：日志文件的使用、系统故障的恢复策略，以及具有检查点的恢复技术。

事务管理模块是 DBMS 实现中的关键技术。事务恢复的基本原理是冗余，它貌似简单，真正实现的过程却很复杂。数据库的事务管理策略（不仅有数据库恢复策略，还有并发控制策略）和 DBMS 缓冲区管理策略、事务隔离级别等密切相关。

读者要掌握数据库故障恢复的策略和方法。对于刚刚学习数据库课程的读者来讲，或许并不能体会数据库故障恢复的复杂性和重要性。到了实际工作中，作为数据库管理员，则必须十分清楚每一个使用的 DBMS 产品提供的恢复技术以及恢复方法，并且能够根据这些技术正确制定出实际系统的恢复策略，以保证数据库系统 7×24 小时正确运行，保证数据库系统在遇到故障时能及时恢复正常运行，提高系统抗灾难的能力。

11.2　习题解答和解析

1. 试述事务的概念及事务的 4 个特性。数据库恢复技术能保证事务的哪些特性？

【解析】请阅读《概论》第 11 章 11.1 节"事务的基本概念"相关内容。

事务是用户定义的一个数据库操作序列，这些操作要么全做，要么全不做，是一个不可分割的工作单位。

事务具有 4 个特性：原子性（atomicity）、一致性（consistency）、隔离性（isolation）和持

续性（durability）。这 4 个特性通常简称为 ACID 特性。

原子性：事务是数据库的逻辑工作单位，事务中包括的诸操作要么都做，要么都不做。

一致性：事务执行的结果必须是使数据库从一个一致性状态转为另一个一致性状态。

隔离性：一个事务的执行不能被其他事务干扰，即一个事务的内部操作及使用的数据对其他并发事务是隔离的，并发执行的各个事务之间不能互相干扰。

持续性：持续性也称永久性（permanence），指一个事务一旦提交，它对数据库中数据的改变就应该是永久性的，接下来的其他操作或故障不应该对其执行结果有任何影响。

数据库恢复可以保证事务的原子性与持续性。

为了保证事务的隔离性和一致性，数据库管理系统需要对并发操作进行控制，第 12 章将进一步讲解并发控制。

2．为什么事务非正常结束时会影响数据库数据的正确性？请举例说明之。

【解析】事务执行的结果必须是使数据库从一个一致性状态转为另一个一致性状态。如果在数据库系统运行中发生故障，有些事务尚未完成就被迫中断，这些未完成的事务对数据库所做的修改有一部分已写入物理数据库，这时数据库就处于一种不正确的状态，或者说是不一致的状态。

例如，某工厂的库存管理系统中，要把数量为 Q 的某种零件从仓库 1 移到仓库 2 存放，则可以定义一个事务 T，T 包括两个操作：$Q1=Q1-Q$，$Q2=Q2+Q$。如果 T 非正常终止时只做了第一个操作，则数据库就处于不一致性状态，库存量无缘无故少了 Q。

3．登记日志文件时为什么必须先写日志文件，后写数据库？

【解析】请阅读《概论》第 11 章 11.4.2 小节"登记日志文件"相关内容。

把对数据的修改写到数据库中和把表示这个修改的日志记录写到日志文件中，是两个不同的操作。有可能会在这两个操作之间发生故障，即这两个写操作只完成了一个。

如果先写了数据库修改，而在运行记录中没有登记这个修改，则以后就无法恢复这个修改了。如果先写日志，但没有修改数据库，那么在恢复时只不过是多执行一次 UNDO 操作，并不会影响数据库的正确性。所以一定要先写日志文件，即首先把日志记录写到日志文件中，然后再写数据库的修改。

4．考虑下表所示的日志记录：

序号	日志
1	T_1：开始
2	T_1：写 A，$A=10$
3	T_2：开始
4	T_2：写 B，$B=9$
5	T_1：写 C，$C=11$

续表

序号	日志
6	T_1：提交
7	T_2：写 C，$C=13$
8	T_3：开始
9	T_3：写 A，$A=8$
10	T_2：回滚
11	T_3：写 B，$B=7$
12	T_4：开始
13	T_3：提交
14	T_4：写 C，$C=12$

① 如果系统故障发生在序号 14 之后，说明哪些事务需要重做，哪些事务需要回滚。

② 如果系统故障发生在序号 10 之后，说明哪些事务需要重做，哪些事务需要回滚。

③ 如果系统故障发生在序号 9 之后，说明哪些事务需要重做，哪些事务需要回滚。

④ 如果系统故障发生在序号 7 之后，说明哪些事务需要重做，哪些事务需要回滚。

答：

① 重做：T_1、T_3；回滚：T_2、T_4。

因为 T_1 和 T_3 事务已经提交，所以重做；T_2 回滚，T_4 执行中，没有提交，所以要回滚。

② 重做：T_1；回滚：T_2、T_3。

因为 T_1 事务已经提交，所以重做；T_2 回滚，T_3 执行中，没有提交，所以要回滚。T_4 事务还没有开始。

③ 重做：T_1；回滚：T_2、T_3。

④ 重做：T_1；回滚：T_2。

5. 考虑第 4 题所示的日志记录，假设开始时 A、B、C 的值都是 0：

① 如果系统故障发生在序号 14 之后，写出系统恢复后 A、B、C 的值。

② 如果系统故障发生在序号 12 之后，写出系统恢复后 A、B、C 的值。

③ 如果系统故障发生在序号 10 之后，写出系统恢复后 A、B、C 的值。

④ 如果系统故障发生在序号 9 之后，写出系统恢复后 A、B、C 的值。

⑤ 如果系统故障发生在序号 7 之后，写出系统恢复后 A、B、C 的值。

⑥ 如果系统故障发生在序号 5 之后，写出系统恢复后 A、B、C 的值。

答：

① $A=8$，$B=7$，$C=11$。

② $A=10$，$B=0$，$C=11$。

③ $A=10$，$B=0$，$C=11$。

④ $A=10$，$B=0$，$C=11$。

⑤ $A=10$，$B=0$，$C=11$。

⑥ $A=0$，$B=0$，$C=0$。

6．针对不同的故障类型（事务故障、系统故障、介质故障），试给出恢复的策略和方法。

【解析】请阅读《概论》第 11 章 11.5 节"恢复策略"相关内容。

事务故障的恢复步骤是：

① 反向扫描日志文件，查找该事务的更新操作。

② 对该事务的更新操作执行逆操作，即将日志记录中"更新前的值"写入数据库。

直至读到此事务的开始标记，该事务故障的恢复就完成了。

系统故障的恢复步骤是：

① 正向扫描日志文件，找出在故障发生前已经提交的事务，将其事务标识记入重做队列（REDO-LIST）；同时找出故障发生时尚未完成的事务，将其事务标识记入撤销队列（UNDO-LIST）。

② 对撤销队列中的各个事务进行 UNDO 处理。

③ 对重做队列中的各个事务进行 REDO 处理。

介质故障的恢复步骤是：

① 装入最新的数据库后备副本（离故障发生时刻最近的转储副本），使数据库恢复到最近一次转储时的一致性状态。

② 装入转储结束时刻的日志文件副本。

③ 启动系统恢复命令，由 DBMS 完成恢复功能，即重做已完成的事务。

7．什么是检查点记录？检查点记录包括哪些内容？

【解析】请阅读《概论》第 11 章 11.6 节"具有检查点的恢复技术"相关内容。

检查点记录是一类新的日志记录。它的内容包括：

① 建立检查点时刻所有正在执行的事务清单，如图中的 T_1、T_2。

② 这些事务的最近一个日志记录的地址，如图中的 D_1、D_2。

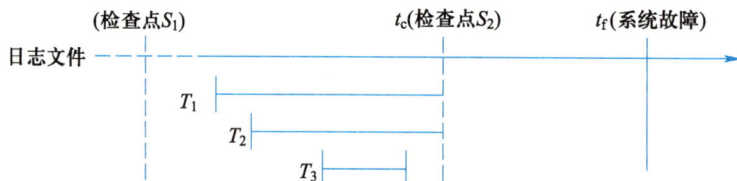

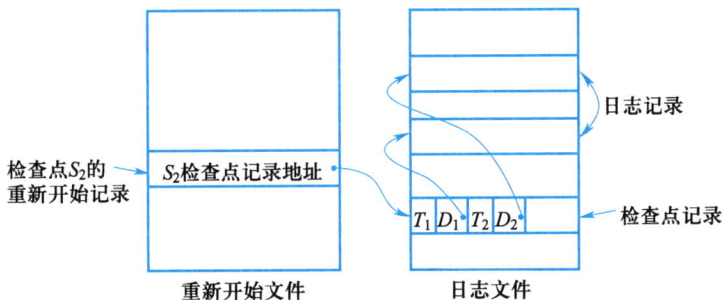

重新开始文件　　　　　　　　**日志文件**

8. 具有检查点的恢复技术有什么优点？试举一个具体的例子加以说明。

答：利用日志技术进行数据库恢复时，恢复子系统必须搜索整个日志，这将耗费大量的时间。此外，需要 REDO 处理的事务实际上已将其更新操作结果写到数据库中了，然而恢复子系统又重新执行了这些操作，浪费了大量时间。

检查点技术就是为了解决这些问题。

例如：

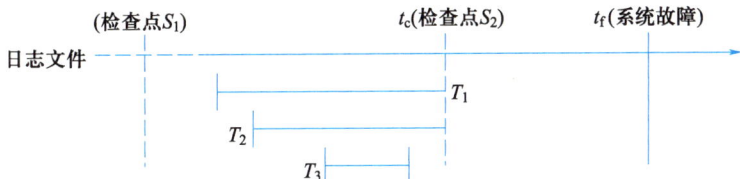

在采用检查点技术之前，恢复时需要从头扫描日志文件，而利用检查点技术只需要从 t_c 开始扫描日志，这就缩短了扫描日志的时间。

事务 T_3 的更新操作实际上已经写到数据库中了，进行恢复时没有必要再 REDO 处理，采用检查点技术做到了这一点。

9. 试述使用检查点方法进行恢复的步骤。

答：

① 在重新开始文件（见第 7 题的图）中，找到最后一个检查点记录在日志文件中的地址，由该地址在日志文件中找到最后一个检查点记录。

② 由该检查点记录得到检查点建立时刻所有正在执行的事务清单 ACTIVE-LIST。

这里建立两个事务队列：UNDO-LIST 为需要执行 UNDO 操作的事务集合；REDO-LIST 为需要执行 REDO 操作的事务集合。

把 ACTIVE-LIST 暂时放入 UNDO-LIST 队列，REDO-LIST 队列暂为空。

③ 从检查点开始正向扫描日志文件。

如有新开始的事务 T_i，把 T_i 暂时放入 UNDO-LIST 队列。

如有已提交的事务 T_j，把 T_j 从 UNDO-LIST 队列移到 REDO-LIST 队列，直到日志文件结束。

④ 对 UNDO-LIST 中的每个事务执行 UNDO 操作，对 REDO-LIST 中的每个事务执行 REDO 操作。

10. 什么是数据库镜像？它有什么用途？

【解析】请阅读《概论》第 11 章 11.7 节"数据库镜像"相关内容。

数据库镜像即根据 DBA 的要求，自动把整个数据库或其中的关键数据复制到另一个磁盘上。每当主数据库更新时，DBMS 自动把更新后的数据复制过去，即 DBMS 自动保证镜像数据与主数据库的一致性。

数据库镜像的用途有：

① 用于数据库恢复。当出现介质故障时，镜像磁盘可继续提供使用，同时 DBMS 自动利用镜像磁盘数据进行数据库的恢复，不必关闭系统和重装数据库副本。

② 提高数据库的可用性。在没有出现故障时，当一个用户对数据加排他型锁进行修改时，其他用户可以读镜像数据库上的数据，而不必等待该用户释放锁。

11.3　补充习题

1. 问答题

① 在系统故障的恢复策略中，为什么 UNDO 处理反向扫描日志文件，REDO 处理正向扫描日志文件？

② 说明恢复系统是否可以保证事务的原子性和持续性。

2. 综合题

考虑下表所示的日志记录：

序号	日志
1	T_1：开始
2	T_1：写 A
3	T_2：开始
4	T_2：写 B
5	T_3：开始
6	T_1：提交
7	T_2：回滚

续表

序号	日志
8	T_3：写 C
9	T_4：开始
10	T_4：写 A
11	T_5：开始
12	T_6：开始
13	检查点
14	T_7：开始
15	T_3：提交
16	T_4：回滚
17	T_5：写 B
18	T_8：开始
19	T_6：写 A
20	T_6：提交
21	T_8：写 A
22	T_8：提交
23	T_7：写 C

① 如果系统故障发生在序号 23 之后，说明系统如何进行恢复。

② 如果系统故障发生在序号 19 之后，说明系统如何进行恢复。

11.4 补充习题答案

1. 问答题答案

① 在系统故障的恢复策略中，为什么 UNDO 处理反向扫描日志文件，REDO 处理正向扫描日志文件？

答：如果存在同一个数据的多个 UNDO 操作，则需要将数据恢复到第一个失败事务之前，如果正向扫描日志文件，将无法实现这一目标，因此应该反向扫描日志文件。对于同一个数据的多个 REDO 操作，需要将数据恢复到最后一个成功事务之后，因此应该正向扫描日志文件。

② 说明恢复系统是否可以保证事务的原子性和持续性。

答：原子性是指事务中包含的诸操作要么都做，要么都不做。在恢复策略中，UNDO 可以保证将未成功提交的事务的所有操作都取消，REDO 可以保证将成功提交的事务的所有操作都完成，因此能够确保事务的原子性。持续性是指一旦事务提交，它对数据库中数据的改变是永久性的，REDO 可以保证事务只要提交，改变一定被永久实现，因此能够确保事务的持续性。

2. 综合题答案

① T_3、T_6、T_8 重做，T_4、T_5、T_7 撤销，T_1、T_2 不操作。

② T_3 重做，T_4、T_5、T_6、T_7、T_8 撤销，T_1、T_2 不操作。

第 12 章 \ 并 发 控 制

事务处理技术主要包括数据库恢复技术和并发控制技术。本章讨论数据库并发控制的基本概念和实现技术。本章内容有一定的深度和难度。读者在学习本章时一定要做到概念清楚，为此应当认真阅读《概论》中的相应内容，特别是其中的例题，要自己动手先做一做例题，检验是否已经掌握了有关概念。

12.1 基本知识点

数据库是一类共享资源，当多个用户并发地存取数据库时，就会产生多个事务同时存取同一数据的情况。若对并发操作不加控制就可能会存取和存储不正确的数据，破坏事务的一致性和数据库的一致性。所以 DBMS 必须提供并发控制机制。

并发控制机制是衡量一个 DBMS 性能的重要标志之一。

① 需要了解的：数据库并发控制技术的必要性。

② 需要牢固掌握的：掌握并发操作可能产生数据不一致性的情况，包括丢失修改、脏读、不可重复读等，读者要牢固掌握这些情况的确切含义；掌握什么是事务的隔离级别，它与数据不一致性的关系；掌握封锁的类型及不同封锁类型（例如 X 锁、S 锁）的性质和定义，相关的相容控制矩阵；掌握封锁协议的概念；掌握封锁粒度的概念、多粒度封锁方法、多粒度封锁协议的相容控制矩阵。

③ 需要举一反三的：封锁协议与数据一致性的关系；并发调度的可串行性概念；两段锁协议与可串行性的关系、两段锁协议与死锁的关系。

④ 难点：两段锁协议与串行性的关系、与死锁的关系；具有意向锁的多粒度封锁方法的封锁过程。

12.2 习题解答和解析

1. 在数据库中为什么要采用并发控制？并发控制技术能保证事务的哪些特性？

【解析】请认真阅读《概论》第 12 章 12.1 节"并发控制概述"相关内容。先读懂[例 12.1]，理解并发操作可能带来的数据不一致性问题。

数据库是共享资源，通常有许多个事务同时在运行。当多个事务并发地存取数据库时，就会产生同时读取和/或修改同一数据的情况。若对并发操作不加控制，就可能会存取和存储不正确的数据，破坏数据库的一致性，所以数据库管理系统必须提供并发控制机制。

并发控制可以保证事务的一致性和隔离性。所谓事务的一致性是指，并发事务的执行不会产生数据的不一致性；所谓事务的隔离性是指，一个事务的执行不受其他并发事务的干扰。

2. 并发操作可能会产生哪几类数据不一致？用什么方法能避免各种不一致的情况？

【解析】并发操作带来的数据不一致性主要有丢失修改、脏读、不可重复读、幻读等多种情况。读者要结合《概论》第 12 章 12.1 节的例子来理解这些概念。本书主要讲解前面 3 种不一致性。

① 丢失修改：是指两个事务 T_1 和 T_2 读入同一数据并各自进行修改，T_2 提交的结果破坏（覆盖）了 T_1 提交的结果，导致 T_1 的修改被丢失。

② 脏读：俗称读"脏"数据，是指事务 T_1 修改某一数据并将其写回磁盘，事务 T_2 读取同一数据后，T_1 由于某种原因被撤销，这时被 T_1 修改过的数据恢复原值，T_2 读到的数据就与数据库中的数据不一致，则 T_2 读到的数据就为"脏"数据，即不正确的数据。

③ 不可重复读，是指事务 T_1 读取数据后，事务 T_2 执行更新操作，当事务 T_1 再次读该数据时，得到与前一次不同的值。

④ 幻读，也称作幻影（phantom）现象，是指事务 T_1 读取数据后，事务 T_2 执行插入或删除操作，使 T_1 无法再现前一次读取结果。

幻读包括两种情况：

a. 事务 T_1 按一定条件从数据库中读取某些数据记录后，事务 T_2 删除了其中部分记录，当 T_1 再次按相同条件读取数据时，发现某些记录"神秘地"消失了。

b. 事务 T_1 按一定条件从数据库中读取某些数据记录后，事务 T_2 插入了一些记录，当 T_1 再次按相同条件读取数据时，发现多了一些记录。

避免不一致性的方法就是并发控制。常用的并发控制技术包括封锁技术、时间戳方法、乐观控制方法、多版本并发控制方法等。

3. 事务的隔离级别都有哪些？事务隔离级别与数据一致性的关系是什么？

【解析】请阅读《概论》第 12 章 12.2 节"事务的隔离级别"相关内容。事务隔离级别是用来描述 DBMS 对并发操作进行控制的程度。控制越严格，事务的隔离性越强，数据的一致性就越有保障，但系统的效率也会随之下降。用户可以根据实际应用需求，选择事务隔离级别。

SQL 标准给出了事务的 4 类隔离级别，这 4 类隔离级别由低到高分别是读未提交、读已提交、可重复读、可串行化。下表（即《概论》第 12 章表 12.1）给出了事务隔离级别与数据不一致性的关系：

事务隔离级别	数据不一致性			
	丢失修改	脏读	不可重复读	*幻读
读未提交	否	是	是	是
读已提交	否	否	是	是
可重复读	否	否	否	是
可串行化	否	否	否	否

　　请读者阅读《概论》第 12 章的"扩展阅读：隔离级别实验"二维码内容。该实验演示了在 4 种事务隔离级别下丢失修改、脏读、不可重复读等数据不一致性的情况，读者可以直观感受各种隔离级别在事务中的作用。

4．什么是封锁？基本的封锁类型有几种？试述它们的含义。

　　【解析】实现并发控制的方法和技术有很多。封锁是实现并发控制的一种非常重要并且也是最早使用的技术。

　　封锁是指事务 T 在对某个数据对象（例如表、记录等）操作之前先向系统发出请求，对其加锁。加锁后事务 T 就对该数据对象有了一定的控制，在事务 T 释放其锁之前，其他事务不能更新和/或读取此数据对象。

　　最基本的封锁类型有两种：排他型锁（简称 X 锁）和共享型锁（简称 S 锁）。

　　排他型锁又称为**写锁**。若事务 T 对数据对象 A 加上 X 锁，则只允许 T 读取和修改 A，其他任何事务都不能再对 A 加任何类型的锁，直到 T 释放 A 上的锁为止。这就保证了其他事务在 T 释放 A 上的锁之前不能再读取和修改 A。

　　共享型锁又称为**读锁**。若事务 T 对数据对象 A 加上 S 锁，则事务 T 可以读 A 但不能修改 A，其他事务只能再对 A 加 S 锁，而不能加 X 锁，直到 T 释放 A 上的 S 锁为止。这就保证了其他事务可以读 A，但在 T 释放 A 上的 S 锁之前不能对 A 做任何修改。

5．如何用封锁机制保证数据的一致性？

　　【解析】DBMS 按照一定的封锁协议（通俗地讲，协议就是约定）对并发操作进行控制，使得多个并发操作有序地执行，这样就可以避免丢失修改、不可重复读和读"脏"数据等数据不一致性问题。请阅读《概论》第 12 章 12.4 节"封锁协议"相关内容。

　　下面举例说明 DBMS 在对数据进行读写操作之前，首先对该数据执行封锁操作。下图中事务 T_1 在对 A 进行修改之前先对 A 加 X 锁，记为 Xlock A。这样，当 T_2 请求对 A 加 X 锁时就被拒绝，T_2 只能等待 T_1 释放 A 上的锁后才能获得对 A 的 X 锁。这时 T_2 读到的 A 是 T_1 更新后的值，再按此新的 A 值进行运算。这样就不会丢失 T_1 的更新。

T_1	T_2
① 　 Xlock A	
获得	
② 　 读 A=16	
	Xlock A
③$A \leftarrow A-1$	等待
写回 A=15	等待
Commit	等待
Unlock A	等待
④	获得 Xlock A
	读 A=15
	$A \leftarrow A-1$
	写回 A=14
	Commit
⑤	Unlock A

6. 什么是活锁？试述活锁的产生原因和解决方法。

【解析】如果事务 T_1 封锁了数据 R，事务 T_2 又请求封锁 R，于是 T_2 等待；T_3 也请求封锁 R，当 T_1 释放了 R 上的封锁之后系统首先批准了 T_3 的请求，T_2 仍然等待；然后 T_4 又请求封锁 R，当 T_3 释放了 R 上的封锁之后系统又批准了 T_4 的请求……，T_2 有可能永远等待，这就是**活锁**的情形，如下图所示。**活锁**的含义是某个等待事务等待的时间太长，似乎被锁住了，实际上可以被激活。

T_1	T_2	T_3	T_4
lock R			
	lock R		
	等待	Lock R	
Unlock	等待		Lock R
	等待	Lock R	等待
	等待		等待
	等待	Unlock	等待
	等待		Lock R
	等待		

活锁产生的原因是当一系列封锁不能按照其先后顺序执行时，就可能导致一些事务无限期地等待某个封锁，从而导致活锁。

避免活锁的简单方法是采用先来先服务的策略。当多个事务请求封锁同一数据对象时，封锁子系统按请求封锁的先后次序对事务排队，数据对象上的锁一旦释放，就批准申请队列中第一个事务获得锁。

7．什么是死锁？请给出预防死锁的若干方法。

【解析】如果事务 T_1 封锁了数据 R_1，T_2 封锁了数据 R_2，然后 T_1 又请求封锁 R_2，因 T_2 已封锁了 R_2，于是 T_1 等待 T_2 释放 R_2 上的锁。接着 T_2 又申请封锁 R_1，因 T_1 已封锁了 R_1，T_2 也只能等待 T_1 释放 R_1 上的锁。这样就出现了 T_1 在等待 T_2，而 T_2 又在等待 T_1 的局面，T_1 和 T_2 两个事务永远不能结束，形成死锁。

T_1	T_2
lock R_1	
	Lock R_2
Lock R_2	
等待	
等待	Lock R_1
等待	等待

防止死锁的发生，其实就是要破坏产生死锁的条件。预防死锁通常有两种方法：

① 一次封锁法：要求每个事务必须一次将所有要使用的数据全部加锁，否则就不能继续执行。

② 顺序封锁法：预先对数据对象规定一个封锁顺序，所有事务都按这个顺序实施封锁。

8．请给出检测死锁发生的一种方法。当发生死锁后如何解除死锁？

【解析】数据库系统一般不采用预防死锁的方法，而是允许死锁发生，DBMS 检测到死锁后加以解除。

DBMS 中诊断死锁的方法与计算机操作系统类似，一般使用超时法或事务等待图法。其中，超时法是指如果一个事务的等待时间超过了规定的时限，就认为该事务发生了死锁。

DBMS 并发控制子系统检测到死锁后，就要设法解除。通常采用的方法是选择一个处理死锁代价最小的事务，将其撤销，释放此事务持有的所有锁，使其他事务得以继续运行下去。

9．什么样的并发调度是正确的调度？

【解析】可串行化的调度是正确的调度。请阅读《概论》第 12 章 12.6 节"并发调度的可串行性"相关内容。

可串行化调度的定义：多个事务的并发执行是正确的，当且仅当其结果与按某一次序串行地执行这些事务时的结果相同，称这种调度策略为可串行化调度。

10. 设 T_1、T_2、T_3 是如下的三个事务（A 的初值为 0）：

T_1：$A:=A+2$;

T_2：$A:=A*2$;

T_3：$A:=A*A$（即 $A \leftarrow A^2$）

① 若这三个事务允许并发执行，则有多少种可能的正确结果？请一一列举出来。

【解析】本题是希望读者建立这样的概念：若干个并发事务串行执行可以有多种结果，不同的调度会让并发事务产生不同的结果，只要执行结果等价于串行执行结果中的一个，就认为调度是正确的。这样的调度叫做可串行化调度。

A 的最终结果可能有 2、4、8、16。

因为串行执行次序有 $T_1 T_2 T_3$、$T_1 T_3 T_2$、$T_2 T_1 T_3$、$T_2 T_3 T_1$、$T_3 T_1 T_2$、$T_3 T_2 T_1$。

对应的执行结果是 16、8、4、2、4、2。

② 请给出一个可串行化的调度，并给出执行结果。

T_1	T_2	T_3
Slock A		
$Y=A=0$		
Unlock$A$		
Xlock A		
$A=Y+2$	Slock A	
写回 $A(=2)$	等待	
Unlock A	等待	
	$Y=A=2$	
	Unlock A	
	Xlock A	
		Slock A
	$A=Y*2$	等待
	写回 $A(=4)$	等待
	Unlock A	等待
		$Y=A=4$
		Unlock A
		Xlock A
		$A=Y**2$ 写回 $A(=16)$
		Unlock A

最后结果 A 为 16，是可串行化的调度。

③ 请给出一个非串行化的调度，并给出执行结果。

T_1	T_2	T_3
Slock A		
$Y=A=0$		
Unlock A		
	Slock A	
	$Y=A=0$	
Xlock A		
等待	Unlock A	
$A=Y+2$		
写回 $A(=2)$		Slock A
Unlock A		等待
		$Y=A=2$
		Unlock A
		Xlock A
	Xlock A	
	等待	$Y=Y**2$
	等待	写回 $A(=4)$
	等待	Unlock A
	$A=Y*2$	
	写回 $A(=0)$	
	Unlock A	

最后结果 A 为 0，为非串行化的调度。

【解析】通过这个习题，读者可以发现虽然使用了封锁方法来调度并发事务，但是调度的结果并不正确，是一个非串行化的调度。因此，要探索正确调度的方法，包括如何判定和保证一个调度是可串行化的调度。请读者阅读《概论》第 12 章 12.6 节"并发调度的可串行性"和 12.7 节"两段锁协议"相关内容。

④ 若这三个事务都遵守两段锁协议，请给出一个不产生死锁的可串行化调度。

【解析】两段锁（two-phase lock，简称 2PL）协议是指所有事务必须分两个阶段对数据项加锁和解锁。第一阶段是获得封锁，这个阶段不能释放任何锁；第二阶段是释放封锁，但是不能再申请任何锁。

遵守两段锁协议的调度可以实现并发调度的可串行性，从而保证调度的正确性。

T_1	T_2	T_3
Slock A		
$Y=A=0$		
Xlock A		
$A=Y+2$	Slock A	
写回 $A(=2)$	等待	
Unlock A	等待	
	$Y=A=2$	
	Xlock A	
Unlock A	等待	Slock A
	$A=Y*2$	等待
	写回 $A(=4)$	等待
	Unlock A	等待
		$Y=A=4$
	Unlock A	
		Xlock A
		$A=Y**2$
		写回 $A(=16)$
		Unlock A
		Unlock A

⑤ 若这三个事务都遵守两段锁协议，请给出一个产生死锁的调度。

【解析】遵守两段锁协议的调度是可串行化的调度，遗憾的是遵守两段锁协议的事务可能产生死锁。不过，前面已经讲解了 DBMS 可以用一定的方法检测到死锁，然后加以解除。

遵守两段锁协议的调度可以实现并发调度的可串行性，从而保证调度的正确性。

T_1	T_2	T_3
Slock A		
$Y=A=0$		
	Slock A	
	$Y=A=0$	
Xlock A		
等待		
	Xlock A	
	等待	
		Slock A
		$Y=A=0$
		Xlock A
		等待

11. 今有三个事务的一个调度 $R_3(B)\ R_1(A)\ W_3(B)\ R_2(B)\ R_2(A)\ W_2(B)\ R_1(B)\ W_1(A)$，该调度是冲突可串行化的调度吗？为什么？

【解析】请阅读《概论》第 12 章 12.6.2 小节"冲突可串行化调度"相关内容。首先要掌握什么是冲突操作和不冲突操作。不同的事务对同一个数据的读写操作和写写操作称为冲突操作。其他操作是不冲突操作。引入这个概念的目的是判断一个调度是否为冲突可串行化的调度。

我们找到了这个判断方法：一个调度 Sc 在保证冲突操作的次序不变的情况下，通过交换两个事务不冲突操作的次序得到另一个调度 Sc'，如果 Sc' 是串行的，称调度 Sc 为冲突可串行化的调度。

本习题给出的调度是冲突可串行化的调度，理由是：

$$Sc_1 = R_3(B)\ R_1(A)\ W_3(B)\ R_2(B)\ R_2(A)\ W_2(B)\ R_1(B)\ W_1(A)$$

交换 $R_1(A)$ 和 $W_3(B)$，得到

$$R_3(B)\ W_3(B)\ R_1(A)\ R_2(B)\ R_2(A)\ W_2(B)\ R_1(B)\ W_1(A)$$

再交换 $R_1(A)$ 和 $R_2(B)\ R_2(A)\ W_2(B)$，得到

$$Sc_2 = R_3(B)\ W_3(B)\ R_2(B)\ R_2(A)\ W_2(B)\ R_1(A)\ R_1(B)\ W_1(A)$$

由于 Sc_2 是串行的，而且两次交换都是基于不冲突操作的，所以

$$Sc_1 = R_3(B)\ R_1(A)\ W_3(B)\ R_2(B)\ R_2(A)\ W_2(B)\ R_1(B)\ W_1(A)$$

是冲突可串行化的调度。

读者可以参考阅读《概论》第 12 章的"微视频：冲突可串行化判断示例"二维码内容。

12. 试证明若并发事务遵守两段锁协议，则对这些事务的并发调度是可串行化的。

证明：首先以两个并发事务 T_1 和 T_2 为例进行证明，对于存在多个并发事务的情形可以类推。

根据可串行化定义可知，事务不可串行化只可能发生在下列两种情况：

情况 1：事务 T_1 写某个数据对象 A，T_2 读或写 A。

情况 2：事务 T_1 读或写某个数据对象 A，T_2 写 A。

下面称 A 为潜在冲突对象。

设 T_1 和 T_2 访问的潜在冲突的公共对象为 $\{A_1, A_2, \cdots, A_n\}$。不失一般性，假设这组潜在冲突对象中 $X=\{A_1, A_2, \cdots, A_i\}$ 均符合情况 1，$Y=\{A_{i+1}, \cdots, A_n\}$ 符合情况 2。

$\forall x \in X$，T_1 需要 Xlock x 操作 1

           T_2 需要 Slock x 或 Xlock x 操作 2

① 如果操作 1 先执行，则 T_1 获得锁，T_2 等待。

由于遵守两段锁协议，T_1 在成功获得 X 和 Y 中全部对象及非潜在冲突对象的锁后，才会释放锁。

这时如果 $\exists w \in X$ 或 Y，T_2 已获得 w 的锁，则出现死锁；否则，T_1 在对 X、Y 中对象全部处理完毕后，T_2 才能执行。这相当于按 T_1、T_2 的顺序串行执行。

根据可串行化定义，T_1 和 T_2 的调度是可串行化的。

② 操作 2 先执行的情况与①对称。

因此，若并发事务遵守两段锁协议，在不发生死锁的情况下，对这些事务的并发调度一定是可串行化的。

证毕。

【解析】我们证明了"若并发事务都遵守两段锁协议，则对这些事务的并发调度是可串行化的"。但是，若并发事务的一个调度是可串行化的，不一定所有事务都符合两段锁协议。也就是说，事务遵守两段锁协议是可串行化调度的充分条件，而不是必要条件。读者可以举出示例，就如下面的第 13 题。

13．举例说明对并发事务的一个调度是可串行化的，而这些并发事务不一定遵守两段锁协议。

【解析】请看下面的示例。事务 T_1 和 T_2 都不遵守两段锁协议。

T_1：Slock B Unlock B Xlock A Unlock A

T_2：Slock A Unlock A Xlock B Unlock B

但是对它们并发调度是可串行化的，因为执行结果 $A=3$，$B=4$ 等价于串行执行 T_1 和 T_2 的结果。

T_1	T_2
Slock B	
读 $B=2$	
$Y=B$	
Unlock B	
Xlock A	
	Slock A
	等待
$A=Y+1$	等待
写回 $A=3$	等待
Unlock A	等待
	Slock A
	读 $A=3$
	$X=A$
	Unlock A
	Xlock B
	$B=X+1$
	写回 $B=4$
	Unlock B

14．考虑如下的调度，说明这些调度集合之间的包含关系。

① 正确的调度。

② 可串行化的调度。

③ 遵循两段锁（2PL）的调度。

④ 串行调度。

【解析】希望读者能够清晰地掌握这些调度的含义，以及它们之间的相互关联。

遵循两段锁（2PL）的调度 ⊂ 正确的调度 = 可串行化的调度

串行调度 ⊂ 正确的调度

15. 考虑如下的 T_1 和 T_2 两个事务：

T_1：R(A); R(B); $B = A + B$; W(B)

T_2：R(B); R(A); $A = A + B$; W(A)

① 改写 T_1 和 T_2，增加加锁操作和解锁操作，并要求遵循两段锁协议。

② 说明 T_1 和 T_2 的执行是否会引起死锁，给出 T_1 和 T_2 的一个调度并说明之。

【解析】

① T_1 和 T_2 都遵循两段锁协议：

T_1	T_2
Slock A	Slock B
R(A)	R(B)
Xlock B	Xlock A
R(B)	R(A)
$B = A + B$	$A = A + B$
W(B)	$W(A)$
Unlock A	Unlock B
Unlock B	Unlock A

② 如果 T_1 和 T_2 两个并发事务的调度如下，则可能产生死锁：T_1 申请 Xlock B 之后进入等待状态，等待 T_2 释放 B 上的封锁；T_2 申请 Xlock A 之后进入等待状态，等待 T_1 释放 A 上的封锁，于是 T_1 等待 T_2，T_2 等待 T_1，引起死锁。

T_1	T_2
Slock A	
R(A)	
	Slock B
	R(B)
Xlock B	
等待	Xlock A
	等待

16. 为什么要引进意向锁？ 意向锁的含义是什么？

【解析】请读者阅读《概论》第 12 章 12.8 节"封锁的粒度"相关内容，掌握什么是封锁粒度，什么是多粒度封锁方法。为了提高数据库系统的并发度，提高系统并发控制的效率，DBMS 都采用多粒度封锁方法。

　　引进意向锁的目的是提高封锁子系统的效率。原因是：在多粒度封锁方法中，一个数据对象可能以显式封锁和隐式封锁两种方式加锁，因此系统在对某一数据对象加锁时，不仅要检查该数据对象上有无（显式和隐式）封锁与之冲突，还要检查其所有上级结点和所有下级结点，看申请的封锁是否与这些结点上的（显式和隐式）封锁冲突。显然，这样的检查方法效率很低。为此引进了意向锁。

　　意向锁的含义是：对任一结点加锁时，必须先对它的上层结点加意向锁。引进意向锁后，系统对某一数据对象加锁时，不必逐个检查与下一级结点的封锁是否冲突。

　　17. 试述常用的意向锁（IS 锁、IX 锁、SIX 锁），给出这些锁的相容矩阵。

　　【解析】请阅读《概论》第 12 章 12.8.2 小节"意向锁"相关内容。掌握意向锁的含义：如果对一个结点加意向锁，则说明该结点的后裔结点正在被加锁；对任一结点加锁时，必须先对它的上层结点加意向锁。例如，对任一元组加锁时，必须先对它所在的关系和数据库加意向锁。有了意向锁，数据库管理系统就无须逐个检查下一级结点的显式封锁了。

　　IS 锁：如果对一个数据对象加 IS 锁，表示它的后裔结点拟（意向）加 S 锁。例如，要对某个元组加 S 锁，则要首先对关系和数据库加 IS 锁。

　　IX 锁：如果对一个数据对象加 IX 锁，表示它的后裔结点拟（意向）加 X 锁。例如，要对某个元组加 X 锁，则要首先对关系和数据库加 IX 锁。

　　SIX 锁：如果对一个数据对象加 SIX 锁，表示对它加 S 锁，再加 IX 锁，即 SIX = S + IX。

　　相容矩阵：如下表所示（《概论》第 12 章图 12.12（a））。

T_1	T_2					
	S	X	IS	IX	SIX	—
S	Y	N	Y	N	N	Y
X	N	N	N	N	N	Y
IS	Y	N	Y	Y	Y	Y
IX	N	N	Y	Y	N	Y
SIX	N	N	Y	N	N	Y
–	Y	Y	Y	Y	Y	Y

12.3　补充习题及答案

1. 问答题

　　① 意向锁中为什么存在 SIX 锁，而没有 XIS 锁？

　　【解析】如果对数据对象加 SIX 锁，表示对它加 S 锁，再加 IX 锁，即对数据对象加 S 锁，后裔结点拟加 X 锁。

　　X 锁与任何其他类型的锁都不相容，如果数据对象被加上 X 锁，后裔结点则不可能被以任何锁的形式访问，因此 XIS 锁没有意义。

　　② 完整性约束是否能够保证数据库在处理多个事务时处于一致状态？

【解析】完整性约束能够保证操作后的数据满足某种约束条件，但并不保证多个事务被正确调度，无法保证数据库处于一致状态。

2. 综合题

考虑下面的三级粒度树，根结点是整个数据库 D，包括关系 R_1、R_2、R_3 等，分别包括元组 r_1，r_2，$\cdots$，r_{100} 和 r_{101}，$\cdots$，r_{200} 以及 r_{201}，$\cdots$，r_{300}。使用具有意向锁的多粒度封锁方法，对于下面的操作，说明产生加锁请求的锁类型和顺序。

① 读元组 r_{50}。

答：D 上加 IS 锁，R_1 上加 IS 锁，r_{50} 上加 S 锁。

② 读元组 r_{90} 到 r_{210}。

答：D 上加 IS 锁；R_1 上加 IS 锁，R_2 上加 S 锁，R_3 上加 IS 锁；r_{90} 到 r_{100} 上加 S 锁，r_{201} 到 r_{210} 上加 S 锁。

③ 读 R_2 的所有元组，并修改满足条件的元组。

答：D 上加 IS 锁和 IX 锁，R_2 上加 SIX 锁；

④ 删除 R、R、R_3 中所有元组。

答：D 上加 IX 锁，R_1、R_2、R_3 上加 X 锁。

第二部分

实 验 指 导

　　第二部分按照《概论》的内容设计了 9 个实验，26 个实验项目，其中必修实验项目 13 个，选修实验项目 13 个。

　　这一部分介绍了数据库课程实验环境建设、实验数据准备的技术和方法；详细说明了每章的实验设置、每个实验的要求，并给出了较为详细的实验报告示例；此外还给出了数据库课程实验考核标准和实验评价方法，以及 SQL 语言实验中一些常见的问题解答。

数据库实验课程针对数据库知识点设置相应的实验，锻炼学生的实际动手能力，启发学生对所学数据库知识的深入思考，达到理论联系实际的教学效果。实验类型通常分为验证性实验、设计性实验、综合性实验和创新性实验，表 1 从实验要求、培养学生能力和难易程度三方面，对比分析了上述 4 种实验类型的异同。本部分以验证性实验和设计性实验为主，以综合性实验为辅，没有涉及创新性实验。

表 1   4 种实验类型对照表

实验类型	实验要求	培养学生能力	难易程度
验证性实验	针对已学知识，以验证实验结果、巩固和加强课堂知识内容为目的的重复性实验	**实验操作能力**	容易
设计性实验	给定实验目的和要求，学生自行设计方案、选择实验条件并加以实现	**独立解决实际问题能力**	较难
综合性实验	涉及本课程或相关课程的综合知识和方法的实验	综合分析及查阅文献等能力	较难
创新性实验	运用多学科知识，结合教师科研项目，在教师指导下完成的实验	培养科学思维方式和研究方法，提高科学探索能力	难

1. 数据库课程实验教学的特点

目前，数据库课程实验教学的特点主要体现在以下方面：

（1）实验内容和项目不同

由于不同高校及专业的特点不同，数据库课程实验教学的实验内容与项目设置也不尽相同。大部分院校开设了数据库安装与配置、SQL、视图、完整性控制、安全性控制、数据库设计等实验，而与 DBA 管理和 DBMS 系统内核相关的实验则因难度较大开设的院校较少。

（2）实验平台多样

目前各院校主要选择某种 DBMS 作为实验平台，例如 Oracle、SQL Server 等国外商用 DBMS，人大金仓（KingbaseES）、OpenGauss 等国内商用 DBMS，MySQL、PostgreSQL 等开源 DBMS，以及 SQLite、ACCESS 等个人数据库系统。

（3）与应用场景紧密结合

数据库实验应与应用场景紧密结合，即首先要选定学生比较熟悉且容易理解的合适场景。

应用场景过于复杂，不利于学生理解实验内容；而应用场景过于简单，则又会影响其实验效果。

（4）与实验数据集密切相关

数据库实验与实验数据集密切相关，但实验数据集没有统一标准，其数据模式差别较大。数据集规模不同，数据之间的联系复杂程度各异，导致实验效果的差别也可能会比较大。

（5）开设数据库课程的高校和专业众多

目前，不仅普通高等学校开设数据库课程，也有众多高职院校开设该门课程。除了计算机科学与技术、软件工程、智能科学与技术、网络工程等计算机类专业开设数据库课程外，还有信息管理类、经济管理类、电信类等专业开设该门课程。不同类型的高校和专业有不同的人才培养目标和培养模式，对数据库课程实验教学的要求也各不相同。

通过分析数据库课程实验的特点，结合我们多年的数据库课程实验教学经验，我们对下面的问题进行了探索：

（1）实验环境建设

目前，大多数高校的数据库实验教学环境是单机环境，即在每台学生机上预先安装配置好一套独立的 DBMS，每个学生使用独立的 DBMS 进行实验。单机环境维护简单，但没有体现数据库共享和并发访问的特点，也没有体现网络时代的特点。因此，建设网络化的数据库课程实验教学环境，甚至让学生能够参与到数据库课程实验环境建设中来，而不是仅仅使用 DBMS，这必将会进一步锻炼学生的动手操作能力。

（2）实验数据准备

数据库课程实验教师通常会提前准备好一个数据量较少的实验数据库，学生做实验时导入该数据库即可做实验。对于数据量较少的数据库，无须建立索引和查询优化就可以表现出很好的性能。而"数据库是有组织、可共享的长期存储在计算机内的**大量数据的集合**"，只有当数据库数据规模达到一定程度，才能体现出数据库系统的特点和优势。另外，准备实验数据的过程也是一个培养和锻炼学生分析问题、解决问题的极好机会。因此，如何合理安排实验项目，充分调动学生的积极性，准备一个数据规模较大的实验数据库，是需要重视和研究的问题。

（3）实验项目设置

目前，许多高校在数据库实验教学大纲中都规定了非常具体明确的实验内容，有些高校还在相应的实验指导手册中给出了详细的实验步骤，学生按照指导手册一步一步地"依着葫芦画瓢"就可以顺利完成实验。如何按照启发式教学方式和方法来灵活设置实验项目、制定实验大纲，让学生拥有发挥的空间和创新的动力，是需要认真探索和讨论的问题。

（4）实验平台选择

数据库课程讲授的是通用的数据库知识，通常不依赖于某一种特定的DBMS。不同的DBMS具有各自的特点，甚至在某些具体特性方面还存在着比较大的差别；而数据库实验教学过程中，通常选择某一种特定的 DBMS 作为实验教学平台。如何建立一个由多种 DBMS 组成的开放式数据库实验教学环境，也是需要认真思考的问题。

2. 本书"实验指导"内容的特点

本书以验证性实验为主，也设置部分设计性实验和综合性试验。实验指导教师可以根据具体情况，设置少量的创新性实验。实验指导内容的具体特点是：

① 配套《概论》教材，参照《高等学校计算机科学与技术专业实践教学体系与规范》，设置数据库课程实验及其实验项目。

② 阐述数据库实验环境的建设方法。

③ 介绍数据库实验数据准备有关技术和方法。

④ 全部实验以**零件供应销售数据库模式**（part supply sales，简称 PSS，参照 TPC-H 数据库模式）为基础，给出了各个实验项目的实验报告示例。

⑤ 实验报告示例不是简单地示范 SQL 或者 DBMS 的功能，而是给出了较为综合实用的实验示例，可以更好地训练学生实际应用 DBMS 的能力。

⑥ 实验代码以国产数据库管理系统 KingbaseES V9 为基础，但又不局限于该 DBMS，实验示例代码针对其他具体的 DBMS 稍做修改也同样可以运行。

实验环境建设

数据库课程实验环境主要分为单机实验环境、网络实验环境、云数据库实验平台和定制的数据库实验平台等。各高校在开设数据库课程实验时，可以根据各自的实际情况选择不同的实验环境。

1. 单机实验环境

单机实验环境是指每台计算机都安装一套完整的 DBMS，每个学生都使用配置相同的独立的 DBMS 做实验，互不影响。这是目前用得较多的实验环境。

单机实验环境的优点是安装配置和管理都比较简单，缺点是一旦需要改变 DBMS 配置或者升级 DBMS，就需要重新安装所有的计算机，升级维护的工作量比较大。

另外，单机实验环境难以体现 DBMS 共享和并发的特点，也难以完成一些比较复杂的数据库课程实验。

2. 网络实验环境

网络实验环境是指在一台服务器上安装一套或者多套 DBMS，每台学生用的计算机（简称学生机）安装一种或者多种 DBMS 的客户端，或者安装一套通用的 DBMS 客户端，学生可以选择任意一种 DBMS 进行实验。网络实验环境要求在每台数据库服务器上为每个学生创建一个用户名，并分配创建数据库或者数据库模式等权限。学生通过客户端访问服务器上的 DBMS，创建各自独立的实验数据库或者数据库模式进行实验，以免互相干扰。

网络实验环境的优点是升级维护的工作量比较小，只需升级维护好服务器即可。该实验环境可以很好地体现 DBMS 共享和并发的特点，可以完成比较复杂的数据库课程实验，特别是可以支持多人共同参与的实验。如果在服务器上安装多种 DBMS 作为实验平台，学生就有充分的选择权和灵活性，还可以比较不同 DBMS 的优缺点，更好地理解和掌握数据库基本知识。

网络实验环境的缺点是对服务器的性能要求比较高，需要高效地支持几十个甚至上百个学生同时做实验，并发访问 DBMS。此外，同时安装多种 DBMS 的配置和维护管理较为复杂，实验指导教师要能够熟练地使用多种 DBMS，学生也需要了解不同类型的 DBMS 的差异性。

3. 云数据库实验平台

随着云计算技术的成熟和广泛运用，云平台越来越多，如华为云、百度云、阿里云、腾讯云等。云数据库实验平台是把 DBMS 安装在云平台上，学生可以通过互联网连接云平台来完成各种实验，也可以申请云平台上的虚拟主机，安装独立的 DBMS，完成数据库实验。

云数据库实验平台的优点是实验指导教师不用安装和维护 DBMS，学生可以随时随地连接数据库完成实验；缺点是大量用户同时访问平台时性能较低，而且还可能涉及云平台收费问题。

4. 定制的数据库实验平台

定制的数据库实验平台又分为两种：一种是专门的数据库在线实验平台，如中国人民大学开发的在线数据库实验平台（参见附录 A "数据库在线实验平台介绍"）；另外一种是各高校教师在头歌（EduCoder）实践教学平台等通用实践平台上建设的数据库在线实践课程。

定制的数据库实验平台的优点是：可以管理实验题目，自动组卷和批阅，减轻教师实验报告批阅工作量；也可以跟踪学生的实验过程，随时掌握实验情况，评估实验效果。这类平台主要是完成 SQL 编程和 PL/SQL 编程等方面的实验，针对备份恢复和并发控制等实验的支持还不够。

数据库在线实践课程充分利用通用实践平台的特点和优势建设而成，积累了较多的实验资源，可提供实验过程跟踪、实验报告批阅和实验成绩评估等各项功能，为数据库实验提供了新的选择。但专门的数据库在线实践课程一般为某所高校教师所建设，在实验项目、实验内容、实验流程等设置方面具有较大的定制性和个性化，通用性方面则存在较多的限制。

实验数据准备

实验数据集越大，实验数据质量越高，数据库课程实验的效果就越好，就越能激发学生利用数据库知识探索实验数据奥秘的主动性和积极性，从而进一步提升数据库课程实验的总体教学效果。

实验数据需要根据所选择或者所设计的数据库模式来进行准备。实验数据准备有三种方式：

① 利用现有数据集作为实验数据集。

② 收集和整理各种来源的数据以生成真实的实验数据集。例如，从 Web 上抓取相关行业或领域的数据，分析整理后生成一个真实的数据集。

③ 利用数据库模拟数据生成工具，生成模拟的实验数据集。

下面具体介绍每种实验数据准备的方法。

1. 利用现有数据集

根据所选择或者所设计的数据库模式来搜索是否有现成的可用数据集，或者根据现有的可用数据集设计相应的数据库模式作为实验数据库模式。

针对每个行业或者领域，在网络上都可以找到大量免费的可用数据集。例如，学术论文数据库 DBLP、国际电影数据库 IMDB、从维基百科（Wikipedia）抽取结构化信息构成的数据集 DBpedia 等。各种数据集都以不同的格式提供，例如，DBLP 以 XML 格式提供、IMDB 以具有一定格式的 Text 文件提供，DBpedia 以 N-Triple 形式提供。有的数据集可以找到相应的代码或者工具，从而把原始格式转换成某种数据库的格式，以便装载到数据库系统中。例如：IMDB 可以用 JMDB（the Java Movie Database）工具导入 PostgreSQL、MySQL 或者 MS SQL Server 数据库；有的数据集需要编写相应的解析程序，以便把原始数据转换成期望的数据库格式；而有的数据集（如 DBpedia）则非常庞大。因此，对于现有的数据集也需要仔细考查，有选择地加以利用。

现有数据集通常是真实的数据集，数据量比较大，是比较理想的实验数据集；但是现有数据集通常没有提供可直接导入数据库的备份数据格式，数据转换和装载入库的工作量会比较大。

2. 通过抓取网络数据构造实验数据集

通过抓取网络数据构造实验数据集是目前流行的一种实验数据采集方式。利用现有的抓取工具，如 Python Scrapy 网络爬虫框架、开源的网络爬虫工具 Web-Harvest 和开源的内容分析工具 Apache Tika，或者针对具体网站编写相应的数据抓取程序，可以采集到大量的网络数据，进而构造真实的实验数据集。

抓取网络数据需要花费大量的时间和精力，需要编写程序以解析抓取到的数据，然后转换成相应的数据库格式，工作量很大。

3．利用模拟数据生成工具生成模拟的实验数据集

模拟数据生成工具主要分为三类：

① 数据库辅助设计工具，如 PowerDesigner，通过这类工具可以产生测试数据。

② 面向特定数据库模式的专用测试数据产生工具，如针对 TPC-H 数据库模式的 DBGEN，通过这类工具可以产生任意规模的模拟数据并导入数据库。

③ 通用测试数据产生工具，如开源的测试数据生成工具 DBMonster、DataGenerator 和 TestDataBuilder。这类工具都可以在网上搜索到相应的使用说明及下载网址，使用方便快捷。

模拟数据生成工具可以生成任意规模的实验数据，适合作为性能测试数据集。但是模拟数据的可读性差，不利于初学者理解数据含义以及数据之间的联系。

4．本实验指导所用实验数据集生成方法

本实验指导采用零件供应销售数据库模式作为所有实验示例的数据库模式，该模式参考了事务处理性能委员会（Transaction Processing Performance Council，TPC）为决策支持基准测试而制定的 TPC-H 标准数据库模式。零件供应销售数据库模式包含零件（Part）、供应商（Supplier）、顾客（Customer）、国家（Nation）、地区（Region）、零件供应联系（PartSupp）、订单（Orders）和订单明细（Lineitem）8 个关系。实验数据集通过抓取网络数据和模拟生成部分数据的综合方法生成，该数据集的数据规模较大且可读性较强。

本实验指导使用的零件供应销售数据集中，各表记录数的统计情况参见表 2（整理好的实验数据集可从本书配套的新形态教材网下载）。

表 2　本实验指导使用的零件供应销售数据集各表的记录统计情况

序号	表名	记录数（条）	备注
1	Region	6	导入数据
2	Nation	150	导入数据
3	Part	65 755	导入数据
4	Supplier	30 810	导入数据
5	Customer	661 396	导入数据
6	PartSupp	30 000	随机生成数据，可以生成更多记录
7	Orders	21 100	随机生成数据，可以生成更多记录，生成 1 000 条记录花费约 46 s
8	Lineitem	22 026	随机生成数据，可以生成更多记录，生成 1 000 条记录花费约 4 s

实验数据收集、整理和生成的过程，实际上也是数据库原理知识的实际应用过程。该过程非常有趣，能够调动学生学习数据库的兴趣，培养学生分析和解决数据库应用问题的能力。因为在生成实验数据的过程中会遇到许多意想不到的问题，例如，在生成数据的过程中如何去除大量数据中的重复记录？如何按照一定的原则补充和完善数据记录中的空值？等等。每一个问题的解决都会让学生学习到解决实际问题的方法和技术。

我们鼓励老师和同学在具有一定的数据库知识后，自己动手准备实验数据集。

数据库课程实验

表 3 列出了本书数据库课程实验的总体情况：共设置了 9 个实验和 26 个实验项目，其中必修实验项目和选修实验项目各 13 个。该表还列出了各实验项目对应的《概论》章节内容，以方便读者复习实验内容。实际教学中各类实验项目可以自由裁剪组合选用。

表 3　本书数据库课程实验一览表

序号	实验名称	开设类别	难易程度	实验项目数（必修/选修）	实验学时（必修/选修）	对应《概论》章节
1	实验准备	必修	适中	1/0	2/0	第 1 章
2	SQL 查询与操纵	必修	适中	5/1	10/2	第 3 章
3	安全性控制	必修	适中	1/1	2/2	第 4 章
4	完整性控制	必修	适中	3/1	6/2	第 5 章
5	数据库设计	必修	适中	1/0	4/0	第 7 章
6	数据库编程与大作业	必修	较难	2/3	10/8	第 8 章
7	数据库性能监视与调优	选修	较难	0/3	0/12	第 10 章
8	数据库备份与恢复	选修	适中	0/3	0/6	第 11 章
9	并发控制	选修	适中	0/1	0/2	第 12 章
合计				13/13	34/34	

说明：实验学时仅列出了课堂学时，部分实验（如实验 6）还需要学生利用较多的课外时间来完成。

第 1 章实验　实 验 准 备

实验准备主要包括关系数据库管理系统（RDBMS）选择、实验环境配置和实验数据准备等工作。

推荐使用国产的数据库管理系统 KingbaseES V9，也可以使用任何一种 RDBMS 产品或开源数据库管理系统。

建议学生亲自安装所选用的 RDBMS，观察数据库安装过程，记录和理解安装配置参数，熟悉 RDBMS 的客户端图形管理工具。

熟悉选定的数据库实验环境（如 RDBMS 或专门的数据库实验实训平台）。

第 3 章实验　SQL 查询与操纵

SQL 查询与操纵实验包含 6 个实验项目（见表 4），其中 5 个必修实验项目，1 个选修实验项目。实验 3.1~实验 3.5 为设计性实验，实验 3.6 为验证性实验。

表 4　"SQL 查询与操纵"实验项目一览表

序号	实验项目名称	开设类别	难易程度	建议实验学时	对应教材章节
实验 3.1	数据库定义	必修	适中	2	第 3 章 3.2 节
实验 3.2	数据基本查询	必修	适中	2	第 3 章 3.3 节
实验 3.3	数据高级查询	必修	较难	2	第 3 章 3.3 节
实验 3.4	数据更新	必修	适中	2	第 3 章 3.4 节
实验 3.5	视图	必修	适中	2	第 3 章 3.6 节
实验 3.6	索引	选修	适中	2	第 3 章 3.2.3 小节

实验 3.1　数据库定义

1. 实验内容和要求

理解并掌握数据定义语言 DDL 语法和各种参数的具体含义及使用方法，能够熟练地使用 DDL 语句来创建、修改和删除数据库模式和基本表，掌握 DDL 语句常见语法错误及其调试方法。

实验重点：学会创建数据库和基本表。

实验难点：创建基本表时，为不同的列选择合适的数据类型；正确创建表级和列级完整性约束，如列值是否允许为空、主码和外码等。

实验过程中要注意数据完整性约束既可以在创建基本表时定义，也可以先创建表然后再定义完整性约束；由于完整性约束的限制，被引用的表要先创建。

2. 实验报告示例

实验报告				
题目：数据库定义	姓名		日期	

本实验建立零件供应销售数据库模式（见图 1），包含零件表（Part）、供应商表（Supplier）、零件供应联系表（PartSupp）、顾客表（Customer）、国家表（Nation）、地区表（Region）、订单表（Orders）和订单明细表（Lineitem）8 个基本表。

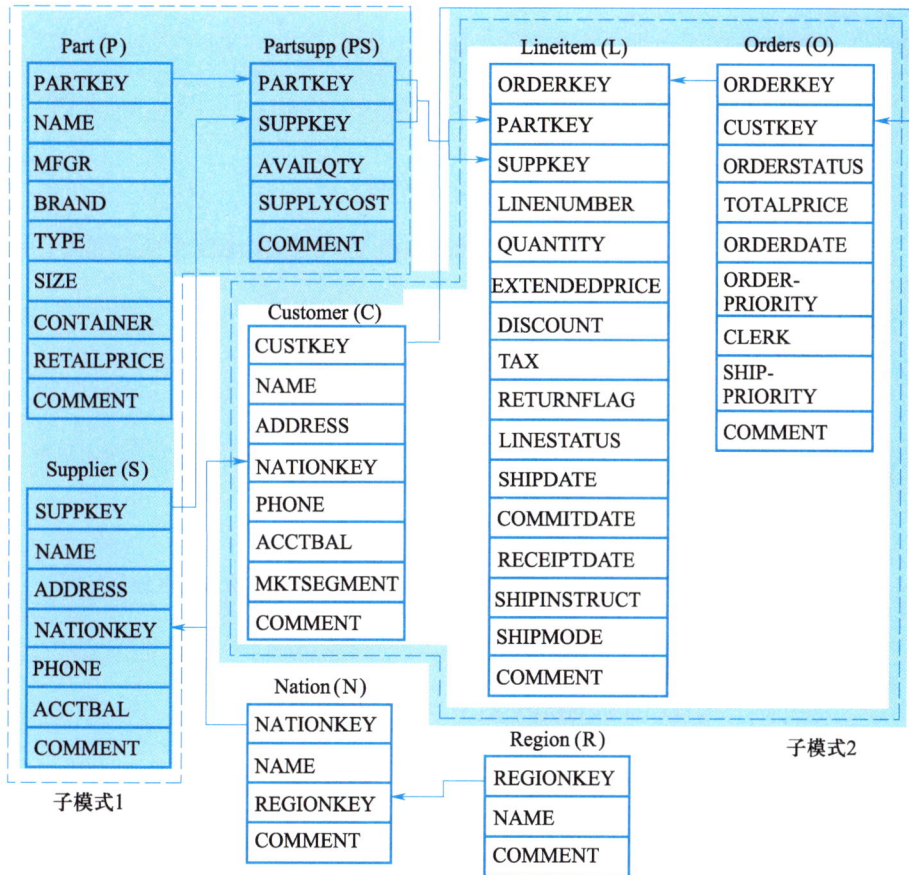

图 1　零件供应销售数据库模式图

零件供应销售数据库模式又可以分为两个子模式。

子模式 1：零件供应商子模式，包括 Part、Supplier 和 PartSupp 三个表，类似学生、课程和选课数据库模式，该子模式还可以增加 Nation 和 Region 两个表。该模式中 Part 和 Supplier 之间是多对多类型的联系。

子模式 2：顾客订单子模式，包括 Customer、Orders 和 Lineitem 三个表，该子模式也可以增加 Nation 和 Region 两个表。该模式中各实体之间主要是一对多类型的联系。

后续各个实验项目的示例基于零件供应销售数据库模式，或者是基于上述两个子模式。

（1）定义数据库

采用中文字符集创建名为零件供应销售（part supply sales，PSS）的数据库。

```
CREATE DATABASE PSS ENCODING = 'GBK';
```

（2）定义模式

在零件供应销售数据库中创建名为 Sales 的模式。

```
CREATE SCHEMA Sales;
```

（3）定义基本表

在零件供应销售数据库的 Sales 模式中创建 8 个表。

```
/*设置当前会话的搜索路径为 Sales 模式、Public 模式，表会自动创建在 Sales 模式下*/
SET SEARCH_PATH TO Sales, Public;
CREATE TABLE Region ( /*地区表*/
    Regionkey INTEGER PRIMARY KEY,          /*地区编号*/
    Name CHAR(25),                          /*地区名称*/
    Comment VARCHAR(152)                    /*备注*/) ;

CREATE TABLE Nation ( /*国家表*/
    Nationkey INTEGER PRIMARY KEY,          /*国家编号*/
    Name CHAR(25),                          /*国家名称*/
    Regionkey INTEGER REFERENCES Region(Regionkey), /*所属地区编号*/
    Comment VARCHAR(152)                    /*备注*/) ;

CREATE TABLE Supplier ( /*供应商表*/
    Suppkey    INTEGER PRIMARY KEY,         /*供应商编号*/
    Name CHAR(25),                          /*供应商名称*/
    Address VARCHAR(40),                    /*供应商地址*/
    Nationkey INTEGER REFERENCES Nation(nationkey),    /*国家编号*/
    Phone CHAR(15),                         /*供应商电话*/
    Acctbal REAL,                           /*供应商账户余额 account balance*/
    Comment VARCHAR(101)                    /*备注*/) ;

CREATE TABLE Part (       /*零件表*/
    Partkey INTEGER PRIMARY KEY,            /*零件编号*/
    Name VARCHAR(55),                       /*零件名称*/
    Mfgr CHAR(25),                          /*制造商*/
    Brand CHAR(10),                         /*品牌*/
    Type VARCHAR(25),                       /*类型*/
    Size INTEGER,                           /*尺寸*/
    Container CHAR(10),                     /*包装*/
    Retailprice REAL,                       /*零售价格*/
    Comment VARCHAR(23)                     /*备注*/) ;

CREATE TABLE PartSupp (       /*零件供应联系表*/
```

Partkey INTEGER REFERENCES Part(Partkey),	/*零件编号*/
Suppkey INTEGER REFERENCES Supplier(Suppkey),	/*供应商编号*/
Availqty INTEGER,	/*可用数量*/
Supplycost REAL,	/*供应价格*/
Comment VARCHAR(199),	/*备注*/
PRIMARY KEY(Partkey,Suppkey)	/*定义主码，表级约束*/);

CREATE TABLE Customer (　　　/*顾客表*/

Custkey INTEGER PRIMARY KEY,	/*顾客编号*/
Name VARCHAR(25),	/*姓名*/
Address VARCHAR(40),	/*地址*/
Nationkey INTEGER REFERENCES Nation(Nationkey),	/*国籍编号*/
Phone CHAR(15),	/*电话*/
Acctbal REAL,	/*账户余额*/
Mktsegment CHAR(10),	/*市场分区*/
Comment VARCHAR(117)	/*备注*/) ;

CREATE TABLE Orders (　　　　/*订单表*/

Orderkey INTEGER PRIMARY KEY,	/*订单编号*/
Custkey INTEGER REFERENCES Customer(Custkey),	/*顾客编号*/
Orderstatus CHAR(1),	/*订单状态*/
Totalprice REAL,	/*订单总金额*/
Orderdate DATE,	/*订单日期*/
Orderpriority CHAR(15),	/*订单优先级别*/
Clerk CHAR(15),	/*记账员*/
Shippriority INTEGER,	/*运输优先级别*/
Comment VARCHAR(79)	/*备注*/);

/*其中 Totalprice = SUM(Lineitem.Extendedprice×(1−Lineitem.Discount)×(1+ Lineitem.Tax)) */

CREATE TABLE Lineitem (　　　/*订单明细表*/

Orderkey INTEGER REFERENCES Orders(Orderkey),	/*订单编号*/
Partkey INTEGER REFERENCES Part(Partkey),	/*零件编号*/
Suppkey INTEGER REFERENCES Supplier(Suppkey),	/*供应商编号*/
Linenumber INTEGER,	/*订单明细编号*/
Quantity REAL,	/*数量*/
Extendedprice REAL,	/*订单明细价格*/
Discount REAL,	/*折扣[0.00, 1.00]*/
Tax REAL,	/*税率[0.00, 0.08]*/
Returnflag CHAR(1),	/*退货标记*/
Linestatus CHAR(1),	/*订单明细状态*/

续表

Shipdate DATE,	/*装运日期*/
Commitdate DATE,	/*委托日期*/
Receiptdate DATE,	/*签收日期*/
Shipinstruct CHAR(25),	/*装运说明，如 deliver in person*/
Shipmode CHAR(10),	/*装运方式，如空运、陆运、铁运和海运等*/
Comment VARCHAR(44),	/*备注*/
PRIMARY KEY(Orderkey,Linenumber),	
FOREIGN KEY (Partkey,Suppkey) REFERENCES PartSupp(Partkey,Suppkey)) ;	
/*其中订单明细价格 Extendedprice = Quantity×Part.Retailprice*/	

实验总结：

① 初学者可以先定义零件供应商子模式，包括 Part、Supplier 和 PartSupp 三个表，类似学生、课程和选课数据库模式。

② 初学者可以先不定义实体完整性和参照完整性，待讲完有关概念后再在实验 3 中练习。

3．思考题

① SQL 语法规定，双引号括定的符号串为对象名称，单引号括定的符号串为常量字符串。请思考什么情况下用双引号界定对象名，并进行实验验证。

② 数据库对象的完整引用是"服务器名.数据库名.模式名.对象名"，但通常可以省略服务器名和数据库名，甚至省略模式名，直接用对象名访问对象即可。请设计相应的实验，验证基本表及其列的访问方法。

实验 3.2　数据基本查询

1．实验内容和要求

掌握 SQL 程序设计基本规范，熟练运用 SQL 实现数据基本查询，包括单表查询、分组统计查询和连接查询；针对零件供应销售数据库，设计各种单表查询 SQL 语句、分组统计查询语句；设计单表针对自身的连接查询，设计多表的连接查询；理解和掌握 SQL 查询语句中各个子句的特点和作用，按照 SQL 程序设计规范，写出具体的 SQL 查询语句并调试通过。

实验重点：分组统计查询、单表自身连接查询、多表连接查询。

实验难点：区分元组过滤条件和分组过滤条件；确定连接属性，正确设计连接条件。

实验过程中要注意遵循 SQL 程序设计规范，包含 SQL 关键字大写，表名、属性名、存储过程名等标识符大小写混合，SQL 程序书写缩进排列等编程规范。具体内容请参见参考文献[6]。

2．实验报告示例

<table>
<tr><td colspan="4" align="center">实验报告</td></tr>
<tr><td>题目：数据基本查询</td><td>姓名</td><td></td><td>日期</td></tr>
</table>

（1）单表查询（实现投影操作）

查询供应商的名称、地址和联系电话。

```
SELECT Name, Address, Phone
FROM Supplier;
```

（2）单表查询（实现选择操作）

查询最近一周内提交的总价大于 1000 元的订单编号、顾客编号等订单的所有信息。

```
SELECT *
FROM Sales.Orders          /*模式名.表名，Sales 模式中的 Orders 表*/
WHERE CURRENT_DATE - Orderdate < 7 and Totalprice > 1000;        /*选择条件*/
```

（3）不带分组过滤条件的分组统计查询

统计每个顾客的订购金额。

```
SELECT C.Custkey, SUM(O.Totalprice)       /*对每个组，运用聚集函数 SUM*/
FROM Customer C, Orders O
WHERE C.Custkey = O.Custkey
GROUP BY C.Custkey;        /*按照 C.Custkey 分组*/
```

（4）带分组过滤条件的分组统计查询

查询订单平均金额超过 1 000 元的顾客编号及其姓名。

```
SELECT C.Custkey, MAX(C.Name)         /*分组属性和聚集函数才能出现在 SELECT 子句中*/
FROM Customer C, Orders O
WHERE C.Custkey = O.Custkey
GROUP BY C.Custkey        /*按照 C.Custkey 分组*/
HAVING AVG(O.Totalprice) > 1000;        /*按照条件对组进行过滤，只输出满足条件的组*/
```

（5）单表自身连接查询

查询与"金仓集团"在同一个国家的供应商编号、名称和地址信息。

```
SELECT F.Suppkey, F.Name, F.Address
FROM   Supplier F, Supplier S              /* Supplier 表的自身连接*/
WHERE F.Nationkey = S.Nationkey AND S.Name = '金仓集团';
```

（6）两表连接查询（普通连接）

查询供应价格大于零售价格的零件名、制造商名、零售价格和供应价格。

续表

SELECT P.Name, P.Mfgr, P.Retailprice, PS.Supplycost
FROM Part P, PartSupp PS   /* 两表连接，给表起个别名，简化表达*/
WHERE P.Retailprice > PS.Supplycost;   /*限定条件*/
/*说明：上述连接语句是从 2 个表的笛卡儿积中选出满足限定条件的元组，得到的结果可能不是
同一个商品的有关值，所以应该改为下面的自然连接*/

（7）两表连接查询（自然连接）

查询供应价格大于零售价格的零件名、制造商名、零售价格和供应价格。

SELECT P.Name, P.Mfgr, P.Retailprice, PS.Supplycost
FROM Part P, PartSupp PS   /* 两表连接，给表起个别名，以简化表达*/
WHERE P.Partkey = PS.Partkey   /* 连接条件*/
        AND P.Retailprice > PS.Supplycost;   /*限定条件*/

（8）三表连接查询

查询顾客"苏举库"订购的订单编号、总价及其订购的零件编号、数量和明细价格。

SELECT O.Orderkey, O.Totalprice, L.Partkey, L.Quantity, L.Extendedprice
FROM Customer C, Orders O, Lineitem L
WHERE C.Custkey = O.Custkey AND O.Orderkey = L.Orderkey AND C.Name='苏举库';

实验总结：

① 正确理解数据库模式结构，才能正确设计数据库查询。

② 连接查询是数据库 SQL 查询中最重要的查询，要特别注意连接查询的设计，不同的查询表达，其查询执行的性能会有很大差别。

3．思考题

① 不在 GROUP BY 子句出现的属性，是否可以出现在 SELECT 子句中？请举例并上机验证。

② 请举例说明分组统计查询中的 WHERE 和 HAVING 有何区别。

③ 连接查询速度是影响关系数据库性能的关键因素。请讨论如何提高连接查询速度，并通过实验进行验证。

实验 3.3　数据高级查询

1．实验内容和要求

掌握 SQL 嵌套查询和集合查询等各种高级查询的设计方法；正确分析用户查询要求，设计各种嵌套查询和集合查询。

实验重点：掌握嵌套查询。

实验难点：掌握相关子查询、多层 EXISTS 嵌套查询。

2. 实验报告示例

<table>
<tr><td colspan="3" align="center">实验报告</td></tr>
<tr><td>题目：数据高级查询</td><td>姓名</td><td>日期</td></tr>
</table>

（1）IN 嵌套查询

查询订购了"海大"制造的"船舶模拟驾驶舱"的顾客。

```
SELECT Custkey, Name
FROM Customer
WHERE Custkey IN (SELECT O.Custkey
FROM Orders O, Lineitem L, PartSupp PS, Part P    /*四表连接*/
WHERE O.Orderkey = L.Orderkey AND
      L.Partkey = PS.Partkey AND
      L.Suppkey = PS.Suppkey AND
      PS.Partkey = P.Partkey AND
      P.Mfgr = '海大' AND P.Name = '船舶模拟驾驶舱');
/*试比较上述查询与下列查询有何区别。下列查询中 Lineitem 表直接与 Part 表连接*/
/*请见实验总结*/

SELECT Custkey, Name
FROM Customer
WHERE Custkey IN (SELECT O.Custkey
FROM Orders O, Lineitem L, Part P      /*三表连接*/
WHERE O.Orderkey = L.Orderkey AND
      L.Partkey = P.Partkey AND
      P.Mfgr = '海大' AND P.Name = '船舶模拟驾驶舱');
```

（2）单层 EXISTS 嵌套查询

查询没有购买过"海大"制造的"船舶模拟驾驶舱"的顾客。

```
SELECT Custkey, Name
FROM Customer C
WHERE NOT EXISTS (SELECT *
/*购买"海大"制造的"船舶模拟驾驶舱"的顾客*/
FROM Orders O, Lineitem L, PartSupp PS, Part P
WHERE C.Custkey = O.Custkey AND          /*此条件为相关子查询条件*/
      O.Orderkey = L.Orderkey AND
      L.Partkey = PS.Partkey AND
      L.Suppkey = PS.Suppkey AND
      PS.Partkey = P.Partkey AND
      P.Mfgr = '海大' AND P.Name = '船舶模拟驾驶舱');
```

续表

（3）双层 EXISTS 嵌套查询

查询至少购买过顾客"张三"购买过的全部零件的顾客姓名。

```
SELECT CA.Name       /*查找 CA 客户，这位客户没有张三购买过而自己没有买过的零件*/
FROM Customer CA
WHERE NOT EXISTS
    (SELECT *         /*张三购买过而 CA 客户没有买过的零件*/
    FROM Customer CB, Orders OB, Lineitem LB
    WHERE CB.Custkey = OB.Custkey AND
        OB.Orderkey = LB.Orderkey AND
        CB.Name = '张三' AND
        NOT EXISTS   (SELECT *              /*CA 客户与 CB 客户都购买过的零件*/
        FROM Orders OC, Lineitem LC
        WHERE CA.Custkey = OC.Custkey AND
            OC.Orderkey = LC.Orderkey AND
            LB.Suppkey = LC.Suppkey AND
            LB.Partkey = LC.Partkey ) );
```

（4）FROM 子句中的嵌套查询，即基于派生表的查询

查询在订单平均金额超过 1 万元的顾客中，中国籍顾客的信息。

```
SELECT C.*
FROM Customer C, (SELECT Custkey          /*子查询生成的临时派生表为 B(custkey)表*/
FROM Orders
GROUP BY Custkey
HAVING AVG(Totalprice) > 10000) AS B(Custkey), Nation N
WHERE C.Custkey = B.Custkey AND          /*B 表成为主查询的查询对象*/
    C.Nationkey = N.Nationkey AND    N.Name = '中国';
```

（5）集合查询（交）

查询顾客"张三"和"李四"都订购过的全部零件的信息。

```
SELECT P.*
FROM Customer C,Orders O, Lineitem L, PartSupp PS, Part P
WHERE C.Custkey = O.Custkey AND O.Orderkey = L.Orderkey AND
    L.Suppkey = PS.Suppkey AND L.Partkey = PS.Partkey AND
    PS.Partkey = P.Partkey AND C.Name = '张三';
INTERSECTION
SELECT P.*
FROM Customer C,Orders O, Lineitem L, PartSupp PS, Part P
WHERE C.Custkey = O.Custkey ANDO.Orderkey = L.Orderkey AND
```

续表

> L.Suppkey = PS.Suppkey AND L.Partkey = PS.Partkey AND
> PS.Partkey = P.Partkey AND C.Name = '李四';

（6）集合查询（并）

查询顾客"张三"和"李四"订购的全部零件的信息。

```
SELECT P.*
FROM Customer C,Orders O, Lineitem L, PartSupp PS, Part P
WHERE C.Custkey = O.Custkey AND O.Orderkey = L.Orderkey AND
    L.Suppkey = PS.Suppkey AND L.Partkey = PS.Partkey AND
    PS.Partkey = P.Partkey AND C.Name = '张三';
UNION
SELECT P.*
FROM Customer C,Orders O, Lineitem L, PartSupp PS, Part P
WHERE C.Custkey = O.Custkey ANDO.Orderkey = L.Orderkey AND
    L.Suppkey = PS.Suppkey AND L.Partkey = PS.Partkey AND
    PS.Partkey = P.Partkey AND C.Name = '李四';
```

（7）集合查询（差）

顾客"张三"订购过而"李四"没订购过的零件的信息。

```
SELECT P.*
FROM Customer C,Orders O, Lineitem L, PartSupp PS, Part P
WHERE C.Custkey = O.Custkey AND O.Orderkey = L.Orderkey AND
    L.Suppkey = PS.Suppkey AND L.Partkey = PS.Partkey AND
    PS.Partkey = P.Partkey AND C.Name = '张三';
EXCEPT
SELECT P.*
FROM Customer C,Orders O, Lineitem L, PartSupp PS, Part P
WHERE C.Custkey = O.Custkey ANDO.Orderkey = L.Orderkey AND
    L.Suppkey = PS.Suppkey AND L.Partkey=PS.Partkey AND
    PS.Partkey = P.Partkey AND C.Name = '李四';
```

实验总结：

① 通过分析图 1 中零件供应销售数据库模式可知，Lineitem 表是通过 PartSupp 表和 Part 表联系的，所以"IN 嵌套查询"中的第一个查询是正常的查询表达方式。而由于 Partkey 是 Part 表的主码，第二个查询也能得出相同的结果。因此，生成 Lineitem 表记录时利用 PartSupp 表保证供应商和零件的一致性，而查询 Lineitem 表时可以直接和 Part 表相连接。同样，也可以直接和 Suppliers 表相连接。

② 相关子查询和不相关子查询，将在"数据库查询性能调优"实验中进一步讲解和实验。

3．思考题

① 请分析什么类型的查询可以用连接查询实现，什么类型的查询只能用嵌套查询实现。

② 请分析不相关子查询和相关子查询的区别。

实验 3.4   数据更新

1．实验内容和要求

熟悉数据库的数据更新操作，能够使用 SQL 语句对数据库进行数据的插入、修改、删除操作；针对零件供应销售数据库，设计单元组插入、批量数据插入、修改数据和删除数据等 SQL 语句；理解和掌握 INSERT、UPDATE 和 DELETE 语法结构的各个组成部分，结合嵌套 SQL 子查询，分别设计几种不同形式的插入、修改和删除数据的语句，并调试成功。

实验重点： 设计插入、修改和删除数据的 SQL 语句。

实验难点： 设计与嵌套 SQL 子查询相结合的插入、修改和删除数据的 SQL 语句；利用一个表的数据插入、修改和删除另外一个表的数据。

2．实验报告示例

实验报告				
题目：数据更新		姓名	日期	

（1）INSERT 基本语句（插入全部列的数据）

插入一条顾客记录，要求每列都给一个合理的值。

    INSERT INTO Customer
    VALUES(30, '张三', '北京市', 40, '010-51001199', 0.00, 'Northeast', 'VIP Customer');

（2）INSERT 基本语句（插入部分列的数据）

插入一条订单记录，给出必要的几个字段值。

    INSERT INTO Lineitem(Orderkey, Linenumber, Partkey, Suppkey, Quantity, Shipdate)
    VALUES (862, ROUND(RANDOM()*100,0), 479, 1, 10, '2012-3-6');
    /*RANDOM() 函数为随机小数生成函数，ROUND() 函数为四舍五入函数*/

（3）批量数据 INSERT 语句

① 创建一个新的顾客表，把所有中国籍顾客插入新的顾客表。

    CREATE TABLE NewCustomer AS SELECT * FROM Customer WITH NO DATA;
    /*WITH NO DATA 子句使得 SELECT 查询只生成一个结果模式 NewCustomer，不查询出实际数据*/
    INSERT INTO NewCustomer   /*把 SELECT 语句查询结果批量插入 NewCustomer 表*/
    SELECT C.*
    FROM Customer C, Nation N   /*给 Customer 和 Nation 取别名 C 和 N */
    WHERE C.Nationkey = N.Nationkey AND N.Name = '中国';

续表

② 创建一个顾客购物统计表，记录每个顾客及其购物总数和总价等信息。

```
CREATE TABLE ShoppingStat
( Custkey INTEGER ,
Quantity REAL,
Totalprice REAL);
INSERT INTO ShoppingStat
SELECT C.Custkey, Sum(L.Quantity), Sum (O.Totalprice)    /*对分组后的数据求总和*/
FROM    Customer C, Orders O, Lineitem L
WHERE C.Custkey = O.Custkey AND O.Orderkey = L.Orderkey
GROUP BY C.Custkey;
```

③ 倍增零件表的数据，多次重复执行，直到总记录数达到 50 万条为止。

```
INSERT INTO Part
SELECT Partkey + (SELECT COUNT(*) FROM Part),
       Name, Mfgr, Brand, Type, Size, Container, Retailprice, Comment
FROM Part;
```

说明：

① 该方法是迅速生成大量数据的一个有效方法，但其缺点是要求主码为数值类型并且除了主码外其他属性上没有 Unique 约束，因此该方法生成的数据具有很大的重复性。

② 生成 50 万条记录所要执行上述 INSERT 语句的次数，需根据 Part 表的初始记录数通过人工计算。

③ 执行上述 INSERT 语句的速度会一次比一次慢，因此需要耐心等候。

(4) UPDATE 语句（修改部分记录的部分列值）

"金仓集团"供应的所有零件的供应成本价下降 10%。

```
UPDATE PartSupp
SET Supplycost = Supplycost * 0.9
WHERE Suppkey = (SELECT Suppkey      /*找出要修改的那些记录*/
FROM Supplier
WHERE Name = '金仓集团');
```

(5) UPDATE 语句（利用一个表中的数据修改另外一个表中的数据）

利用 Part 表中的零售价格来修改 Lineitem 中的 Extendedprice，其中 Extendedprice = Part.Retailprice *Quantity。

```
UPDATE Lineitem L
SET L.Extendedprice = P.Retailprice * L.Quantity
FROM Part P
WHERE L.Partkey = P.Partkey
```

续表

/*Lineitem 表可以直接与 Part 表相连接，无须通过 PartSupp 连接*/

（6）DELETE 基本语句（删除给定条件的所有记录）
删除顾客张三的所有订单记录。

DELETE FROM Lineitem   /*先删除张三的订单明细记录*/
WHERE Orderkey IN (SELECT Orderkey
FROM Orders O, Customer C
WHERE O.Custkey = C.Custkey AND C.Name ='张三');
DELETE FROM   Orders   /*再删除张三的订单记录*/
WHERE Custkey = (SELECT Custkey
FROM Customer
WHERE Name ='张三');

实验总结：
① 只有正确设计和执行数据更新语句，并确保正确录入数据和更新数据，才能保证查询出来的数据正确。
② 当更新数据失败时，一个主要原因是更新数据时违反了完整性约束，如更新主码导致主码重复，更新外码值导致它不能在被参照表中找到相应的主码值等。

3. 思考题
① 请分析数据库模式更新和数据更新 SQL 语句的异同。
② 请分析数据库系统除了 INSERT、UPDATE 和 DELETE 等基本的数据更新语句之外，还有哪些可以用来更新数据库基本表数据的 SQL 语句。

实验 3.5   视图

1. 实验内容和要求
熟悉 SQL 有关视图的操作，能够熟练使用 SQL 语句来创建需要的视图，定义数据库外模式，并能使用所创建的视图实现数据管理；针对给定的数据库模式和相应的应用需求，创建视图、创建带 WITH CHECK OPTION 的视图，并验证视图 WITH CHECK OPTION 选项的有效性；理解和掌握视图消解执行原理，掌握可更新视图和不可更新视图的区别。

实验重点：创建视图。

实验难点：掌握可更新的视图和不可更新的视图之区别，以及 **WITH CHECK OPTION** 选项有效性的验证。

2. 实验报告示例

实验报告				
题目：视图		姓名		日期

（1）创建视图（省略视图列名）

创建一个"海大汽配"供应商供应的零件视图 V_DLMU_PartSupp1，要求列出供应零件的编号、零件名称、可用数量、零售价格、供应价格和备注等信息。

CREATE VIEW V_DLMU_PARTSUPP1 AS　　　/*由 SELECT 子句目标列组成视图属性*/
SELECT P.Partkey, P.Name, PS.Availqty, P.Retailprice, PS.Supplycost, P.Comment
FROM Part P, PartSupp PS, Supplier S
WHERE P.Partkey=PS.Partkey AND S.Suppkey=PS.Suppkey AND S.Name='海大汽配';

（2）创建视图（不能省略列名的情况）

创建一个视图 V_CustAvgOrder，按顾客统计平均每个订单的购买金额和零件数量，要求输出顾客编号、姓名、平均购买金额和平均购买零件数量。

CREATE VIEW V_CustAvgOrder(Custkey,Cname,Avgprice,Avgquantity) AS
SELECT C.Custkey, MAX(C.Name), AVG(O.Totalprice), AVG(L.Quantity)
/*因为 C.name 没有出现在 Group By 子句中，如需要出现在 SELECT 子句中，则必须使用 MAX 函数，否则就会出现语法错误*/
FROM Customer C, Orders O, Lineitem L
WHERE C.Custkey = O.Custkey AND L.Orderkey = O.Orderkey
GROUP BY C.Custkey;

（3）创建视图(WITH CHECK OPTION)

使用 WITH CHECK OPTION，创建一个"海大汽配"供应商供应的零件视图 V_DLMU_PartSupp2，要求列出供应零件的编号、可用数量和供应价格等信息，然后通过该视图分别增加、删除和修改一条"海大汽配"零件供应记录，验证 WITH CHECK OPTION 是否起作用。

CREATE VIEW V_DLMU_PartSupp2
AS
SELECT Partkey, Suppkey, Availqty, Supplycost
FROM PartSupp
WHERE Suppkey = (SELECT Suppkey
　　　FROM Supplier
　　　WHERE name = '海大汽配')
WITH CHECK OPTION;

INSERT INTO V_DLMU_PartSupp2
VALUES(58889, 5048, 704, 77760);

```
UPDATE V_DLMU_PartSupp2
SET Supplycost = 12
WHERE Suppkey = 58889;

DELETE FROM V_DLMU_PartSupp2
WHERE Suppkey = 58889;
```

（4）可更新的视图（行列子集视图）

创建一个"海大汽配"供应商供应的零件视图 V_DLMU_PartSupp3，要求列出供应零件的编号、可用数量和供应价格等信息，然后通过该视图分别增加、删除和修改一条"海大汽配"零件供应记录，验证该视图是否可以更新，并比较第 3 题与本题结果有何异同。

```
CREATE VIEW V_DLMU_PartSupp3
AS
SELECT Partkey, Suppkey, Availqty, Supplycost
FROM PartSupp
WHERE Suppkey = (SELECT Suppkey
        FROM Supplier
        WHERE Name = '海大汽配');

INSERT INTO V_DLMU_PartSupp3
VALUES(58889,5048,704,77760);

UPDATE V_DLMU_PartSupp3
SET Supplycost = 12
WHERE Suppkey = 58889;

DELETE FROM V_DLMU_PartSupp3
WHERE Suppkey = 58889;
```

（5）不可更新的视图

第（2）题中创建的视图是可更新的吗？通过 SQL 更新语句加以验证，并说明原因。

```
INSERT INTO V_CustAvgOrder
VALUES(100000,NULL,20,2000);
```

（6）删除视图（RESTRICT/CASCADE）

创建顾客订购零件明细视图 V_CustOrd，要求列出顾客编号、姓名、购买零件数、金额；

续表

在该视图的基础上，再创建第 2 题的视图 V_CustAvgOrder，然后使用 RESTRICT 选项删除视图 V_CustOrd，观察现象并解释原因。利用 CASCADE 选项删除视图 V_CustOrd，观察现象并检查 V_CustAvgOrder 是否存在。解释原因。

```
CREATE VIEW V_CustOrd(Custkey,Cname,Qty,Extprice)
AS
SELECT C.Custkey, C.Name, L.Quantity, L.Extendedprice
FROM Customer C,Orders O,Lineitem L
WHERE C.Custkey = O.Custkey AND O.Orderkey = L.Orderkey;
CREATE VIEW V_CustAvgOrder(Custkey,Cname, Avgqty, Avgprice)
AS
SELECT Custkey,MAX(Cname),AVG(Qty),AVG(Extprice)
FROM V_CustOrd          /*在视图 V_CustOrd 上再创建视图*/
GROUP BY Custkey;

DROP VIEW V_CustOrd RESTRICT;

DROP VIEW V_CustOrd CASCADE;
```

实验总结：
　视图的重要作用包括实现数据库外模式、简化查询、清晰表达查询、实现数据安全保护等，设计合适的视图也是数据库设计的一项重要内容；要掌握可更新视图和不可更新视图的区别与联系；不同的 DBMS 对视图的定义和实现各不相同，使用具体 DBMS 时，还需要参考相应 DBMS 的 SQL 手册。

3．思考题
① 请分析视图和基本表在使用方面有哪些异同，并设计相应的示例加以验证。
② 请具体分析修改基本表的结构对相应的视图会产生何种影响。

实验 3.6　索引

1．实验内容和要求
　掌握索引的设计原则和技巧，能够创建合适的索引以提高数据库查询、统计分析效率；针对给定的数据库模式和具体应用需求，创建唯一索引、函数索引、复合索引等，修改索引，删除索引；设计相应的 SQL 查询，验证索引的有效性。学习利用 EXPLAIN 命令分析 SQL 查询是否使用了所创建的索引，并能够分析其原因，执行 SQL 查询并估算索引提高查询效率的百分比。**要求实验数据集达到 10 万条记录以上的数据量，以便验证索引效果。**

实验重点： 创建索引。

实验难点：设计 SQL 查询以验证索引的有效性。

2. 实验报告示例

实验报告				
题目：索引		姓名		日期

（1）创建唯一索引

在零件表的零件名称字段上创建唯一索引。

    CREATE UNIQUE INDEX Idx_part_name ON Part (Name);

（2）创建函数索引（对某个属性的函数创建索引，称为函数索引）

在零件表的零件名称字段上创建一个零件名称长度的函数索引。

    CREATE INDEX Idx_part_name_fun ON Part (LENGTH(Name));

（3）创建复合索引（对两个及两个以上的属性创建索引，称为复合索引）

在零件表的制造商和品牌两个字段上创建一个复合索引。

    CREATE UNIQUE INDEX Idx_part_mfgr_brand ON Part (Mfgr, Brand);

（4）*创建聚簇索引

在零件表的制造商字段上创建一个聚簇索引。

    CREATE UNIQUE INDEX Idx_part_mfgr ON Part (Mfgr);
    CLUSTER Idx_part_mfgr ON Part;
    /*有关聚簇索引的概念在《概论》第 7 章 7.5.2 小节"选择关系模式存取方法"中介绍*/

（5）创建哈希索引

在零件表的名称字段上创建一个哈希索引。

    CREATE INDEX Idx_part_name_hash ON Part USING HASH (Name);

（6）修改索引名称

修改零件表的名称字段上的索引名。

    ALTER INDEX Idx_part_name_hash RENAME TO Idx_part_name_hash_new;

（7）分析某个 SQL 查询语句执行时是否使用了索引

    EXPLAIN SELECT * FROM Part WHERE Name = '零件';

续表

/*EXPLAIN 是查看 SQL 查询性能的最基本的方法，可提供查询优化器（query optimizer）关于处理语句的执行计划的详细信息*/

（8）*验证索引效率

创建一个函数 TestIndex，自动计算 SQL 查询执行的时间。

```
CREATE FUNCTION TestIndex(p_partname CHAR(55)) RETURN INTEGER
AS    /*自定义函数 TestIndex()：输入参数为零件名称，返回 SQL 查询的执行时间*/
DECLARE
    begintime       TIMESTAMP;
    endtime         TIMESTAMP;
    durationtime    INTEGER;
BEGIN
    SELECT CLOCK_TIMESTAMP() INTO begintime;      /*记录查询执行的开始时间*/
    PERFORM SELECT * FROM Part WHERE Name = p_partname;
                                              /*执行 SQL 查询，不保存查询结果*/
    SELECT CLOCK_TIMESTAMP() INTO endtime;        /*记录查询执行的结束时间*/
    SELECT DATEDIFF('ms', begintime , endtime) INTO durationtime;
    RETURN durationtime;                     /*计算并返回查询执行时间，时间单位为 ms*/
END;

/*查看当零件表 Part 数据规模比较小，并且无索引时的执行时间*/
SELECT TestIndex('零件名称');
INSERT INTO Part    /*不断倍增零件表的数据，直到 50 万条记录*/
SELECT Partkey + (SELECT COUNT(*) FROM Part),
    Name, Mfgr, Brand, Type, Size, Container, Retailprice, Comment
FROM Part;

/*查看当零件表 Part 数据规模比较大，并且无索引时的执行时间*/
SELECT TestIndex('零件名称');

CREATE INDEX part_name ON Part(Name);         /*在零件表的零件名称字段上创建索引*/

/*查看零件表 Part 数据规模比较大，但是有索引时的执行时间*/
SELECT TestIndex('零件名称');
```

比较上述各次执行时间，可计算出索引提高查询效率的百分比。

续表

> **实验总结：**
>
> 索引属于数据库物理设计范畴。设计合适的索引可以显著地提高数据查询的效率；但是一种类型的索引并不能提高所有查询的效率，因此需要搞清楚不同类型的索引各有什么特点，以及对什么样的查询起作用。

3．思考题

① 在一个表的多个字段上创建的复合索引，与在相应的每个字段上创建的多个简单索引有何异同？请设计相应的示例加以验证。

② B+树索引、哈希索引、聚簇索引各自有什么特点，各自对什么样的查询起作用？

③ 请参阅《概论》第 9 章中关于 B+树索引、哈希索引的讲解。

第 4 章实验　安全性控制

安全性控制实验包含两个实验项目（见表 5），其中 1 个必修实验项目，1 个选修实验项目。自主存取控制实验为设计性实验，审计实验为验证性实验。本实验指导目前没有设置强制存取控制和数据加密等方面的实验项目。

表 5 "安全性控制"实验项目一览表

序号	实验项目名称	开设类别	难易程度	建议实验学时	对应教材章节
实验 4.1	自主存取控制实验	必修	适中	2	第 4 章 4.2 节
*实验 4.2	审计实验	选修	适中	2	第 4 章 4.4 节

实验 4.1　自主存取控制实验

1．实验内容和要求

掌握自主存取控制权限的定义和维护方法。定义用户、角色，分配权限给用户、角色，回收权限；以相应的用户名登录数据库，验证权限分配是否正确；选择一个应用场景，使用自主存取控制机制设计权限分配。可以采用两种方案：

方案一为采用 SYSTEM 超级用户登录数据库，完成所有权限分配工作，然后用相应用户名登录数据库以验证权限分配的正确性。

方案二为采用 SYSTEM 用户登录数据库，创建三个部门经理用户并分配相应的权限，然后分别用三个经理用户名登录数据库，创建相应部门的用户、角色并分配适当权限。

下面的实验报告示例采用了实验方案一。验证权限分配之前须备份数据库；针对不同用户所具有的权限，分别设计相应的 SQL 语句加以验证。

实验重点：定义角色，分配权限和回收权限。

实验难点：实验方案二实现权限的再分配和回收。

2. 实验报告示例

实验报告				
题目：自主存取控制实验	姓名		日期	

　　设有一个企业，包含采购、销售和客户管理三个部门，其中：采购部门经理 David，采购员 Jeffery；销售部门经理 Tom，销售员 Jane；客户管理部门经理 Kathy，职员 Mike。该企业的一个信息系统覆盖采购、销售和客户管理三个部门的业务，其数据库模式为零件供应销售数据库模式。针对此应用场景，使用自主存取控制机制设计一个具体的权限分配方案。

　　（1）创建用户

　　① 为采购、销售和客户管理三个部门的经理创建用户标识，要求具有创建用户或角色的权限。

```
CREATE USER David WITH CREATEROLE PASSWORD '123456';
CREATE USER Tom WITH CREATEROLE PASSWORD '123456';
CREATE USER Kathy WITH CREATEROLE PASSWORD '123456';
/*注意：CREATE USER 语句不是 SQL 标准，因此不同的 RDBMS 语法和内容相差甚远。这里采用的是 kingbaseES 创建用户语句*/
```

　　② 为采购、销售和客户管理三个部门的职员创建用户标识和用户口令。

```
CREATE USER Jeffery WITH PASSWORD '123456';

CREATE USER Jane WITH PASSWORD '123456';
CREATE USER Mike WITH PASSWORD '123456';
```

　　（2）创建角色并分配权限

　　① 为各个部门分别创建一个查询角色，并分配相应的查询权限。

```
CREATE ROLE PurchaseQueryRole;        /*为采购部门创建角色*/
GRANT SELECT ON TABLE Part TO PurchaseQueryRole;
GRANT SELECT ON TABLE Supplier TO PurchaseQueryRole;
GRANT SELECT ON TABLE PartSupp TO PurchaseQueryRole;

CREATE ROLE SaleQueryRole;            /*为销售部门创建角色*/
GRANT SELECT ON TABLE Orders TO SaleQueryRole;
GRANT SELECT ON TABLE Lineitem TO SaleQueryRole;

CREATE ROLE CustomerQueryRole;        /*为客户管理部门创建角色*/
GRANT SELECT ON TABLE Customer TO CustomerQueryRole;
GRANT SELECT ON TABLE Nation TO CustomerQueryRole;
```

续表

GRANT SELECT ON TABLE Region TO CustomerQueryRole;

② 为各个部门分别创建一个职员角色，对本部门信息具有查看、插入权限。

CREATE ROLE PurchaseEmployeeRole;
GRANT SELECT,INSERT ON TABLE Part TO PurchaseEmployeeRole;
GRANT SELECT,INSERT ON TABLE Supplier TO PurchaseEmployeeRole;
GRANT SELECT,INSERT ON TABLE PartSupp TO PurchaseEmployeeRole;

CREATE ROLE SaleEmployeeRole;
GRANT SELECT,INSERT ON TABLE Orders TO SaleEmployeeRole;
GRANT SELECT,INSERT ON TABLE Lineitem TO SaleEmployeeRole;

CREATE ROLE CustomerEmployeeRole;
GRANT SELECT,INSERT ON TABLE Customer TO CustomerEmployeeRole;
GRANT SELECT,INSERT ON TABLE Nation TO CustomerEmployeeRole;
GRANT SELECT,INSERT ON TABLE Region TO CustomerEmployeeRole;

③ 为各部门创建一个经理角色，相应角色对本部门的信息具有完全控制权限，对其他部门的信息具有查询权。经理有权给本部门职员分配权限。

CREATE ROLE PurchaseManagerRole WITH CREATEROLE;
GRANT ALL ON TABLE Part TO PurchaseManagerRole;
GRANT ALL ON TABLE Supplier TO PurchaseManagerRole;
GRANT ALL ON TABLE PartSupp TO PurchaseManagerRole;
GRANT **SaleQueryRole TO** PurchaseManagerRole;
GRANT **CustomerQueryRole TO** PurchaseManagerRole;

CREATE ROLE SaleManagerRole WITH CREATEROLE;
GRANT ALL ON TABLE Orders TO **SaleManagerRole**;
GRANT ALL ON TABLE Lineitem TO **SaleManagerRole;**
GRANT PurchaseQueryRole TO **SaleManagerRole;**
GRANT CustomerQueryRole TO **SaleManagerRole;**

CREATE ROLE CustomerManagerRole WITH CREATEROLE;
GRANT ALL ON TABLE Customer TO **CustomerManagerRole**;
GRANT ALL ON TABLE Nation TO **CustomerManagerRole**;
GRANT ALL ON TABLE Region TO **CustomerManagerRole**;
GRANT PurchaseQueryRole TO **CustomerManagerRole;**
GRANT SaleQueryRole TO **CustomerManagerRole;**

续表

（3）给用户分配权限

① 给各部门经理分配权限。

GRANT PurchaseManagerRole TO David WITH ADMIN OPTION;
GRANT SaleManagerRole TO Tom WITH ADMIN OPTION;
GRANT CustomerManagerRole TO Kathy WITH ADMIN OPTION;

② 给各部门职员分配权限。

GRANT PurchaseEmployeeRole TO Jeffery;
GRANT SaleEmployeeRole TO Jane;
GRANT CustomerEmployeeRole TO Mike;

（4）回收角色或用户权限

① 收回客户经理角色的销售信息查看权限。

REVOKE SaleQueryRole FROM **CustomerManagerRole**;

② 回收 Mike 的客户部门职员权限。

REVOKE CustomerEmployeeRole FROM **Mike**;

（5）验证权限分配正确性

① 以 David 用户名登录数据库，验证采购部门经理的权限。

SELECT * FROM Part;
DELETE * FROM Orders;

② 以 Mike 用户名登录数据库，验证 Mike 的客户部门职员权限。

SELECT * FROM Customer;
SELECT * FROM Part;

实验总结：
　　在进行权限分配之后，针对不同用户所具有的权限**设计并执行若干 SQL 语句，以验证权限分配是否有效。**

3．**思考题**

① 请分析 WITH CHECK OPTION、WITH GRANT OPTION 和 WITH ADMIN OPTION 有何区别与联系。

② 请结合上述实验示例，分析使用角色进行权限分配有何优缺点。

*实验 4.2　审计实验

1．实验内容和要求

掌握数据库审计的设置和管理方法，以便监控数据库操作，维护数据库安全。首先打开数据库审计开关，以具有审计权限的用户身份登录数据库，设置审计权限，然后以普通用户身份登录数据库，执行相应的数据操纵 SQL 语句，以便验证相应的审计设置是否生效，最后再以具有审计权限的用户身份登录数据库，查看是否存在相应的审计信息。

实验重点：数据库对象级审计和数据库语句级审计。

实验难点：合理地设置各种审计信息。 一方面，为了保护系统重要的敏感数据，需要系统地设置各种审计信息，不能留有漏洞，以便随时监督系统使用情况，一旦出现问题也能便于追查；另一方面，审计信息设置过多会严重影响数据库的使用性能，因此需要合理设置。

2．实验报告示例

实验报告				
题目：审计实验	姓名		日期	

（1）审计开关

① 显示当前审计开关状态。

　　SHOW AUDIT_TRAIL;

② 打开审计开关。

　　SET AUDIT_TRAIL TO ON;

（2）数据库操作审计

① 对客户信息表上的删除操作设置审计。

　　AUDIT DELETE ON Sales.Customer BY ACCESS;
　　/*BY ACCESS 审计方式表示系统对每个设置的审计操作都要进行记录；BY SESSION 审计方式则表示对于每次会话中涉及的同类审计操作，系统只记录最早的一次*/

② 以普通用户登录，执行 SQL 语句。

　　DELETE Sales.Customer WHERE Custkey = 1011;

③ 查看数据库对象审计信息，验证审计设置是否生效。

　　SELECT * FROM SYS_AUDIT_OBJECT;

（3）语句级审计

① 对表定义的更改语句 ALTER 设置审计。

　　AUDIT ALTER TABLE BY ACCESS;

② 查看数据库所有语句级审计设置，验证审计设置是否生效。

　　SELECT * FROM SYS_STMT_AUDIT_OPTS;

③ 以普通用户登录，执行 SQL 语句，验证审计设置是否生效。

　　ALTER TABLE Customer ADD COLUMN tt INT;

④ 查看所有审计信息。

　　SELECT * FROM SYS_AUDIT_TRAIL;

实验总结：

① 在 KingbaseES 系统中，只有审计管理员（SAO）才能进行对象级、语句级、系统权限级等审计权限设置。通过系统视图 SYS_STMT_AUDIT_OPTS 可以查看所有数据库中语句级审计设置，通过系统视图 SYS_AUDIT_OBJECT 可以查看数据库对象级审计设置。

② 通过系统视图 SYS_AUDIT_STATEMENT 可以查询所有关于 GRANT、REVOKE、AUDIT、NOAUDIT 以及 ALTER SYSTEM 语句的审计结果；通过系统视图 SYS_AUDIT_OBJECT 可以查询数据库中所有对象的审计结果；通过系统视图 SYS_AUDIT_TRAIL 可以查看所有审计记录。

③ 审计语句不是标准 SQL 语句，所以不同的系统语句格式和语法不尽相同。

3．思考题

① 请设计一个示例，分析数据库审计对数据库性能的影响情况。

② 请分析审计与数据库日志的异同。

第 5 章实验 完整性控制

完整性控制实验包含 4 个实验项目（见表 6），其中 3 个必修实验项目，1 个选修实验项目。本章实验的各个实验项目均为验证性实验。

表 6 "完整性控制"实验项目一览表

序号	实验项目名称	开设类别	难易程度	建议实验学时	对应教材章节
实验 5.1	实体完整性实验	必修	适中	2	第 5 章 5.2 节
实验 5.2	参照完整性实验	必修	适中	2	第 5 章 5.3 节
实验 5.3	用户自定义完整性实验	选修	适中	2	第 5 章 5.4 节
实验 5.4	触发器实验	必修	较难	2	第 5 章 5.7 节

实验 5.1 实体完整性实验

1. 实验内容和要求

掌握实体完整性的定义和维护方法。定义实体完整性，删除实体完整性；能够写出两种方式定义实体完整性的 SQL 语句：创建表时定义实体完整性、创建表后定义实体完整性；设计 SQL 语句以验证完整性约束是否起作用。

实验重点：创建表时定义实体完整性。

实验难点：当有多个候选码时，如何定义实体完整性。

2. 实验报告示例

实验报告				
题目：实体完整性实验	姓名		日期	

（1）**创建表时定义实体完整性（列级实体完整性）**
定义供应商表的实体完整性。

```
CREATE TABLE Supplier(
    Suppkey INTEGER CONSTRAINT PK_supplier PRIMARY KEY,
    Name CHAR(25),
    Address VARCHAR(40),
    Nationkey INTEGER,
    Phone CHAR(15),
    Acctbal REAL,
    Comment VARCHAR(101) );
```

（2）**创建表时定义实体完整性（表级实体完整性）**
定义供应商表的实体完整性。

```
CREATE TABLE Supplier (
    Suppkey INTEGER,
    Name CHAR(25),
    Address VARCHAR(40),
```

```
                Nationkey INTEGER,
                Phone CHAR(15),
                Acctbal REAL,
                Comment VARCHAR(101),
        CONSTRAINT PK_supplier PRIMARY KEY(Suppkey) );
```

（3）创建表后定义实体完整性

定义供应商表。

```
CREATE TABLE Supplier (
                Suppkey   INTEGER,
                Name CHAR(25),
                Address VARCHAR(40),
                Nationkey INTEGER,
                Phone CHAR(15),
                Acctbal REAL,
                Comment VARCHAR(101) );

ALTER TABLE Supplier          /*再修改供应商表，增加实体完整性*/
ADD CONSTRAINT PK_Supplier PRIMARY KEY(Suppkey);
```

（4）定义实体完整性（主码由多个属性组成）

定义供应关系表的实体完整性。

```
CREATE TABLE PartSupp (
                Partkey INTEGER,
                Suppkey INTEGER,
                Availqty INTEGER,
                Supplycost REAL,
                Comment VARCHAR(199),
                PRIMARY KEY(Partkey,Suppkey)) ;
        /*主码由多个属性组成，实体完整性必须定义在表级*/
```

（5）有多个候选码时定义实体完整性

定义国家表的实体完整性，其中 Nationkey 和 Name 都是候选码。选择 Nationkey 作为主码，在 Name 上定义唯一性约束。

```
CREATE TABLE Nation (
                Nationkey INTEGER CONSTRAINT PK_nation PRIMARY KEY,
                Name CHAR(25) UNIQUE,
```

续表

> Regionkey INTEGER,
> Comment VARCHAR(152));

（6）删除实体完整性

删除国家实体的主码。

> ALTER TABLE Nation DROP CONSTRAINT PK_nation;

（7）增加两条相同记录，验证实体完整性是否起作用

> /*插入两条主码相同的记录就会违反实体完整性约束*/
> INSERT INTO Supplier (Suppkey,Name,Address,Nationkey,Phone,Acctbal,Comment)
>   VALUES (11,'test1','test1',101,'12345678',0.0,'test1');
> INSERT INTO Supplier (Suppkey,Name,Address,Nationkey,Phone,Acctbal,Comment)
>   VALUES (11,'test2','test2',102,'23456789',0.0,'test2');

实验总结：

① 完整性约束既可以在创建表时定义，也可以在创建表之后定义，利用 ALTER TABLE 语句增加、修改或者删除实体完整性。

② 当表中已有数据违反完整性约束时，完整性约束就不能成功建立，需要"清洗"表中已有数据，使之符合规定的完整性约束，然后才能成功建立相应的完整性约束。

3. 思考题

① 所有列级完整性约束都可以改写为表级完整性约束，而表级完整性约束不一定能改写成列级完整性约束。请举例说明。

② 什么情况下会违反实体完整性约束？违反实体完整性约束时，DBMS 将做何种违约处理？请用实验验证。

实验 5.2 参照完整性实验

1. 实验内容和要求

掌握参照完整性的定义和维护方法。定义参照完整性，定义参照完整性的违约处理，删除参照完整性；用两种方式写出定义参照完整性的 SQL 语句：创建表时定义参照完整性、创建表后定义参照完整性。

实验重点： 创建表时定义参照完整性。

实验难点： 定义参照完整性的违约处理。

2．实验报告示例

<table>
<tr><td colspan="4" align="center">实验报告</td></tr>
<tr><td>题目：参照完整性实验</td><td>姓名</td><td></td><td>日期</td><td></td></tr>
</table>

（1）创建表时定义参照完整性

先定义地区表的实体完整性，再定义国家表上的参照完整性。

```
CREATE TABLE Region(
        Regionkey INTEGER PRIMARY KEY,
        Name CHAR(25),
        Comment VARCHAR(152));


CREATE TABLE Nation(
        Nationkey INTEGER PRIMARY KEY,
        Name CHAR(25),
        Regionkey INTEGER REFERENCES Region(Regionkey),      /*列级参照完整性*/
        Comment VARCHAR(152));
```

或者：

```
CREATE TABLE Nation(
        Nationkey INTEGER PRIMARY KEY,
        Name CHAR(25),
        Regionkey INTEGER,
        Comment VARCHAR(152),
        CONSTRAINT FK_Nation_regionkey FOREIGN KEY (Regionkey) REFERENCES
            Region(Regionkey));              /*表级参照完整性*/
```

（2）创建表后定义参照完整性

定义国家表的参照完整性。

```
CREATE TABLE Nation (
        Nationkey INTEGER PRIMARY KEY,
        Name CHAR(25),
        Regionkey INTEGER,
        Comment VARCHAR(152));


ALTER TABLE Nation
ADD CONSTRAINT FK_Nation_regionkey
FOREIGN KEY(Regionkey) REFERENCES Region(Regionkey );
```

（3）定义参照完整性（外码由多个属性组成）

定义订单明细表的参照完整性。

```
CREATE TABLE PartSupp (
    Partkey INTEGER,
    Suppkey INTEGER,
    Availqty INTEGER,
    Supplycost REAL,
    Comment VARCHAR(199),
    PRIMARY KEY(Partkey,Suppkey)) ;

CREATE TABLE Lineitem (
    Orderkey INTEGER REFERENCES Orders(Orderkey),
    Partkey INTEGER REFERENCES Part(Partkey),
    Suppkey INTEGER REFERENCES Supplier(Suppkey),
    Linenumber INTEGER,
    Quantity REAL,
    Extendedprice REAL,
    Discount REAL,
    Tax REAL,
    Returnflag CHAR(1),
    Linestatus CHAR(1),
    Shipdate DATE,
    Commitdate DATE,
    Receiptdate DATE,
    Shipinstruct CHAR(25),
    Shipmode CHAR(10),
    Comment VARCHAR(44),
    PRIMARY KEY(Orderkey,Linenumber),
    FOREIGN KEY (Partkey,Suppkey) REFERENCES PartSupp(Partkey,Suppkey));
```

（4）定义参照完整性的违约处理

定义国家表的参照完整性，当删除或修改被参照表记录时，设置参照表中相应记录的值为空值。

```
CREATE TABLE Nation (
    Nationkey INTEGER PRIMARY KEY,
    Name CHAR(25),
    Regionkey INTEGER,
    Comment VARCHAR(152),
    CONSTRAINT FK_Nation_regionkey FOREIGN KEY (Regionkey) REFERENCES
    Region(Regionkey) ON DELETE SET NULL ON UPDATE SET NULL );
```

续表

（5）删除参照完整性

删除国家表的外码。

```
ALTER TABLE Nation DROP CONSTRAINT FK_Nation_regionkey;
```

（6）插入一条国家记录，验证参照完整性是否起作用

```
/*插入一条国家记录，如果'1001'号地区记录不存在，违反参照完整性约束。*/
INSERT INTO Nation(Nationkey,Name,Regionkey,Comment )
        VALUES (10,'nation1',1001,'comment1' );
```

实验总结：

参照完整性通常涉及两个表，要区分清楚引用表和被引用表、引用属性和被引用属性。对建立参照完整性约束的两个表进行数据更新时，要清楚什么情况下可能导致参照完整性约束违约。

3．思考题

对于自引用表，例如，课程表（课程号，课程名，先修课程号，学分）中的先修课程号引用该表的课程号，请完成如下任务：

① 写出课程表上的实体完整性和参照完整性。

② 在考虑参照完整性约束的情况下，列举出几种录入课程数据的方法。

实验 5.3　用户自定义完整性实验

1．实验内容和要求

掌握用户自定义完整性的定义和维护方法。针对具体应用语义，选择 NULL/NOT NULL、DEFAULT，UNIQUE、CHECK 等定义属性上的约束条件。

实验重点： NULL/NOT NULL、DEFAULT 约束。

实验难点： CHECK 约束。

2．实验报告示例

实验报告			
题目：用户自定义完整性实验	姓名		日期	

（1）定义属性 NULL/NOT NULL 约束

定义地区表各属性的 NULL/NOT NULL 属性。

```
CREATE TABLE Region (
        Regionkey INTEGER PRIMARY KEY,
        Name CHAR(25) NOT NULL,
```

Comment VARCHAR(152)) ;

（2）定义属性 DEFAULT 约束

定义国家表的 Regionkey 的缺省属性值为 0，表示其他地区。

```
CREATE TABLE Nation (
    Nationkey INTEGER PRIMARY KEY,
    Name CHAR(25),
    Regionkey INTEGER DEFAULT 0,
    Comment VARCHAR(152),
    CONSTRAINT FK_Nation_regionkey FOREIGN KEY (Regionkey) REFERENCES
    Region(Regionkey));
```

（3）定义属性 UNIQUE 约束

定义国家表的名称属性必须满足唯一的完整性约束。

```
CREATE TABLE Nation (
    Nationkey INTEGER PRIMARY KEY,
    Name CHAR(25) UNIQUE,
    Regionkey INTEGER,
    Comment VARCHAR(152));
```

（4）使用 CHECK

使用 CHECK 定义订单明细表中某些属性应该满足的约束。

```
CREATE TABLE Lineitem (
    Orderkey INTEGER REFERENCES Orders(Orderkey),
    Partkey INTEGER REFERENCES Part(Partkey),
    Suppkey INTEGER REFERENCES Supplier(Suppkey),
    Linenumber INTEGER,
    Quantity REAL,
    Extendedprice REAL,
    Discount REAL,
    Tax REAL,
    Returnflag CHAR(1),
    Linestatus CHAR(1),
    Shipdate DATE,
    Commitdate DATE,
    Receiptdate DATE,
    Shipinstruct CHAR(25),
    Shipmode CHAR(10),
    Comment VARCHAR(44),
```

续表

> PRIMARY KEY(Orderkey,Linenumber),
> FOREIGN KEY (Partkey,Suppkey) REFERENCES PartSupp(Partkey,Suppkey),
> CHECK(Shipdate < Receiptdate),　　　　　/*装运日期<签收日期*/
> CHECK(Returnflag IN ('A','R','N'))) ;　　　/*退货标记为 A 或 R 或 N*/

（5）修改 Lineitem 的一条记录以验证是否违反 CHECK 约束

> UPDATE Sales.Lineitem SET Shipdate = '2015-01-05' , Receiptdate = '2015-01-01'
> WHERE Orderkey = 5005 AND Linenumber = 1;

实验总结：

① 用户自定义完整性约束要根据应用需求确定，NULL/NOT NULL 是常用的用户自定义完整性约束，但对于主码，系统自动设置为 NOT NULL。

② CHECK 约束可以建立同一个表的一个或者多个属性之间的完整性约束，对保证数据的一致性具有重要作用。通常应该在数据库模式上定义完整性约束，以充分利用数据库的完整性约束检查机制和能力，而不是在应用程序中定义数据的完整性约束，否则将极大地增加应用程序设计和实现的复杂性和工作量。

3．思考题

① 请分析哪些完整性约束只针对单个属性，哪些完整性约束可以针对多个属性；哪些只针对一个表，哪些针对多个表。

② 对表中某一列数据类型进行修改时，要修改的列是否必须为空列？

实验 5.4　触发器实验

1．实验内容和要求

掌握数据库触发器的设计和使用方法。定义 **BEFORE** 触发器和 **AFTER** 触发器；能够理解不同类型触发器的作用和执行原理，验证触发器的有效性。

实验重点：触发器的定义。

实验难点：利用触发器实现较为复杂的用户自定义完整性。

2．实验报告示例

实验报告				
题目：触发器实验	姓名		日期	

（1）AFTER 触发器

在 Lineitem 表上定义一个 UPDATE 触发器，当修改订单明细（即修改订单明细价格 Extendedprice，折扣 Discount，税率 Tax）时，自动修改订单 Orders 的 TotalPrice，以保持数据一致性，Totalprice=Totalprice+ Extendedprice*(1-Discount)*(1+Tax)。

续表

```
CREATE OR REPLACE TRIGGER TRI_Lineitem_Price_UPDATE
AFTER UPDATE OF Extendedprice,Discount,Tax ON Lineitem
FOR EACH ROW
AS
DECLARE
 L_valuediff REAL;
BEGIN
    /*订单明细修改后，计算订单含税折扣价总价的修正值*/
    L_valuediff=NEW.Extendedprice*(1-NEW.Discount)*(1+NEW.Tax) -
    OLD.Extendedprice*(1-OLD.Discount)*(1+OLD.Tax);
    /*更新订单的含税折扣价总价*/
    UPDATE Orders SET Totalprice = Totalprice + L_valuediff
    WHERE Orderkey = NEW.Orderkey;
END;
```

（2）INSERT 触发器

在 Lineitem 表上定义一个 INSERT 触发器，当增加一项订单明细时，自动修改订单 Orders 的 TotalPrice，以保持数据一致性。

```
CREATE OR REPLACE TRIGGER TRI_Lineitem_Price_INSERT
AFTER INSERT ON Lineitem
FOR EACH ROW
AS
DECLARE
L_valuediff REAL;
BEGIN
    L_valuediff = NEW.Extendedprice*(1 - NEW.Discount)*(1 + NEW.Tax);
    /*增加订单明细项后，计算订单含税折扣价总价的修正值*/
    UPDATE Orders SET Totalprice = Totalprice + L_valuediff
    /*更新订单的含税折扣价总价*/
    WHERE Orderkey = NEW.Orderkey;
END;
```

（3）DELETE 触发器

在 Lineitem 表上定义一个 DELETE 触发器，当删除一项订单明细时，自动修改订单 Orders 的 TotalPrice，以保持数据一致性。

```
CREATE OR REPLACE TRIGGER TRI_Lineitem_Price_DELETE
AFTER DELETE ON Lineitem
FOR EACH ROW
```

```
AS
DECLARE
L_valuediff REAL;
BEGIN
    L_valuediff = - OLD.Extendedprice*(1 - OLD.Discount)*(1 + OLD.Tax);
    /*删除订单明细项后，计算订单含税折扣价总价的修正值*/
    UPDATE Orders SET Totalprice = Totalprice + L_valuediff
    /*更新订单的含税折扣价总价*/
    WHERE Orderkey = NEW.Orderkey;
END;
```

（4）**验证触发器** TRI_Lineitem_Price_UPDATE

```
/*查看 1854 号订单的含税折扣总价 Totalprice*/
SELECT Totalprice
FROM Orders
WHERE Orderkey = 1854;
/*激活触发器：修改 1854 号订单第一个明细项的税率，该税率增加 0.5%*/
UPDATE Lineitem SET Tax = Tax + 0.005
WHERE Orderkey = 1854 AND Linenumber = 1;

/*再次查看 1854 号订单的含税折扣总价 Totalprice 是否有变化，如有变化则是触发器起作用了，
否则触发器没有起作用*/
SELECT Totalprice
FROM Orders
WHERE Orderkey = 1854;
```

（5）BEFOR 触发器

① 在 Lineitem 表上定义一个 **BEFORE UPDATE 触发器**，当修改订单明细中的数量（Quantity）时，先检查零件供应表 PartSupp 中的可用数量 Availqty 是否足够。

```
CREATE OR REPLACE TRIGGER TRI_Lineitem_Quantity_UPDATE
BEFORE UPDATE OF Quantity ON Lineitem
FOR EACH ROW
AS
DECLARE
    L_valuediff INTEGER;
    L_availqty INTEGER;
BEGIN
    /*计算订单明细项修改时，订购数量的变化值*/
    L_valuediff = NEW.Quantity - OLD.Quantity;
```

```
      /*查询当前订单明细项对应零件供应记录中的可用数量*/
      SELECT Availqty INTO L_availqty
      FROM PartSupp
      WHERE Partkey = NEW.Partkey AND Suppkey = NEW.Suppkey;

      IF (L_availqty - L_valuediff  >= 0) THEN
          BEGIN
              /*如果可用数量可以满足订单订购数量，则提示 ENOUGH*/
              RAISE NOTICE 'Available Quantity is ENOUGH';
              /*修改当前订单明细项对应零件供应记录中的可用数量*/
              UPDATE PartSupp
              SET Availqty = Availqty - L_valuediff
              WHERE Partkey = NEW.Partkey AND Suppkey = NEW.Suppkey;
          END;
      ELSE
      /*如果可用数量不能满足订单订购数量，则更新过程异常中断*/
          RAISE EXCEPTION 'Available Quantity is NOT ENOUGH';
      END IF;
  END;
```

② 在 Lineitem 表上定义一个 BEFORE INSERT 触发器，当插入订单明细时，先检查零件供应表 PartSupp 中的可用数量 Availqty 是否足够。

```
CREATE OR REPLACE TRIGGER TRI_Lineitem_Quantity_UPDATE
BEFORE INSERT ON Lineitem
FOR EACH ROW
AS
DECLARE
L_valuediff INTEGER;
L_availqty INTEGER;
BEGIN
    L_valuediff = NEW.Quantity;          /*获得插入订单明细项的订购数量*/
    /*查询当前订单明细项对应零件供应记录中的可用数量*/
    SELECT Availqty INTO L_availqty
    FROM PartSupp
    WHERE Partkey = NEW.Partkey AND Suppkey = NEW.Suppkey;

    IF (L_availqty - L_valuediff  >= 0) THEN
        BEGIN
            /*如果可用数量可以满足订单订购数量，则提示 ENOUGH*/
```

续表

```
                    RAISE NOTICE 'Available Quantity is ENOUGH';
                    /*修改当前订单明细项对应零件供应记录中的可用数量*/
                    UPDATE PartSupp
                    SET Availqty = Availqty - L_valuediff
                    WHERE Partkey = NEW.Partkey AND Suppkey = NEW.Suppkey;
                END;
            ELSE
                /* 如果可用数量不能满足订单订购数量，则插入过程异常中断。*/
                RAISE EXCEPTION 'Available Quantity is NOT ENOUGH';
            END IF;
        END;
```

③ 在 Lineitem 表上定义一个 BEFORE DELETE 触发器，当删除订单明细时，该订单明细项订购的数量要归还对应的零件供应记录。

```
CREATE OR REPLACE TRIGGER TRI_Lineitem_Quantity_UPDATE
BEFORE DELETE ON Lineitem
FOR EACH ROW
AS
DECLARE
    L_valuediff INTEGER;
    L_availqty INTEGER;
BEGIN
    /* 获得删除订单明细项的订购数量*/
    L_valuediff = -OLD.Quantity;
    /* 修改当前订单明细项对应零件供应记录中的可用数量 */
    UPDATE PartSupp
    SET Availqty = Availqty - L_valuediff
    WHERE Partkey = NEW.Partkey AND Suppkey = NEW.Suppkey;
END;
```

验证触发器 TRI_Lineitem_Quantity_UPDATE
　　/* 查看 1854 号订单第 1 个明细项的零件和供应商编号、订购数量、可用数量*/

```
SELECT L.Partkey, L.Suppkey, L.Quantity, PS.Availqty
FROM Lineitem L, PartSupp PS
WHERE L.Partkey = PS.partkey AND L.Suppkey = PS.Suppkey AND
    L.Orderkey = 1854 AND L.Linenumber = 1;
/* 激活触发器：修改 1854 号订单第 1 个明细项的订购数量*/
UPDATE Lineitem SET    Quantity = Quantity + 5
WHERE Orderkey = 1854    AND Linenumber = 1;
```

续表

/* 再次查看 1854 号订单第 1 个明细项的相关信息，以验证触发器是否起作用*/
SELECT L.Partkey, L.Suppkey, L.Quantity, PS.Availqty
FROM Lineitem L, PartSupp PS
WHERE L.Partkey = PS.Partkey AND L.Suppkey = PS.Suppkey AND
　　　L.Orderkey = 1854 AND L.Linenumber = 1;

（6）删除触发器
删除触发器

TRI_Lineitem_Price_UPDATE
DROP TRIGGER TRI_Lineitem_Price_UPDATE ON Lineitem;

实验总结：
　　触发器既可以实现复杂的用户自定义完整性约束，也可以实现自动化数据库操作。当在一个表上定义多个触发器时，要搞清楚触发器的执行顺序，否则可能会得到不想要的结果。

3．思考题
　　① 请设计一个 AFTER 触发器，当 Lineitem 表中的 Quantity 变化时，自动计算 Lineitem 表中的 Extendedprice 值，同时也要修改 PartSupp 中的 Availqty 值（提示：Extendedprice = Quantity * Part.Retailprice）。
　　② 尝试给一个表设计多个触发器，探索多个触发器的执行顺序。

第 7 章实验　数据库设计

　　数据库设计与应用开发实验是一个大型实验项目，总共包括 6 个实验，即实验 7.1（见表 7）、实验 8.1～实验 8.5。其中，实验 7.1 针对第 7 章"数据库设计"中的数据库概念结构设计、逻辑结构设计和物理结构设计等内容进行实验；实验 8.1～实验 8.4 针对第 8 章"数据库编程"内容，实验 8.5 则是一个综合性的数据库大作业。

表 7 "数据库设计"实验项目一览表

序号	实验项目名称	开设类别	难易程度	建议实验学时	对应《概论》章节
实验 7.1	数据库设计实验	必修	适中	4	第 7 章

1．实验内容和要求
　　掌握数据库设计基本方法及数据库设计工具。掌握数据库设计的基本步骤，包括数据库概念结构设计、逻辑结构设计、物理结构设计、数据库模式 SQL 语句生成；能够选择并使用数据库设计工具进行数据库设计。

实验重点：概念结构设计、逻辑结构设计。

实验难点：根据语义设计概念结构，并继续逻辑结构设计。

逻辑结构设计虽然可以按照一定的规则从概念结构转换而来，但是由于概念结构通常比较抽象，较少考虑更多细节，因此转换而成的逻辑结构还需要进一步调整和优化；逻辑结构承接概念结构和物理结构，处于核心地位，因而是数据库设计的重点，也是难点。

2．**实验报告示例**

实验报告			
题目：数据库设计实验	姓名		日期

设计一个零件供应销售数据库。其中，一个供应商可以供应多种零件，一种零件也可以有多个供应商。一个客户订单可以订购多个供应商供应的多种零件。客户和供应商都分属不同的国家，而国家按世界五大洲八大洋划分地区。请利用 PowerDesigner 或者 ERWin 等数据库设计工具设计该数据库。

（1）**数据库概念结构设计**

识别出零件 Part、供应商 Supplier、客户 Customer、订单 Order、订单项 Lineitem、国家 Nation、地区 Region 7 个实体。每个实体的属性和主码如下：

① **零件 Part：**零件编号 Partkey、零件名称 Name、零件制造商 Mfgr、品牌 Brand、类型 Type、尺寸 Size、零售价格 Retailprice、包装 Container、备注 Comment。主码：零件编号 Partkey。

② **供应商 Supplier：**供应商编号 Suppkey、供应商名称 Name、地址 Address、国籍 Nation、电话 Phone、备注 Comment 等。主码：供应商编号 Suppkey。

③ **客户 Customer：**客户编号 Custkey、客户名称 Name、地址 Address、电话 Phone、国籍 Nation、备注 Comment。主码：客户编号 Custkey。

④ **订单 Order：**订单编号 Orderkey、订单状态 Status、订单总价 Totalprice、订单日期 Orderdate、订单优先级 Orderpriority、记账员 Clerk、运送优先级 Shippriority、备注 Comment。主码：订单编号 Orderkey。

⑤ **订单项 Lineitem：**订单项编号 Linenumber、所订零件编号 Partkey、所订零件供应商编号 Suppkey、零件数量 Quantity、零件总价 Extendedprice、折扣 Discount、税率 Tax、退货标记 Returnflag 等。主码：订单项编号 Linenumber。

⑥ **国家 Nation：**国家编号 Nationkey、国家名称 Name、所属地区 Region、备注 Comment。主码：国家编号 Nationkey。

⑦ **地区 Region：**地区编号 Regionkey、地区名称 Name、备注 Comment。主码：地区编号 Regionkey。

根据实际语义，分析实体之间的联系，确定实体之间一对一、一对多和多对多联系。
实体-联系图（E-R 图）见图 2 所示。

续表

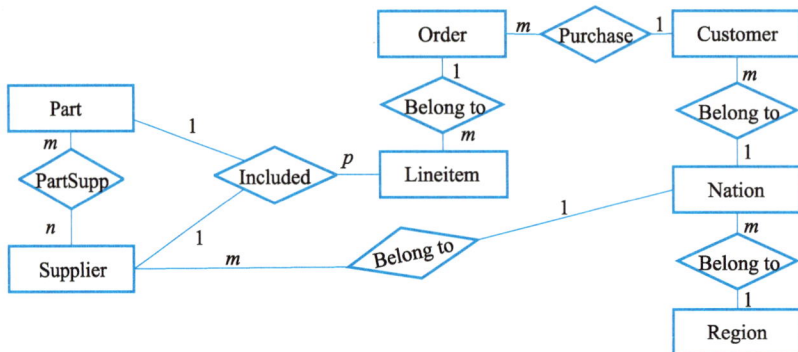

图 2   零件供应销售数据库的 E-R 图

（2）数据库逻辑结构设计

按照数据库设计原理中概念结构转化成逻辑结构的规则，每个实体转换成一个关系，多对多的联系也转换成一个关系。因此，根据上述 E-R 图设计数据库逻辑结构（参见实验 3.1 数据库定义中的图 1）。

（3）数据库物理结构设计

数据库物理结构首先根据逻辑结构自动转换生成，然后根据应用需求设计数据库的索引结构、存储结构。

（4）数据库模式 SQL 语句生成

生成的数据库模式 SQL 语句参见实验 3.1 数据库定义的 SQL 语句。

实验总结：

数据库设计的三个主要阶段是概念、逻辑和物理三种结构设计，它们各有不同的设计方法和内容。关键是在概念结构设计中要正确识别实体及其属性，并用合适的名字给实体和属性命名，然后画出符合应用语义的 E-R 图；在逻辑结构设计中要为属性选用合适的数据类型，切忌不管实际情况如何，将所有属性都设为 CHAR 类型，长度一律为 20 或 100 等；在物理结构设计阶段主要是设计适当的索引，为表、索引、日志等分配合理的存储区。

3．思考题

（1）请选择一个熟悉的应用，练习数据库设计。

（2）请使用 PowerDesigner 等数据库辅助设计工具软件进行数据库设计。

第 8 章实验　数据库编程与大作业

数据库编程与大作业实验包含 5 个实验项目（见表 8），其中 2 个必修实验项目，3 个选修实验项目，它们均为设计性实验。

表 8　"数据库编程与大作业"　实验项目一览表

序号	实验项目名称	开设类别	难易程度	建议实验学时	对应《概论》章节
实验 8.1	存储过程实验	必修	较难	2	第 8 章 8.2.5 小节
实验 8.2	自定义函数实验	选修	较难	2	第 8 章 8.2.6 小节
实验 8.3	游标实验	选修	较难	2	第 8 章 8.2.4 小节
实验 8.4	基于 JDBC 的数据库应用开发实验	选修	较难	4	第 8 章 8.3、8.4 节
实验 8.5	数据库大作业	必修	较难	8	第 6 章～第 8 章

实验 8.1　存储过程实验

1. 实验内容和要求

掌握数据库编程语言 PL/SQL 以及数据库存储过程的设计和使用方法，包括存储过程定义、存储过程运行，存储过程更名、存储过程删除、存储过程的参数传递；掌握 PL/SQL 编程规范，规范设计存储过程。

实验重点：存储过程的定义和运行。

实验难点：存储过程的参数传递方法。

2. 实验报告示例

实验报告					
题目：存储过程实验		姓名		日期	

（1）无参数的存储过程

① 定义一个存储过程，更新所有订单的（含税折扣价）总价。

```
/*即根据订单明细表，计算每个订单的总价，更新 Orders 表*/
CREATE OR REPLACE PROCEDURE Proc_CalTotalPrice()
AS
BEGIN
        UPDATE Orders SET Totalprice =
        (SELECT SUM(Extendedprice * (1 - Discount)*(1 + Tax))
        FROM Lineitem
        WHERE Orders.Orderkey = Lineitem.Orderkey);
END;
```

② 执行存储过程 Proc_CalTotalPrice()。

CALL Proc_CalTotalPrice();

（2）有参数的存储过程

① 定义一个存储过程，更新给定订单的（含税折扣价）总价。

```
CREATE OR REPLACE PROCEDURE Proc_CalTotalPrice4Order(okey INTEGER)
AS
BEGIN
     UPDATE Orders SET Totalprice =
          (SELECT SUM(Extendedprice * (1 - Discount)*(1 + Tax))
           FROM Lineitem
           WHERE Orders.Orderkey = Lineitem.Orderkey AND
           Lineitem.Orderkey = okey);
END;
```

② 执行存储过程。

```
CALL Proc_CalTotalPrice4Order(5365);      /*带参数的调用*/
```

（3）有局部变量的存储过程

① 定义一个存储过程，更新某个顾客的所有订单的（含税折扣价）总价。

```
CREATE OR REPLACE PROCEDURE Proc_CalTotalPrice4Customer(p_custname CHAR(25))
AS
DECLARE
     L_custkey INTEGER;
BEGIN
     SELECT Custkey INTO L_custkey       /*查找给定客户名对应的客户编号*/
     FROM Customer
     WHERE Name = TRIM(p_custname);
     /*TRIM 是系统函数，截去字符串前后空格*/
     UPDATE Orders SET Totalprice = /*修改指定客户编号的所有订单的总价*/
          (SELECT SUM(Extendedprice * (1 - Discount)*(1 + Tax))
           FROM Lineitem
           WHERE Orders.Orderkey = Lineitem.Orderkey AND
                Orders.Custkey = L_custkey);
END;
```

② 执行存储过程 Proc_CalTotalPrice4Customer()。

```
CALL Proc_CalTotalPrice4Customer('陈楷丰');
```

续表

③ 查看存储过程执行结果。

```
SELECT * FROM Orders
WHERE Custkey = (SELECT Custkey   FROM Customer WHERE Name = '陈楷丰');
```

（4）有输出参数的存储过程

① 定义一个存储过程，更新某个顾客的所有订单的（含税折扣价）总价。

```
CREATE OR REPLACE PROCEDURE Proc_CalTotalPrice4Customer2(p_custname
    CHAR(25), OUT p_totalprice REAL)
AS
DECLARE
    L_custkey INTEGER;
BEGIN
    SELECT Custkey INTO L_custkey            /*查找给定客户名对应的客户编号*/
    FROM Customer
    WHERE Name = TRIM(p_custname);
    RAISE NOTICE ' Custkey is %', L_custkey;       /*提示客户编号信息*/

    UPDATE Orders SET Totalprice =               /*修改指定客户编号的所有订单的总价*/
        (SELECT SUM(Extendedprice * (1 - Discount)*(1 + Tax))
          FROM Lineitem
          WHERE Orders.Orderkey =
          Lineitem.Orderkey AND Orders.Custkey = L_custkey);
          /*查找指定客户编号的所有订单的总价的和，并通过输出参数输出该值*/
    SELECT SUM(Totalprice) INTO p_totalprice
    FROM Orders WHERE Custkey = L_custkey;
END;
```

② 执行存储过程 Proc_CalTotalPrice4Customer2()。

```
/*该存储过程的第二个参数为输出参数，在调用时给输出参数赋予 NULL，生成临时表，以结果
集的形式显示出来*/
CALL Proc_CalTotalPrice4Customer2('陈楷丰',null);
```

③ 查看存储过程执行结果。

```
/*检查下列 SQL 语句执行结果与上述存储过程执行结果是否一致*/
SELECT SUM(Totalprice)
FROM Orders
WHERE Custkey = (SELECT Custkey
FROM Customer
```

续表

WHERE Name = '陈楷丰');

（5）修改存储过程

① 修改存储过程名 Proc_CalTotalPrice4Order 为 CalTotalPrice4Order。

ALTER PROCEDURE Proc_CalTotalPrice4Order RENAME TO CalTotalPrice4Order;

② 编译存储过程 CalTotalPrice4Order。

ALTER PROCEDURE CalTotalPrice4Order(okey INTEGER) COMPILE;

（6）删除存储过程

删除存储过程 CalTotalPrice4Order。

DROP PROCEDURE CalTotalPrice4Order;

实验总结：

存储过程、用户自定义函数可以通过 CALL 和 SELECT 语句调用。需要说明的是：

① 存储过程、用户自定义函数如果带有 OUT 或 INOUT 参数，则参数对应位置在调用时必须使用 NULL 或其他常量占位；运行所得是一个由一条或多条记录组成的结果集，每条记录中字段的顺序是 OUT 或 INOUT 参数对应的字段在前，最后返回 RETURN 语句对应的字段。

② SELECT 调用，就是执行普通的 SELECT 语句。对于存储过程，不能和其他任何常量、函数、存储过程等一并构成表达式使用，只能单独作为一个表达式出现在 SELECT 语句中。对于用户自定义函数，如果没有 OUT 或 INOUT 参数，则可以和其他常量、变量、对象名（如字段名）等组合成表达式使用。带有 OUT 或 INOUT 参数的函数不可以参与表达式的计算。

---

3. 思考题

① 试总结几种调试存储过程的方法。

② 存储过程中的 SELECT 语句与普通的 SELECT 语句格式有何不同？执行方法有何不同？

实验 8.2　自定义函数实验

1. 实验内容和要求

掌握数据库编程语言 PL/SQL 以及数据库自定义函数的设计和使用方法，包括自定义函数定义、自定义函数运行、自定义函数更名、自定义函数删除、自定义函数的参数传递。掌握 PL/SQL

编程规范，规范设计自定义函数。

实验重点： 自定义函数的定义和运行。

实验难点： 自定义函数的参数传递方法。

2. 实验报告示例

<table>
<tr><td colspan="5" align="center">实验报告</td></tr>
<tr><td>题目：自定义函数实验</td><td>姓名</td><td></td><td>日期</td><td></td></tr>
</table>

（1）无参数的自定义函数

① 定义一个自定义函数，更新所有订单的（含税折扣价）总价，并返回所有订单的总价之和。

```
/*该自定义函数与实验 8.1 中的 Proc_CalTotalPrice()存储过程类似,区别在于该自定义函数具有一
个 REAL 类型的返回值*/
CREATE OR REPLACE FUNCTION FUN_CalTotalPrice()
RETURN REAL
AS
DECLARE
    res REAL;        /* 自定义函数的返回值*/
BEGIN
    UPDATE Orders SET Totalprice =      /*更新所有订单的含税折扣价总价*/
            (SELECT SUM(Extendedprice * (1-Discount)*(1 + Tax))
             FROM Lineitem
             WHERE Orders.Orderkey = Lineitem.Orderkey);
    SELECT SUM(Totalprice) INTO res    /*计算所有订单的含税折扣价总价之和*/
    FROM Orders;
    RETURN res;    /*返回总价之和*/
END;
```

② 执行自定义函数 FUN_CalTotalPrice()。

```
SELECT FUN_CalTotalPrice();
/* 执行自定义函数，其返回值以结果集的方式返回和显示*/
```

（2）有参数的自定义函数

① 定义一个自定义函数，更新并返回给定订单的总价。

```
CREATE OR REPLACE FUNCTION FUN_CalTotalPrice4Order(p_okey INTEGER)
RETURN REAL
AS
DECLARE
    res REAL;
```

```
                BEGIN
                    UPDATE Orders SET Totalprice=
                        /*更新给定编号的订单的含税折扣价总价*/
                        (SELECT SUM(Extendedprice * (1 - Discount)*(1 + Tax))
                        FROM Lineitem
                        WHERE Orders.Orderkey = Lineitem.Orderkey AND Lineitem.Orderkey=p_okey);

                        SELECT Totalprice INTO res              /*查找给定订单的总价*/
                        FROM Orders;
                        WHERE Orderkey = p_okey;
                        RETURN res;                            /*返回给定订单的总价*/
                END;
```

② 执行自定义函数 FUN_CalTotalPrice4Order()。

```
    /*更新并返回 5365 号订单的总价*/
    CALL FUN_CalTotalPrice4Order(5365);
```

(3) 有局部变量的自定义函数

① 定义一个自定义函数，计算并返回某个顾客的所有订单的总价。

```
    CREATE OR REPLACE FUNCTION FUN_CalTotalPrice4Customer(p_custname CHAR(25))
    RETURN REAL
    AS
    DECLARE
        L_custkey INTEGER;                            /*局部变量 L_custkey */
        res REAL;
    BEGIN
        SELECT Custkey INTO L_custkey                 /*  查找给定客户名的客户编号  */
        FROM Customer
        WHERE Name = TRIM(p_custname);

        RAISE NOTICE ' Custkey is %', L_custkey;      /*  提示客户编号信息  */

        /*  更新指定客户编号的所有订单的含税折扣价总价  */
        UPDATE Orders SET Totalprice =
            (SELECT SUM(Extendedprice * (1 - Discount)*(1 + Tax))
             FROM Lineitem
             WHERE Orders.Orderkey = Lineitem.Orderkey AND
                 Orders.Custkey = L_custkey);
```

```
        /* 计算指定客户编号的所有订单的含税折扣价总价之和  */
        SELECT SUM(Totalprice) INTO res
        FROM Orders
        WHERE Custkey = L_custkey;
        RETURN res;    /*返回总价之和*/
    END;
```

② 执行自定义函数 FUN_CalTotalPrice4Customer()。

```
SELECT FUN_CalTotalPrice4Customer('陈楷丰');
```

（4）有输出参数的自定义函数

① 定义一个自定义函数，计算并返回某个顾客的所有订单的总价。

/* 该函数定义一个输入参数 p_custname、一个输出参数 p_totalprice, 还有一个返回值类型 REAL。通过输出参数的定义，该函数可以返回两个或者两个以上的值。该函数与 FUN_CalTotalPrice4Customer ()基本类似，区别只在于该函数多了一个输出参数*/

```
CREATE OR REPLACE FUNCTION FUN_CalTotalPrice4Customer2(p_custname CHAR(25),
    OUT p_totalprice REAL)
RETURN REAL
AS
DECLARE
    L_custkey INTEGER;
    res REAL;
BEGIN
    SELECT Custkey INTO L_custkey
    FROM Customer
    WHERE Name = TRIM(p_custname);

    RAISE NOTICE ' Custkey is %', L_custkey;

    UPDATE Orders SET Totalprice =
        (SELECT SUM(Extendedprice * (1 - Discount)*(1 + Tax))
          FROM Lineitem
          WHERE Orders.Orderkey = Lineitem.Orderkey AND
                Orders.Custkey = L_custkey);

    SELECT SUM(Totalprice) INTO p_totalprice
    FROM Orders
    WHERE Custkey = L_custkey;
```

续表

> Res := p_totalprice;
>
> RETURN res;
>
> END;

② 执行自定义函数 FUN_CalTotalPrice4Customer2()。

> SELECT FUN_CalTotalPrice4Customer2('陈楷丰',null);

（5）修改自定义函数

① 修改自定义函数名 FUN_CalTotalPrice4Order 为 CalTotalPrice4Order。

> ALTER FUNCTION FUN_CalTotalPrice4Order RENAME TO CalTotalPrice4Order;

② 编译自定义函数 CalTotalPrice4Order。

> ALTER FUNCTION CalTotalPrice4Order(okey INTEGER) COMPILE;

（6）删除自定义函数

删除自定义函数 CalTotalPrice4Order。

> DROP FUNCTION CalTotalPrice4Order;

实验总结：

① 自定义函数也称为存储函数。自定义函数和存储过程类似，都是持久性存储模块，不同之处在于函数必须指定返回值的类型。

② 使用存储过程和自定义函数等方法，用户可以自定义程序逻辑，开发完成业务逻辑复杂的应用系统。

3．思考题

（1）试分析自定义函数与存储过程的区别与联系。

（2）如何让自定义函数可以返回多个值？如何使用该函数？

实验 8.3　游标实验

1．实验内容和要求

掌握 PL/SQL 游标的设计、定义和使用方法，理解 PL/SQL 游标按行操作和 SQL 按结果集操作的区别与联系；掌握各种类型游标的特点、区别与联系。

实验重点：游标的定义和使用。

实验难点：游标类型。

2. 实验报告示例

<table>
<tr><td colspan="4" align="center">实验报告</td></tr>
<tr><td>题目：游标实验</td><td>姓名</td><td></td><td>日期</td><td></td></tr>
</table>

（1）普通游标

① 定义一个存储过程，用游标实现计算所有订单的总价。

```
CREATE OR REPLACE PROCEDURE ProcCursor_CalTotalPrice()
AS    /*定义存储过程，循环计算和更新每个订单的总价 totalprice*/
DECLARE
    L_orderkey INTEGER;
    L_totalprice REAL;
    CURSOR mycursor FOR                     /*定义下面 SELECT 语句的游标*/
        SELECT Orderkey, Totalprice
        FROM Orders;
BEGIN
    OPEN mycursor;                          /*  打开游标  */
    LOOP      /*对每个订单记录循环，修改其 Totalprice 属性值*/
        FETCH mycursor INTO L_orderkey, L_totalprice;  /*获取游标当前记录*/
        IF mycursor%NOTFOUND THEN
            EXIT;                           /*游标找不到记录，则退出*/
        END IF;
        /*计算当前订单所有明细项目的含税折扣价格总和*/
        SELECT SUM(Extendedprice * (1 - Discount)*(1 + Tax)) INTO L_totalprice
        FROM Lineitem
        WHERE Orderkey = L_orderkey;        /*修改当前订单的 Totalprice 属性值*/
        UPDATE Orders SET Totalprice = L_totalprice
        WHERE Orderkey = L_orderkey;
    END LOOP;
    CLOSE mycursor;                         /*  关闭游标  */
END;
```

② 执行存储过程 ProcCursor_CalTotalPrice()。

```
CALL ProcCursor_CalTotalPrice();
```

（2）REFCURSOR 类型游标

① 定义一个存储过程，用游标实现计算所有订单的总价。

```
/*该存储过程与 ProcCursor_CalTotalPrice()存储过程类似，唯一区别就是所定义的游标类型不同 */
CREATE OR REPLACE PROCEDURE ProcRefCursor_CalTotalPrice()
AS
```

```
DECLARE
    L_orderkey INTEGER;
    L_totalprice REAL;
    mycursor REFCURSOR;                    /*定义 REFCURSOR 类型游标*/
BEGIN
    /*打开 REFCURSOR 类型游标，游标记录集为 Orders 订单表所有记录*/
    OPEN mycursor FOR SELECT Orderkey, Totalprice
    FROM Orders;
    LOOP
        FETCH mycursor INTO L_orderkey, L_totalprice;
        IF mycursor%NOTFOUND THEN
            EXIT;
        END IF;
        SELECT SUM(Extendedprice * (1 - Discount)*(1 + Tax))   INTO L_totalprice
        FROM Lineitem
        WHERE Orderkey = L_orderkey;

        UPDATE Orders SET Totalprice = L_totalprice
        WHERE Orderkey = L_orderkey;
    END LOOP;
    CLOSE mycursor;
END;
```

② 执行存储过程 ProcRefCursor_CalTotalPrice()。

```
CALL ProcRefCursor_CalTotalPrice();
```

（3）记录变量与游标

① 定义一个存储过程，用游标实现计算所有订单的总价。

```
/*该存储过程与 ProcCursor_CalTotalPrice()存储过程类似，唯一区别就是所定义的游标结果类型为
记录类型的变量*/
CREATE OR REPLACE PROCEDURE ProcRecCursor_CalTotalPrice()
AS
DECLARE
    L_totalprice   REAL;
    res RECORD;                    /*定义游标结果为记录类型变量*/
    CURSOR mycursor FOR
        SELECT Orderkey, Totalprice
        FROM Orders;
BEGIN
```

```
            OPEN mycursor;
            LOOP
                /*从游标中取出的结果保存在 res 记录类型的变量中*/
                FETCH mycursor INTO res;
                IF mycursor%NOTFOUND THEN EXIT;
                END IF;
            /*从记录变量 res 中获得当前订单的订单编号，计算当前订单的所有明细项目的
            含税折扣价总和*/
                SELECT SUM(Extendedprice * (1 - Discount)*(1 + Tax)) INTO L_totalprice
                FROM Lineitem
                WHERE Orderkey = res.Orderkey;

                UPDATE Orders SET Totalprice = L_totalprice
                WHERE Orderkey =res.Orderkey;
            END LOOP;
            CLOSE mycursor;
        END;
```

② 执行存储过程 ProcRecCursor_CalTotalPrice()。

```
        CALL ProcRecCursor_CalTotalPrice();
```

（4）带参数的游标

① 定义一个存储过程，用游标实现计算指定国家的用户订单的总价。

```
    /*该存储过程与 ProcCursor_CalTotalPrice()存储过程类似，区别在于该存储过程带有一个参数，所
    定义的游标为带参数的游标，游标结果定义为记录类型*/
    CREATE OR REPLACE PROCEDURE ProcParaCursor_CalTotalPrice(p_nationname CHAR(20))
    AS
    DECLARE
    L_totalprice REAL;
    res RECORD;               /*定义游标结果为记录类型变量*/
    /*定义一个带参数的游标，查询指定国家名称的顾客的订单及其总价*/
    CURSOR mycursor(c_nationname CHAR(25)) FOR
            SELECT O.Orderkey, O.Totalprice
            FROM Orders O, Customer C, Nation N
            WHERE O.Custkey = C.Custkey AND C.Nationkey = N.Nationkey AND
            TRIM(N.Name) = TRIM(c_nationname);
    BEGIN
    /*打开游标：把存储过程的参数 p_nationname 传递给游标的参数 c_nationname*/
        OPEN mycursor(p_nationname);
        LOOP
```

续表

```
              FETCH mycursor INTO res;
              IF mycursor% NOTFOUND THEN
                    EXIT;
              END IF;
              SELECT SUM(Extendedprice*(1-Discount)*(1+Tax)) INTO L_totalprice
              FROM Lineitem
              WHERE Orderkey = res.Orderkey;

              UPDATE Orders SET Totalprice = L_totalprice
              WHERE Orderkey =res.Orderkey;
          END LOOP;
          CLOSE mycursor;
      END;
```

② 执行存储过程 ProcParaCursor_CalTotalPrice()。

```
    CALL ProcParaCursor_CalTotalPrice('中国');        /*计算中国用户订单的总价*/
```

实验总结：

① REFCURSOR 类型的游标定义一个游标引用变量，只是在打开该类型游标时才指定具体的 SELECT 语句，以便产生游标的结果集。因此，REFCURSOR 实质上是定义了一个动态游标，可以灵活方便地根据程序运行时情况动态设置游标的 SELECT 查询结果集。

② 从任务一可以看出，游标可以实现对数据库记录的逐条处理，而不是整个结果集一起处理，因此游标是在 PL/SQL 中实现过程化处理的核心功能。

③ 从任务三看出，记录变量对于游标结果记录的处理很方便，通过记录变量可以直接访问记录的每个属性，而无须为记录的每个属性定义相应的变量。

④ PL/SQL 中%TYPE、%ROWTYPE 和 RECORD 等数据类型的区别与联系如下：

a．%TYPE 提供一个表字段数据类型的变量。例如，在 users 表中有字段 User_id，要声明一个和 users.User_id 类型相同的变量，可以写为 user_id users.User_id%TYPE。缺点是：使用%TYPE，必须要知道所引用的结构的数据类型。优点是：即使被引用项的表字段数据类型发生了变化，也不需要修改 PL/SQL 的过程体定义。

b．%ROWTYPE 提供一个复合类型变量，称为行变量。这样的一个变量可以保存一次 SELECT 命令结果的完整一行，只要命令的字段集匹配该变量声明的类型。可将一个行变量声明为与一个现有的表或者视图的行类型相同，方法是使用 table_name%ROWTYPE 表示。在一个行类型的变量中，只能访问用户定义的表中行的属性。

c．RECORD 提供一个记录变量，类似于行类型变量，但是它们没有预定义的结构，而是在 SELECT 命令中获取实际的行结构，这点和 Oracle 不同。在 KingbaseES 的 PL/SQL 过程体中，正是这种预先没有确定结构的特性，为用户提供了极大的灵活性。

3．思考题

① 试分析说明 REFCURSOR 类型游标的优点。

② 分析游标是如何架起"数据库按集合操作数据"和"过程语言按记录操作数据"之间的桥梁的。

实验 8.4　基于 JDBC 的数据库应用开发实验

1．实验内容和要求

掌握基于 JDBC 驱动的数据库应用开发方法、基于 JDBC 驱动的数据库连接方法，实现数据库数据操纵等应用开发常见功能。

实验重点：基于 JDBC 驱动的数据库连接方法、数据库数据操纵功能等。

实验难点：不同的数据库应用开发工具包含不同的开发框架和模式，以及如何较为熟练地使用所选择的应用开发工具。

2．实验报告示例

<table>
<tr><td colspan="5" align="center">实验报告</td></tr>
<tr><td>题目：基于 JDBC 的数据库
应用开发实验</td><td>姓名</td><td></td><td>日期</td><td></td></tr>
<tr><td colspan="5">

在本实验中，以 Eclipse 开发环境和 KingbaseES 数据库为例实现一个完整的示例程序，其源代码 JDBCTest.java 附在思考题之后。该程序实现的功能为：把 KingbaseES 的 Samples 数据库中 S-C 模式下的 Student 表数据复制到 SQL SERVER 的 SamplesBackup 数据库中相同模式的相同表中。为简单起见，也可以在 KingbaseES 中创建 SameplesBackup 数据库，建立 S-C 模式和 Student 表，然后实现上述复制功能。该程序的框架如下：

（1）基于 JDBC 驱动的数据库连接方法

```
/* Step 1：定义句柄和变量 */
/* Step 2：初始化环境 */
/* Step 3：建立连接 */
```

（2）基于 JDBC 驱动的数据库数据操纵方法

```
/* Step 4：初始化语句句柄 */
/* Step 5：两种方式执行语句 */
/* 预编译带有参数的语句 */
/*直接执行 SQL 语句*/
/* Step 6：处理结果集并执行预编译后的语句*/
```

（3）中止基于 JDBC 驱动的数据库连接

```
/* Step 7：中止处理*/
```

</td></tr>
</table>

续表

> **实验总结：**
>
> Java 是一种面向对象的高级编程语言，直接使用 JDBC 可以设计访问不同数据源之间数据库的应用程序；但是在实际的数据库应用系统开发中通常并不直接使用 JDBC 访问数据库，而是使用 Hibernate、MyBatis 等数据库中间件来访问数据库。

3. 思考题

① 试修改源程序 JDBCTest.java，实现零件供应销售数据库模式数据库 Sales 模式下所有表的复制。

② 请调查目前比较流行的软件开发环境，分析它们在基于 JDBC 驱动开发数据库应用方面各有哪些优缺点。

Eclipse 环境中编程实现访问数据库的源程序 JDBCTest.java 如下：

```java
import java.sql.Connection;
import java.sql.DriverManager;
import java.sql.Statement;
import java.sql.PreparedStatement;
import java.sql.ResultSet;
import java.util.Properties;

public class JDBCTest {
    public static void main(String[] args) {

        /* Step 1 定义句柄和变量 */
        String sSno, sName, sSex, sDepart;
        Integer sAge;

        /* Step 2 初始化环境 */
        /* Step 3 :建立连接 */

        String driverName = "com.kingbase.Driver";         //连接源数据库
        String src_url = "jdbc:kingbase: //localhost:54321/SAMPLES";
        Properties src_info = new Properties();
        src_info.put ("user", "SYSTEM");
        src_info.put ("password", "MANAGER");
        src_info.put ("EscapeProcessing", "false");

        String dst_url = "jdbc:kingbase://localhost:54321/SameplesBackup";
        //连接目标数据库
        Properties dst_info = new Properties();
```

```
dst_info.put ("user", "SYSTEM");
dst_info.put ("password", "MANAGER");
dst_info.put ("EscapeProcessing", "false");

try{
    Class.forName(driverName);
    Connection src_conn = DriverManager.getConnection(src_url,src_info);
    Connection dst_conn = DriverManager.getConnection(dst_url, dst_info);

    /* Step 4 :初始化语句句柄  */
    Statement src_stmt = src_conn.createStatement();
    PreparedStatement dst_prestmt = dst_conn.prepareStatement("INSERT INTO
        \"S-C\".STUDENT (SNO,SNAME,SSEX,SAGE,SDEPT) VALUES (?, ?, ?, ?, ?)");
    /* Step 5 :两种方式执行语句  */
    /*预编译带有参数的语句*/
    /*直接执行  SQL  语句*/
    ResultSet rs = src_stmt.executeQuery("SELECT * FROM \"S-C\".Student");

    /* Step 6：处理结果集并执行预编译后的语句*/
    while (rs.next())
    {
        sSno = rs.getString("SNO");
        sName = rs.getString("SNAME");
        sSex = rs.getString("SSEX");
        sAge = rs.getInt("SAGE");
        sDepart = rs.getString("SDEPT");

        dst_prestmt.setString(1, sSno);
        dst_prestmt.setString(2, sName);
        dst_prestmt.setString(3, sSex);
        dst_prestmt.setInt(4, sAge);
        dst_prestmt.setString(5, sName);

        dst_prestmt.executeUpdate();

        System.out.println(sSno + sName + sSex + sDepart + sAge);
    }
    /* Step 7  终止处理*/
    rs.close();
    src_stmt.close();
    dst_prestmt.close();
```

```
                src_conn.close();
                dst_conn.close();
            }
            catch (Exception e)
            {
                System.out.println(e.getMessage());
            }
        }
    }
}
```

实验 8.5　数据库大作业

1. 实验内容和要求

掌握综合运用数据库原理、方法和技术，进行数据库应用系统分析、设计和开发的能力。为某个部门或单位开发一个数据库应用系统，具体内容包括：对某个部门或单位的业务和数据进行调查，进行系统分析、系统设计、数据库设计、数据库创建和数据加载；进行数据库应用软件开发、系统测试、系统分析设计和开发文档撰写；进行软件、文档和数据库提交，数据库应用系统运行演示和大作业汇报。

能够针对某个部门或单位的应用需求，通过系统分析，从数据库数据和应用系统功能两方面进行综合设计，实现一个完整的数据库应用系统，同时培养团队合作精神。要求 5～6 位同学组成一个开发小组，每位同学承担不同的角色（例如项目管理员、DBA、系统分析员、系统设计员、系统开发员、系统测试员）。撰写系统设计和开发文档，提交系统文档、数据库应用软件和数据库。每个小组进行 30 分钟的报告和答辩，讲解设计方案，演示系统运行，汇报分工与合作情况。

实验重点：数据库设计与数据库应用软件开发。

实验难点：综合运用系统分析与设计方法，从数据和功能两方面协调设计一个完整的数据库应用系统。要能熟练掌握和运用一种主流 DBMS 应用开发工具，进行数据库应用软件的开发。

2. 实验报告示例

实验报告				
题目：数据库大作业		姓名		日期

在"数据库系统概论"精品课程网站上有同学们完成的一些大作业实验报告示例，可供读者参考学习。

数据库设计和应用开发步骤主要包括：

① 系统调查

② 系统分析

③ 系统设计

续表

④ 数据库设计 ⑤ 数据库创建和数据加载 ⑥ 数据库应用软件的功能设计和开发 ⑦ 数据库应用系统测试 ⑧ 分析设计和开发文档撰写 ⑨ 应用软件、数据库和文档提交 ⑩ 应用系统演示和汇报
实验总结： 　① 数据库大作业对学生的要求比较高，不仅要求学生掌握数据库基本原理和方法，数据库设计方法，还需要掌握 Java 或 Python 等数据库开发语言、工具和相应的 Web 开发框架等知识。 　② 在数据库课程教学开始就布置该项数据库大作业实验，讲清楚实验内容和要求，以便学生提前准备，学习和熟悉相关的开发语言和工具，这将有利于本实验的完成。

3. 思考题

① 数据库应用系统的功能设计对数据库设计有何影响？

② 如何协调数据库应用系统的功能设计与数据库设计？

③ 在数据库应用开发中，使用的程序设计语言的数据类型与数据库的数据类型如何相互转换？

第 10 章实验　数据库性能监视与调优

数据库性能监视与调优实验分为三个选修实验项目（见表 9），它们都属于验证性与设计性相结合的实验。

表 9　"数据库性能监视与调优"实验项目一览表

序号	实验项目名称	开设类别	难易程度	建议实验学时	对应《概论》章节
实验 10.1	数据库查询性能调优实验	选修	难	4	第 10 章
*实验 10.2	数据库性能监视实验	选修	难	4	第 10 章
*实验 10.3	数据库系统配置参数调优实验	选修	难	4	第 10 章

实验 10.1　数据库查询性能调优实验

1. 实验内容和要求

理解和掌握数据库查询性能调优的基本原理和方法。学会使用 EXPLAIN 命令分析查询执行计划、利用索引优化查询性能、优化 SQL 语句；理解和掌握数据库模式规范化设计对查询性能的影响；能够针对给定的数据库模式，设计不同的实例来验证查询性能优化的效果。

实验重点：利用索引优化查询性能、优化 SQL 语句。

实验难点：数据库模式规范化设计对查询性能的影响。

2. 实验报告示例

实验报告				
题目：数据库查询性能调优实验	姓名		日期	

（1）使用 EXPLAIN 命令查看查询执行计划

查看 Part、PartSupp、Supplier 三个表连接查询的查询执行计划。

```
EXPLAIN SELECT *
FROM Part P, Partsupp PS, Supplier S
WHERE P.Partkey = PS.Partkey AND PS.Suppkey = S.Suppkey
     AND P.Name = '发动机'
ORDER BY S.Acctbal desc, S.Name, P.Partkey;
/*该 SQL 语句是要查询零件名为发动机的零件、供应该零件的供应商以及零件供应明细等，并按照供应商的账户余额（降序）、供应商名称（升序）、零件编号（升序）排序输出结果*/
```

（2）利用索引优化查询性能

建立索引，优化 SQL 查询性能。

```
CREATE INDEX IDX_part_name ON Part(Name);        /*在 Part 表的 Name 属性上建立索引*/

EXPLAIN SELECT *
FROM Part P, Partsupp PS, Supplier S
WHERE P.Partkey = PS.Partkey AND PS.Suppkey = S.Suppkey
     AND P.Name = '发动机'
ORDER BY S.Acctbal desc, S.Name,P.Partkey;
```

比较在 Part 表的 Name 上无索引（任务一）和有索引（任务二）时，两种执行计划有何异同，并实际执行该查询，以验证有索引和无索引时此查询语句的执行性能。

（3）优化 SQL 语句

① IN 与 EXISTS 查询。

```
SELECT *
FROM Orders
WHERE Orderkey IN (SELECT Orderkey
        FROM Lineitem
        WHERE Partkey IN (SELECT Partkey
            FROM Part
```

WHERE Name = '发动机'));

一般地，使用 EXISTS 查询效率要高于 IN 查询，改写 SQL 语句如下：

```
SELECT *
FROM Orders O
WHERE EXISTS (SELECT *
        FROM Lineitem L
        WHERE O.Orderkey = L.Orderkey AND
            EXISTS (SELECT *
                FROM Part P
                WHERE P.Partkey = L.Partkey
                    AND Name = '发动机'));
```

比较两种执行计划，并实际测试执行性能哪种情况好。

② 尽可能使用不相关子查询，避免使用相关子查询。

不相关子查询一般比相关子查询执行效率要高。在可能的情况下，改写相关子查询为不相关子查询，但是要避免使用 IN 等集合运算符的不相关子查询。

查找这样的订单，其总价大于该顾客所购商品的平均总价。

相关子查询：

```
SELECT *
FROM Orders O1
WHERE O1.Totalprice > (SELECT AVG(O2.Totalprice)
        FROM Orders O2
        WHERE O2.Custkey = O1.Custkey);
```

不相关子查询：

```
SELECT *
FROM Orders O1 , (SELECT O2.Custkey, AVG(O2.Totalprice) AS Avgprice
        FROM Orders O2
        GROUP BY O2.Custkey) AVG1
        /*子查询生成临时派生表，取名为 AVG1*/
WHERE O1.Custkey = AVG1.Custkey AND O1.Totalprice > AVG1.Avgprice;
```

比较两种执行计划，并实际测试执行性能哪种情况好。

（4）数据库模式规范化设计对查询性能的影响

分析零件供应销售数据库模式中是否存在不规范的设计。该设计在海量数据的情况下查询效率怎样？如何在设计上进一步提高海量数据的查询效率？

第三范式在一定程度上减少了不必要的冗余，提高了数据库的查询效率，但是如果数据量大且需要大量联合查询的时候，第三范式设计又可能会影响查询效率。零件供应销售数据库模式中存在的不规范的设计如下：

① Orders 表中订单的 Totalprice 由 Lineitem 表中该订单的所有订单项的 Extendedprice、Discount 和 Tax 等属性计算得出，即

$$\text{Totalprice} = \text{SUM}(\text{Lineitem.Extendedprice} \times (1 - \text{Lineitem.Discount}) \times (1 + \text{Lineitem.Tax}))$$

该项设计虽然不规范（即定义 Totalprice 为一个冗余数据属性），但大大提高了客户所有订单总金额的查询效率。例如，查询所有购物总金额大于 20 万元的客户编号及其购物总金额：

```
SELECT Custkey, SUM(Totalprice)
FROM Orders
GROUP BY Custkey
HAVING SUM(Totalprice) > 200000.00;
```

如果不用 Totalprice 字段，则 SQL 查询语句为：

```
SELECT O.Custkey,SUM(L.Extendedprice*(1-L.Discount)*(1+L.Tax)) AS Sumprice
FROM Orders O, Lineitem L
WHERE O.Orderkey = L.Orderkey
GROUP BY O.Custkey
HAVING Sumprice > 200000.00;
```

② Lineitem 表中订单明细价格 Extendedprice 由 Quantity 和 Part 表中的 Retailprice 得出，即

$$\text{Extendedprice} = \text{Quantity} \times \text{Part.Retailprice}$$

该项设计虽然不规范，但大大提高了客户订单总金额的查询效率。例如，查询所有购物零售总金额（折扣和加税之前的价格，即 Extendedprice）大于 1 万元的订单对应的客户编号及金额：

```
SELECT O.Custkey, SUM(L.Extendedprice) AS Sumextprice
FROM Orders O, Lineitem L
WHERE O.Orderkey = L.Orderkey
GROUP BY O.Custkey
HAVING Sumextprice > 10000.00;
```

如果不使用 Extendedprice，则 SQL 查询为：

续表

```
SELECT O.Custkey, SUM(L.Quantity * P.Retailprice) AS Sumextprice
FROM Orders O, Lineitem L, PartSupp PS, Part P
WHERE O.Orderkey = L.Orderkey AND L.Partkey = PS.Partkey
        AND L.Suppkey = PS.Suppkey AND PS.Partkey = P.Partkey
GROUP BY O.Custkey
        HAVING Sumextprice > 10000.00;
```

实验总结：

对于实际数据库应用开发来说，掌握如何利用 SQL 设计数据库查询的技巧是非常必要的。随着数据库数据量的增长，原来有效的 SQL 查询语句的执行效率可能会急剧下降。一个优化的 SQL 查询和一个不好的 SQL 查询，它们的执行效率可能相差十几倍、几十倍，甚至上百倍。

3. 思考题

① 对实验 3.3 中的查询，使用不同的 SQL 语句来表达。比较它们的查询效率，体会并总结查询优化的技巧和方法。

② 利用自动化方法随机产生不同规模的数据集，比较和分析 SQL 查询在不同规模数据集下的执行效率。

*实验 10.2　数据库性能监视实验

1. 实验内容和要求

了解所使用的 DBMS 提供的数据库性能监视功能，学习数据库查询性能监视的基本原理和方法。例如，使用 KingbaseES 的数据库性能监视工具，通过标准统计视图和统计访问函数，查看数据库系统收集到的性能统计信息；运行 ANALYZE 命令来更新数据库统计信息；通过专门工具监视系统的性能。

希望能够熟悉数据库系统有关性能统计信息的标准视图和统计访问函数，了解如何通过系统收集到的统计数据监视系统性能。

实验重点： 通过标准统计视图和统计访问函数，查看数据库系统收集到的性能统计信息。

实验难点： 分析性能统计信息，找出存在的性能问题。

2. 实验报告示例

实验报告				
题目：数据库性能监视实验	姓名		日期	

（1）**查看系统标准统计视图和统计访问函数**

① KingbaseES 部分标准统计视图如下：

续表

a．sys_stat_activity：每个服务器进程一行，显示数据库、进程、用户、当前查询等信息。只有在打开 stats_command_string 参数时，才能得到报告当前查询的相关信息的各个字段。

b．sys_stat_database：每个数据库一行，显示数据库、与该数据库连接的活跃服务器进程数、提交的事务总数，以及在该数据库中回滚数目的总数、读取的磁盘块的总数和缓冲区命中的总数。

c．sys_stat_all_tables：当前数据库中每个表一行，显示模式和表信息、发起的顺序扫描的总数、顺序扫描抓取的有效数据行的数目、发起的索引扫描的总数、索引扫描抓取的数据行数目，以及插入、更新和删除的行总数。

d．sys_stat_all_indexes：当前数据库中每个索引一行，显示输入索引所在表 OID 和索引 OID、模式名、表名和索引名，包括使用了该索引的索引扫描总数、索引扫描返回的索引记录的数目、使用该索引的简单索引扫描抓取的有效表中的数据行数。

e．sys_statio_all_tables：当前数据库中每个表一行，显示表、模式和表名，包含从该表中读取的磁盘块总数、缓冲区命中的次数、在该表上所有索引的磁盘块读取总数和缓冲区命中总数等信息。

f．sys_statio_all_indexes：当前数据库中每个索引一行，显示表 OID 和索引 OID、模式名、表名和索引名，该索引的磁盘块读取总数和缓冲区命中的数目。

g．sys_statio_all_sequences：当前数据库中每个序列对象一行，显示序列的 OID、模式名和序列名、序列磁盘读取总数和缓冲区命中的数目。

② KingbaseES 部分统计访问函数如下：

a．sys_stat_get_db_numbackends(oid)：integer，数据库中活跃的服务器进程数目。

b．sys_stat_get_db_xact_commit(oid)：bigint，数据库中已提交的事务数量。

c．sys_stat_get_db_xact_rollback(oid)：bigint，数据库中回滚的事务数量。

d．sys_stat_get_tuples_inserted(oid)：bigint，插入表中的元组数量。

e．sys_stat_get_tuples_updated(oid)：bigint，在表中已更新的元组数量。

f．sys_stat_get_tuples_deleted(oid)：bigint，从表中删除的元组数量。

g．sys_stat_get_blocks_fetched(oid)：bigint，表或者索引的磁盘块被存取的数量。

h．sys_backend_pid()：integer，附着在当前会话上的服务器进程 ID。

i．sys_stat_get_backend_pid(integer)：integer，给出的服务器进程的进程号。

j．sys_stat_get_backend_dbid(integer)：oid，指定服务器进程的数据库 ID。

k．sys_stat_get_backend_userid(integer)：oid，指定服务器进程的用户 ID。

l．sys_stat_get_backend_activity(integer)：text，服务器进程的当前活跃查询。

m．sys_stat_get_backend_client_port(integer)：integer，连接到给定服务器的客户端口。

n．sys_stat_reset()，boolean，重置所有当前收集的统计。

续表

（2）查看数据库管理系统当前活动情况

① 查看当前进程数。

```
SELECT COUNT(*)
FROM (SELECT sys_stat_get_backend_idset() AS backendid) AS s;
/*sys_stat_get_backend_idset() 函数为：获得服务器后台进程集合*/
```

② 查看当前进程的详细活动。

```
SELECT * FROM sys_stat_activity;
```

③ 查看正在进行的 SQL 操作。

```
SELECT sys_stat_get_backend_pid(s.backendid) AS procpid,
        sys_stat_get_backend_activity(s.backendid) AS current_query
FROM (SELECT sys_stat_get_backend_idset() AS backendid) AS s ;
```

（3）更新数据库统计信息

① 用 ANALYZE 更新数据库统计信息。

```
ANALYZE;
```

② 用 ANALYZE 更新数据表的统计信息。

```
ANALYZE Sales.Orders;
```

实验总结：

既要掌握 KingbaseES 有关性能监视和统计分析的系统表和系统视图，以及相应的性能分析和监视语句；又要掌握利用合适的数据库性能监视工具进行数据库性能监视。

3. 思考题

① 试总结你所用的 DBMS 的性能监视工具的功能和使用方法。

② 总结和分析数据库性能监视主要监视哪些数据库性能指标。一旦数据库性能指标出现异常，应当如何进行处理？

*实验 10.3　数据库系统配置参数调优实验

1. 实验内容和要求

了解**数据库系统级参数与连接级参数的配置及调优的基本原理和方法**。了解如何通过修改这些参数设置来调整系统运行时的配置，以优化系统性能。

了解并熟悉数据库各级参数的作用以及配置，包括系统级参数配置和调优、数据库级参数配置和调优、会话（连接）级参数配置和调优。

实验重点：数据库级参数配置和调优、连接级参数配置和调优。

实验难点：系统级参数配置和调优。

2. 实验报告示例

<table>
<tr><td colspan="5" align="center">实验报告</td></tr>
<tr><td>题目：数据库系统配置参数
调优实验</td><td>姓名</td><td></td><td>日期</td><td></td></tr>
</table>

（1）显示参数的命令

① 显示 XXX 参数。

    SHOW shared_buffers;　　　　/*专门的显示系统会话值的命令，可以显示所有参数的值*/

② 显示 xxx 参数。

    SELECT shared_buffers;　　　　/*只能显示一个参数的值*/

（2）设置会话级参数

① 设置提交延迟时间参数为 10 s，对本次会话有效。

    SET SESSION COMMIT_DELAY to 10;

② 设置提交延迟时间参数为 10 s，对本次提交事务有效。

    SET LOCAL COMMIT_DELAY to 10;

（3）修改数据库默认参数

设置 test 数据库的密码长度为 10 个字符，该设置覆盖数据库的默认设置，对该数据库上启动的每个会话都有效。

    ALTER DATABASE test SET password_length TO 10;

（4）设置系统级或全局级参数配置

① 关闭自动清理存储空间开关，自动修改数据库系统配置文件，该修改将在重启数据库服务器后才生效。

    ALTER SYSTEM SET autovacuum = off;

② 设置数据库监听的地址，自动修改数据库系统配置文件，该修改将在重启数据库服务器后才生效。

    ALTER SYSTEM SET listen_addresses = '127.0.0.1';

（5）优化系统级参数

优化 KingbaseES 数据库管理系统的 shared_buffers 参数。

续表

ALTER SYSTEM SET shared_buffers = 80000;

该参数是很重要的参数，数据库管理系统通过 shared_buffers 与内核和磁盘打交道。一方面，该参数应该设置得足够大以应对通常的表访问操作，让更多的数据缓存在 shared_buffers 中。通常设置为实际 RAM 的 10%，例如，设置 80 000 个缓冲区（每个缓冲区一般为 8 KB，8 万个缓冲区大小为 625 MB）。将所有的内存都给 shared_buffers，则会导致没有内存来运行程序；另一方面，该参数应该设置得足够小，以避免操作系统因缺少内存而将页面换进/换出。

（6）优化会话级参数

① 优化 KingbaseES 数据库管理系统的 work_mem 参数。

SET work_mem = 61440;

在执行排序操作时，系统会根据 work_mem 的大小，决定是否将一个大的结果集拆分为几个小的和 work_mem 差不多大小的临时文件。显然，拆分的结果会降低排序的速度。因此增加 work_mem 的大小会有助于提高排序速度，通常设置为实际 RAM 的 2%~4%；另外还要根据需要排序结果集的大小而定，比如 61 440（60 MB）。

② 优化 KingbaseES 数据库管理系统的 temp_buffers 参数。

SET temp_buffers = 2048;   /*设置临时缓冲区为 2 GB*/

该参数称为临时缓冲区，用于数据库会话访问临时表数据，系统默认值为 8 MB。可以在单独的会话中对该参数进行设置，尤其是需要访问比较大的临时表时，这项优化将会带来显著的性能提升。

实验总结：

数据库系统配置参数一般由数据库管理员负责修改。修改数据库系统配置需要非常小心谨慎，一旦修改不当可能会导致数据库系统性能下降，甚至系统崩溃。

3. 思考题

① 试通过一个实际示例，测试不同的 temp_buffers 大小对临时表查询性能的影响。

② 总结系统级参数和连接级参数的区别与联系。

第 11 章实验　数据库备份与恢复

数据库备份与恢复实验分为三个选修实验项目（见表 10）。这些实验项目均为验证性实验。

表 10 "数据库备份与恢复"实验项目一览表

序号	实验项目名称	开设类别	难易程度	建议实验学时	对应《概论》章节
实验 11.1	事务实验	选修	适中	2	第 11 章
实验 11.2	数据库备份实验	选修	适中	2	第 11 章
实验 11.3	数据库恢复实验	选修	适中	2	第 11 章

实验 11.1　事务实验

1. 实验内容和要求

掌握数据库事务管理的基本原理以及事务的编程方法。设计几个典型的事务应用，包括显式事务、事务提交、事务回滚、隐式事务等。

实验重点：显式事务的编写。

实验难点：把事务的编写以及存储过程的设计与使用结合起来。

2. 实验报告示例

实验报告				
题目：事务实验	姓名		日期	

（1）**显式事务的编写**

① 创建一个事务，当用户购买零件时插入订单明细和订单记录，修改供应表以保持数据一致性。

```
BEGIN TRANSACTION;     /*明显写出事务开始和后面的事务提交*/
INSERT INTO Orders(Orderkey, Custkey, Orderstatus, Totalprice,    /*插入订单记录*/
    Orderdate, Orderpriority, Clerk, Shippriority, Comment)
VALUES(1021, 3, 'P', 0.0, CURRENT_DATE, 'Common', 'Mike', 1, null);
INSERT INTO Lineitem(Orderkey, Partkey, Suppkey,           /*插入订单明细记录*/
    Linenumber,Quantity, Extendedprice, Discount, Tax, Returnflag, Linestatus,
    Shipdate, Commitdate, Receiptdate, Shipinstruct, Shipmode, Comment)
VALUES(1021,479,1, 1, 2, 0.0, 0.3, 0.08, 'F', 'C', DATEADD('day', 3,
    CURRENT_DATE), DATEADD('day', 3, CURRENT_DATE),
    CURRENT_DATE, 'BOX', 'GENERAL',NULL );
    /*修改订单明细项目对应的零件供应记录中的可用数量 */
UPDATE PartSupp SET Availqty = Availqty - 2
WHERE Partkey = 479 AND Suppkey = 1;
COMMIT TRANSACTION;                 /*明显写出事务开始和事务提交*/
```

② 创建一个事务，当用户撤销某条购买记录时，删除订单明细（假设只有一项订单明细）和订单记录，然后修改零件供应联系表以保持数据一致性。

```
BEGIN TRANSACTION;
        DELETE FROM Lineitem                /*先删除订单明细记录*/
        WHERE Orderkey = 1021;
        DELETE FROM Orders                  /*再删除订单记录*/
        WHERE Orderkey = 1021;
        /*修改订单明细记录对应的零件供应记录中的可用数量*/
        UPDATE PartSupp SET Availqty = Availqty + 2
        WHERE Partkey = 479 AND Suppkey = 1;
COMMIT TRANSACTION;
```

③ 创建一个存储过程，当用户撤销某个用户购买记录时，修改零件供应联系表，删除订单明细（可以是多项）和订单记录，保持数据一致性。

```
/*该存储过程就是一个事务*/
/*创建存储过程 PRC_DeleteOrder: 删除输入的订单。首先逐个删除订单明细记录,然后删除订单记录 */
CREATE OR REPLACE PROCEDURE PRC_DeleteOrder(P_orderkey INTEGER)
AS
DECLARE       /*定义一个带参数的游标，检索给定订单号的订单明细记录*/
CURSOR Cursor_Lineitem(L_orderkey INTEGER)
        FOR SELECT * FROM Sales.Lineitem WHERE Orderkey = L_orderkey;
        res Lineitem%ROWTYPE;                   /*定义订单明细记录类型变量 res*/
BEGIN
        OPEN Cursor_Lineitem(P_orderkey);
        /*打开游标：把存储过程的参数传递给游标的参数*/
        LOOP   /*针对给定订单的明细记录循环，逐个删除订单明细记录 */
        FETCH Cursor_Lineitem INTO res;         /*从游标获取当前订单明细记录 */
        IF Cursor_Lineitem%NOTFOUND THEN
            EXIT;
        END IF;
        /*修改零件供应表中对应的可用数量 */
        UPDATE Sales.PartSupp SET Availqty = Availqty + res.Quantity
        WHERE Partkey = res.Partkey AND Suppkey = res.Suppkey;
        /*删除当前订单明细记录 */
        DELETE   FROM   Sales.Lineitem
        WHERE    Orderkey = P_orderkey AND Linenumber = res.Linenumber;
        END LOOP;
        CLOSE Cursor_Lineitem;                      /*  关闭游标  */

        DELETE   FROM   Sales.Orders                /*  删除订单记录  */
        WHERE    Orderkey = P_orderkey;
END;
```

续表

（2）显式事务的编写（带有回滚）

创建一个事务，当用户购买零件时插入订单明细（假设只购买一项明细）和订单记录，修改零件供应联系表以保持数据一致性。

```
/*创建存储过程，完成用户购买零件事务 */
CREATE OR REPLACE PROCEDURE PRC_Purchase4OneItem(p_orderkey INTEGER,
        p_custkey INTEGER, p_partkey INTEGER, p_suppkey INTEGER, p_purchaseqty INTEGER)
AS
DECLARE
        L_availqty    INTEGER;
        BEGIN TRANSACTION;
        /*  插入订单记录 */
            INSERT INTO Sales.Orders(Orderkey, Custkey, Orderstatus, Totalprice,
                    Orderdate, Orderpriority, Clerk, Shippriority, Comment)
            VALUES(P_orderkey, P_custkey, 'P', 0.0, CURRENT_DATE,
                    'Common', 'Mike', 1, null);
                    /*  插入订单明细记录 */
            INSERT INTO Sales.Lineitem(Orderkey, Partkey, Suppkey, Linenumber,
                    Quantity, Extendedprice, Discount, Tax, Returnflag, Linestatus,
                    Shipdate, Commitdate, Receiptdate, Shipinstruct, Shipmode, Comment)
            VALUES(P_orderkey,P_partkey,P_suppkey, 1, P_purchaseqty, 0.0, 0.3, 0.08,
                    'F', 'C',    DATEADD('day', 3, CURRENT_DATE),
                    DATEADD('day', 3, CURRENT_DATE),
                    CURRENT_DATE, 'BOX', 'GENERAL',NULL );

            /*查询订单明细记录对应的零件供应记录中的可用数量*/
            SELECT Availqty INTO L_availqty
            FROM Sales.PartSupp
            WHERE Partkey = P_partkey AND Suppkey = P_suppkey;
            IF (L_availqty > P_purchaseqty)    THEN
                    /*如果可用数量大于订购数量，则修改零件供应记录，提交事务*/
                    UPDATE Sales.PartSupp    SET    Availqty = Availqty - P_purchaseqty
                    WHERE Partkey = P_partkey AND Suppkey = P_suppkey;
                    COMMIT TRANSACTION;
            ELSE
                    ROLLBACK TRANSACTION;           /*可用数量不够，回滚事务*/
            END IF;
    END;

CALL PRC_Purchase4OneItem (1021, 3, 479, 1, 20);      /* 执行存储过程，购买零件*/
```

续表

/*查看 Orders、Lineitem 和 PartSupp 三个表中相应记录，验证存储过程的事务执行正确性*/
SELECT　* FROM Orders WHERE Orderkey = 1021;
SELECT * FROM Lineitem WHERE Orderkey = 1021;
SELECT * FROM PartSupp WHERE Partkey = 479 AND Suppkey = 1;

CALL PRC_DeleteOrder(1021);　　　　　　　　　　/*执行存储过程，删除指定订单 */

CALL PRC_Purchase4OneItem (1021, 3, 479, 1, 40000); /*重新执行存储过程，购买零件*/

/* 再次查看 Orders、Lineitem 和 PartSupp 三个表中相应记录，验证存储过程的事务执行正确性 */
SELECT　* FROM Orders WHERE Orderkey = 1021;
SELECT * FROM Lineitem WHERE Orderkey = 1021;
SELECT * FROM PartSupp WHERE Partkey = 479 AND Suppkey = 1;

实验总结：
　事务是数据库恢复和并发控制的基本单位。数据库系统采取各种方法来保证事务的
ACID 特性。

3. 思考题
① 试分析存储过程和事务的区别与联系。
② 总结并分析事务执行成功和失败的情况。

实验 11.2　数据库备份实验

1. 实验内容和要求
　了解数据备份的概念，掌握数据库数据转储备份的方法。学习实际使用的 DBMS（如
Kingbase）中数据库逻辑备份、物理备份、增量备份和完全备份的概念及使用方法。利用 DBMS
提供的备份工具，实现各种数据库备份策略。
　说明：数据库备份也称为数据库转储。在各种备份方法中，物理备份是复制数据库物理文
件，逻辑备份是将数据库对象的定义和数据导出到指定文件中，完全备份是备份整个数据库，
增量备份是仅备份上次备份以来有变化的数据。
　实验重点： 逻辑备份和物理备份。
　实验难点： 增量备份。

2. 实验报告示例

实验报告				
题目：数据库备份实验	姓名		日期	

实际使用的 DBMS 所提供的备份功能、备份命令都不尽相同。我们以 Kingbase 为例进行实验。

KingbaseES 提供的逻辑备份有三种备份模式：全库备份、模式备份、表备份。其中，全库备份是指备份单个数据库中所有的用户可备份的对象，模式备份是指备份用户指定的模式和模式所包含的对象，表备份是指备份指定的表和表的数据。

KingbaseES 提供了图形界面的逻辑备份工具 javatools.bat JDump，也提供了命令行的逻辑备份工具 sys_dump 和 exp。sys_dump 是 KingbaseES 专有的逻辑备份工具，而 exp 是兼容 Oracle 的逻辑备份工具。exp 的使用依赖于配置的 Kingbase 服务，所以需要在使用前配置 sys_service.conf 文件。

KingbaseES 提供物理全系统备份，即对"全系统"进行备份，备份结果形成一个备份集。备份机制是通过复制 KingbaseES 系统，以统一的格式形成一个全系统的拷贝，以便恢复到一个一致的数据状态。物理全系统备份支持两种类型：物理全系统联机备份和物理全系统脱机备份。KingbaseES 提供了图形界面的物理还原工具 javatools.bat JBackup，也提供了命令行的物理还原工具 sys_backup。

本实验使用 KingbaseES 的命令行工具 sys_dump 和 sys_backup。打开命令窗口，设置 KingbaseES 的可执行文件所在目录为当前路径，完成如下所有实验。本实验部分假设 KingbaseES 安装后的可执行文件所在目录为 c:\Kingbase\ES\V9\bin。

（1）**逻辑备份整个数据库**

① 备份为二进制文件。

/* -F c | p: c 表示备份文件为二进制格式，p 表示备份文件为 SQL 文件，若不指明该参数，则默认认为二进制格式；-f 参数指定备份文件名*/

sys_dump -h localhost -p 54321 -U SYSTEM -W MANAGER -F c -f d:\dumpfile.dmp PSS

② 备份为 SQL 文件。

sys_dump -h localhost -p 54321 -U SYSTEM -W MANAGER -F p -f d:\dumpfile.sql   PSS

（2）**逻辑备份多个表**

备份零件供应销售数据库模式的 Orders、Lineitem、PartSupp 等多个表。

/*-t 参数指定备份的表名*/
sys_dump -h localhost -p 54321 -U SYSTEM -W MANAGER -t Sales.Orders   -f d:\dumpfile.dmp PSS

> sys_dump −h localhost −p 54321 −U SYSTEM −W MANAGER −t Sales.Lineitem 　−f d:\dumpfile.dmp PSS
>
> sys_dump −h localhost −p 54321 −U SYSTEM −W MANAGER −t Sales.PartSupp 　−f d:\dumpfile.dmp PSS

（3）逻辑备份数据库中指定的模式

备份数据库 PSS 的 Sales 模式。

> /*−n　参数指定备份模式名*/
> sys_dump −h localhost −p 54321 −U SYSTEM −W MANAGER −n Sales
> −f d:\dumpfile.dmp PSS

（4）利用 COPY TO 命令备份数据

备份数据库 PSS 中 Sales 模式的 Lineitem 表到物理文件 lineitem.csv 中。

> /*该命令不是 KingbaseES 的命令行工具，需要在 KingbaseES 的查询分析器中执行。FORCE
> QUOTE comment：强制复制表中 comment 属性的所有非空数值，两边使用 QUOTE 指定的标
> 记符*/
> COPY Sales.Lineitem TO 'd:\lineitem.csv' WITH
> CSV QUOTE '"' FORCE QUOTE comment;

（5）联机全系统物理备份

设置数据库管理系统为归档模式，然后联机进行全系统的物理备份零件供应销售数据库。

① 首先找到数据库管理系统的配置文件，例如 KingbaseES 数据库的配置文件为 Data 目录下的 Kingbase.conf，将其中的 log_archive_start 参数设置为 on，同时设置 log_archive_dest 为一个已经存在的存放归档日志的文件夹名称，然后启动数据库服务器。

② 利用 BACKUP 命令联机备份零件供应销售数据库。

> /*BACKUP 命令不是 KingbaseES 的命令行工具，需要在查询分析器中执行。NAME 参数指定备
> 份集的名称，TYPE FULL 参数指定为全系统备份，FILEPATH 指定备份数据存放的文件夹，该
> 文件夹可以存放多个备份集成员。*/
> BACKUP NAME week1 TYPE FULL FILEPATH 'd:\Kingbase\archive';

（6）脱机全系统物理备份

停止数据库服务器的运行，然后脱机进行全系统的物理备份零件供应销售数据库。

① 利用 KingbaseES 的控制管理器停止数据库服务器的运行。

② 脱机物理备份零件供应销售数据库。

> /*−b 参数指定脱机备份，−D 参数指定要备份的数据目录，−n 参数指明备份名，−p 参数指定备份
> 集路径*/
> sys_backup −b −D c:\Kingbase\ES\V9\data −n offline_backup −p d:\Kingbase\backup

续表

（7）物理联机增量备份

先做一次全系统物理备份，作为基准备份，然后修改数据，做增量备份。

① 完全备份，得到完全备份集 week1。

/*BACKUP 命令不是 KingbaseES 的命令行工具，需要在查询分析器中执行*/
BACKUP NAME week1 TYPE FULL FILEPATH 'd:\Kingbase\archive';

② 插入数据，修改数据库。

INSERT INTO Sales.Customer(Custkey, Name, Address, Nationkey, Phone, Acctbal, Mktsegment, Comment) VALUES(999888, '李四', null, null, null , null, null,null);

③ 联机增量备份，得到增量备份集 diff1。

/*FILEPATH 指定增量备份数据存放的文件夹*/
BACKUP NAME pss_diff1 FILEPATH 'd:\kingbase\archive\' TYPE DIFFERENTIAL INCREMENT;

（8）物理脱机增量备份

停止数据库服务器的运行，然后脱机进行全系统的物理增量备份零件供应销售数据库。

① 利用 KingbaseES 的控制管理器停止数据库服务器的运行。

② 进行脱机完全备份，如果没有停止服务器就进行脱机完全备份，则会报错。

/*-b 参数指定脱机备份，-D 参数指定要备份的数据目录, -n 参数指明备份名，-p 参数指定备份集路径*/
sys_backup -b -D c:\Kingbase\ES\V9\data -n offline_backup_full -p d:\Kingbase\backup

③ 利用 KingbaseES 的控制管理器启动服务器，连接数据库后增加数据。

CREATE TABLE Sales.Tab(Col1 INT, Col2 TEXT);
INSERT INTO Sales.Tab VALUES(1,'one');

④ 利用 KingbaseES 的控制管理器停止数据库服务器的运行。

⑤ 进行脱机差异增量备份，该增量备份的基础备份是第二步的完全备份或差异增量备份。

sys_backup -b -n offline_backup_increment2 -D c:\Kingbase\ES\V9\data -p d:\Kingbase\backup -t differential

---

实验总结：

要掌握数据库备份的命令行工具使用方法，以及数据库备份的图形工具使用方法。

3．思考题

① 请阅读所用的数据库系统联机帮助，设计一个物理脱机增量备份方案。

② 比较分析静态备份和动态备份的区别与联系。

实验 11.3　数据库恢复实验

1．实验内容和要求

掌握数据库逻辑恢复和物理恢复的方法。设计数据库恢复策略，实现数据库恢复，包括数据库逻辑恢复、物理恢复、增量恢复和完全恢复等。数据库恢复也称为数据库还原。

实验重点：逻辑恢复和物理恢复。

实验难点：增量恢复。

2．实验报告示例

实验报告			
题目：数据库恢复实验	姓名		日期

"逻辑还原"是指利用备份，把数据库从一个快照转化到另一个快照的过程（数据库在某个时刻的状态称为一个快照）。

KingbaseES 逻辑还原是将备份文件中数据库对象和数据还原到指定数据库。逻辑还原时，若不指定还原对象，则针对备份文件中的所有备份对象进行还原。逻辑还原方式可以有三种选择：

① 还原整个备份文件。

② 还原指定对象（表、索引、存储过程、触发器）。

③ 根据对象列表文件还原。

KingbaseES 提供了图形界面的逻辑备份还原工具 javatools.bat JDump，也提供了命令行工具 sys_restore 和 imp。sys_restore 是 KingbaseES 专有的逻辑还原工具，而 imp 则是兼容 Oracle 的逻辑还原工具。imp 的使用依赖于配置的 Kingbase 服务，所以需要在使用前配置 sys_service.conf 文件。

"物理还原"指的是通过备份集和归档日志，将数据库转化为一致性状态的过程。还原时可以采用两种策略：

① 只使用增量备份的备份集进行恢复。

② 使用增量备份的备份集+归档日志+尾日志进行恢复。增量备份的脱机恢复对用户来说是透明的。

系统会自动判断是完全备份还是增量备份。如果是增量备份，系统会依次恢复本备份集到基础备份间的所有备份集。增量恢复成功后，可以是一个不完整恢复，此时将会为恢复后数据目录中的日志文件生成新的时间线，这点和完全备份是一致的。

续表

KingbaseES 提供了图形界面的物理还原工具 javatools.bat JBackup，也提供了命令行的物理还原工具 sys_backup-r，该命令可以使用联机和脱机中的完全备份和增量备份进行脱机恢复。

本实验使用 KingbaseES 命令行工具 sys_restore 和 sys_backup-r 还原数据库。打开命令窗口，设置 KingbaseES 的可执行文件所在目录为当前路径，完成如下所有实验。本实验部分假设 KingbaseES 安装后的可执行文件所在目录为 c:\Kingbase\ES\V9\bin。

（1）逻辑恢复整个数据库

从二进制备份文件恢复整个数据库。

/*-d 参数指明数据库名, -clean 参数指明恢复之前删除已经存在的数据库对象*/
sys_restore -h localhost -p 54321 -U SYSTEM -W MANAGER -clean -d PSS d:\dumpfile.dmp

（2）逻辑恢复多个表

恢复零件供应销售数据库的 Orders、Lineitem、PartSupp 等多个表。

/*-t 参数指定要恢复的表名*/
sys_restore -h localhost -p 54321 -U SYSTEM -W MANAGER -clean -d PSS -t Sales.Orders
    d:\dumpfile.dmp
sys_restore -h localhost -p 54321 -U SYSTEM -W MANAGER -clean -d PSS -t Sales.Lineitem
    d:\dumpfile.dmp
sys_restore -h localhost -p 54321 -U SYSTEM -W MANAGER -clean -d PSS -t Sales.PartSupp
    d:\dumpfile.dmp

（3）逻辑恢复指定模式

恢复 PSS 数据库的 Sales 模式。

/*-d 参数指明数据库名，实质与恢复整个数据库的命令一致*/
sys_restore -h localhost -p 54321 -U SYSTEM -W MANAGER -clean -d PSS d:\dumpfile.dmp

（4）利用 COPY FROM 命令恢复数据

从物理文件 lineitem.csv 恢复 PSS 数据库 Sales 模式中的 Lineitem 表。

/*该命令需要在 KingbaseES 的查询分析器中执行。WITH CSV 指明输入数据文件的格式；QUOTE: 指明 CSV 文件中所有非空数值两边使用的标记符，默认为双引号。*/
COPY Sales.Lineitem FROM 'd:\lineitem.csv' WITH CSV QUOTE '"';

说明：执行 COPY FROM 命令时，DBMS 进行数据完整性检查。如果要恢复的表已存有数据，则可能会因为数据重复而引起完整性检查失败，从而导致 COPY FROM 命令执行失败。一种解决的办法是，如果确认表中已有的数据失效，则可以先执行 TRUNCATE Sales.Lineitem 命令以清空该表中的数据，然后执行上述 COPY FROM 命令。

续表

（5）全系统恢复物理数据库

① 利用联机和脱机中的完全备份，进行全系统恢复物理数据库 PSS。

使用命令行工具 sys_backup，全系统恢复物理数据库 PSS 到新路径。

> /* -r 指定使用物理全系统恢复功能；-P 指明完全备份集所在的路径，该路径包含备份集的名称；
> -N: 指定恢复数据库数据到指定的目的路径。*/
> sys_backup -r -P d:\Kingbase\archive\week1 -N c:\Kingbase\data

说明：如果目的路径是备份前数据所在路径，则要删除该路径之后再恢复，否则会由于该路径下有数据而导致恢复失败；如果目的路径是一个新路径，则要将 KingbaseES 安装路径中 config 目录下 instance.conf 文件中的 data_dir 和 log_dir 修改为该新路径，以使 KingbaseES 启动时从该新路径中装载数据库数据。

② 利用联机和脱机中的增量备份，进行全系统恢复物理数据库 PSS。

使用命令行工具 sys_backup，全系统恢复物理数据库 PSS 到新路径。

> /* -r 指定使用物理全系统恢复功能；-P 指明增量备份集所在的路径，该路径包含备份集的名称；
> -N: 指定恢复数据库数据到指定的目的路径。*/
> sys_backup -r -P d:\Kingbase\archive\tpch_diff2 -N c:\Kingbase\data1

说明：该命令实际上与利用完全备份集进行恢复是一样的，只是-P 参数指明的是最后一次增量备份集所在的路径。系统先自动找到增量备份对应的最后一次完全备份，做全系统物理数据库恢复，然后按照增量备份集的时间顺序依次恢复各个增量备份集。

③ 使用归档的日志和尾日志文件，恢复备份名为 ONLINE_B2 的备份到新位置。

> /* -P 指明备份集所在的路径，该路径包含备份集的名称；-N: 指定恢复数据库数据到指定的目的
> 路径；-A: 指明归档日志保存的位置；-D: 恢复时，是尾日志所在的数据目录的路径值。尾日志通
> 常在 KingbaseES 系统运行的数据目录中，所以在基于归档日志的恢复中需要指定这个目录。*/
> sys_backup -r -P d:\Kingbase\archive\week2 -N c:\Kingbase\recover\data -A d:\Kingbase\archive -D
> c:\Kingbase\ES\V9\data

实验总结：

要掌握使用命令行工具进行数据库恢复，以及使用数据库图形工具进行数据库恢复；根据数据库恢复策略，制定适合的数据库备份策略。

3．思考题

① 请阅读所用的数据库管理系统联机帮助，设计一个物理脱机增量恢复方案。

② 对比分析利用数据库静态备份和动态备份进行恢复的异同点。

第 12 章实验 并 发 控 制

并发控制有 1 个实验项目（参见表 11），该实验项目属于选修的设计性实验。

表 11 "并发控制"实验项目一览表

序号	实验项目名称	开设类别	难易程度	建议实验学时	对应教材章节
实验 12.1	并发控制	选修	适中	2	第 12 章

1．实验内容和要求

掌握数据库并发控制的基本原理及其应用方法。验证并发操作带来的数据不一致性问题，包括丢失修改、脏读、不可重复读、幻读等多种情况。要求通过取消查询分析器的自动提交功能，创建两个不同的用户，分别登录查询分析器，同时打开两个客户端；通过使用 SQL 语句设计具体示例，展示不同封锁级别的应用场景，验证各种封锁级别的并发控制效果，以进一步理解封锁技术如何解决事务并发导致的问题。

实验重点：并发操作带来的数据不一致性问题。

实验难点：设计具体的示例以演示各种封锁级别。

2．实验报告示例

实验报告			
题目：并发控制实验	姓名		日期	

DBMS 通常提供 4 种隔离级别：读未提交（read uncommitted）、读已提交（read committed）、可重复读（repeatable read）和可串行化（serializable）。

4 种隔离级别与三级封锁协议的大致对应关系如下：

① 读未提交隔离级别提供最大的事务并发度，但仅能避免丢失修改，对应一级封锁协议；读已提交隔离级别提供的事务并发度减弱，能够避免丢失修改和脏读，对应二级封锁协议。

② 可重复读隔离级别提供的事务并发度进一步减弱，能够避免丢失修改、脏读和不可重复读。

③ 可串行化隔离级别提供最小的事务并发度，能够避免所有的事务并发控制问题，对应三级封锁协议。

read commited 是 KingbaseES 默认的事务隔离级别。对于运行在这种隔离级别的事务，查询语句只能看到该查询开始执行之前提交的数据，而不会看到任何未提交的数据或查询执行期间并发的其他事务提交的数据，但是该查询可以看到本事务中查询之前执行的数据更新。

serializable 提供了更加严格的事务隔离级别。在这种事务隔离级别下，事务好像没有并发，是串行执行的。对于运行在 serializable 隔离级别的事务，查询语句只能看到该事务开始执行之前提交的数据，而不会看到任何未提交的数据或事务执行期间并发的其他事务提交的数据。

repeatable read 向上兼容 serializable。read uncommitted 向上兼容 read commited。

1. 实验准备

（1）数据准备

给 Sales 模式下的 PartSupp 表增加一条记录。

```
/* 插入零件供应记录 */
INSERT INTO Sales.PartSupp(Partkey, Suppkey, Availqty, Supplycost, Comment)
VALUES(1, 1, 0, 0.0, null);
/* 设置指定零件供应记录的可用数量为 0 */
   UPDATE Sales.PartSupp
   SET Availqty = 0
   WHERE Partkey = 1 AND Suppkey =1;
```

（2）创建两个超级用户 SYSTEM1 和 SYSTEM2

```
CREATE USER SYSTEM1 WITH SUPERUSER PASSWORD 'MANAGER';
CREATE USER SYSTEM2 WITH SUPERUSER PASSWORD 'MANAGER';
```

（3）分别以 SYSTEM1 和 SYSTEM2 用户登录查询分析器

假设 SYSTEM1 用户登录打开的查询分析器称为客户端 A，SYSTEM2 用户登录打开的查询分析器称为客户端 B。设置客户端 A 和客户端 B 的当前数据库为 TPC-H。取消两个查询分析器的自动提交事务的功能，改为显式事务提交，即需要执行 COMMIT 命令提交事务。

```
SHOW TRANSACTION ISOLATION LEVEL;
```

2. 验证丢失情况

在"读已提交"隔离级别下，验证丢失修改的情况。

① 查看 Sales 模式下 PartSupp 表的 Availqty 值为 0。

分别在客户端 A 和客户端 B 执行如下 SQL 语句：

```
/* 查看零件供应记录 */
SELECT Availqty FROM Sales.PartSupp WHERE Partkey =1 AND Suppkey = 1;
```

② 在客户端 A 执行如下 SQL 语句，修改 PartSupp 表的 Availqty 值：

```
UPDATE Sales.PartSupp SET Availqty =Availqty - 5
WHERE Partkey = 1 AND Suppkey = 1;
```

/*查看 PartSupp 表的 Availqty 值为修改后的值*/
SELECT Availqty FROM Sales.PartSupp WHERE Partkey =1 AND Suppkey = 1;

③ 在客户端 B 执行如下 SQL 语句，也修改 PartSupp 表的 Availqty 值：

UPDATE Sales.PartSupp SET Availqty =Availqty－5
WHERE Partkey = 1 AND Suppkey = 1;
/*查看 PartSupp 表的 Availqty 值为修改后的值*/
SELECT Availqty FROM Sales.PartSupp WHERE Partkey =1 AND Suppkey = 1;

④ 在客户端 A 执行如下 SQL 语句提交事务：

COMMIT;

⑤ 在客户端 B 执行如下 SQL 语句提交事务：

COMMIT;

⑥ 在客户端 A 和 B 分别执行如下 SQL 语句，查看 PartSupp 表的 Availqty 值：

/*看到修改后且已提交的 Availqty 值*/
SELECT * FROM Sales.PartSupp WHERE Partkey =1 AND Suppkey = 1;

上述操作过程可以示意如下：

T_A 终端 A 提交的事务	T_B 终端 B 提交的事务
Read(Availqty)=22	
	Read(Availqty)=22
Update(Availqty)=Availqty-5	
Read(Availqty)=17	
	Update(Availqty) = Availqty-5 等待…
Commit	
	Update(Availqty) = Availqty-5 执行完成
	Read(Availqty)=12
	Commit;

3. 验证避免脏读的情况

在"读已提交"隔离级别下，验证避免脏读的情况：

① 查看 Sales 模式下 PartSupp 表的 Availqty 值为 0。

分别在客户端 A 和客户端 B 执行如下 SQL 语句：

```
/*  查看零件供应记录  */
SELECT Availqty FROM Sales.PartSupp WHERE Partkey =1 AND Suppkey = 1;
```

② 在客户端 A 执行如下 SQL 语句，以修改 PartSupp 表的 Availqty 值：

```
UPDATE Sales.PartSupp SET Availqty =22 WHERE Partkey = 1 AND Suppkey = 1;
/*查看 PartSupp 表的 Availqty 值为修改后的值*/
SELECT Availqty FROM Sales.PartSupp WHERE Partkey =1 AND Suppkey = 1;
```

③ 在客户端 B 执行如下 SQL 语句，查看 PartSupp 表的 Availqty 值：

```
/*看不到 A 客户端修改后但尚未提交的 Availqty 值*/
SELECT Availqty FROM Sales.PartSupp WHERE Partkey =1 AND Suppkey = 1;
```

④ 在客户端 A 执行如下 SQL 语句提交事务：

```
COMMIT;
```

⑤ 在客户端 B 执行如下 SQL 语句，查看 PartSupp 表的 Availqty 值：

```
/*看到 A 客户端修改后且已提交的 Availqty 值*/
SELECT * FROM Sales.PartSupp WHERE Partkey =1 AND Suppkey = 1;
```

上述操作过程可以示意如下：

T_A 终端 A 提交的事务	T_B 终端 B 提交的事务
Read(Availqty)=0	
	Read(Availqty)=0
Update(Availqty)=22	
Read(Availqty)=22	
	Read(Availqty)=0
Commit	
	Read(Availqty)=22

4. 验证出现不可重复读的现象

在"读已提交"隔离级别下，验证出现不可重复读的现象。

① 客户端 A 执行如下 SQL 语句，读取指定零件的 Availqty 值：

SELECT Availqty FROM Sales.PartSupp WHERE Partkey =1 AND Suppkey = 1;

② 客户端 B 执行如下 SQL 语句，修改指定零件的 Availqty 值：

UPDATE Sales.PartSupp SET Availqty =33 WHERE Partkey = 1 AND Suppkey = 1;

③ 客户端 A 再次读取指定零件的 Availqty 值：

/*发现这次读取的值与上次读取的值一样，因为客户端 B 还没有提交*/
SELECT Availqty FROM Sales.PartSupp WHERE Partkey =1 AND Suppkey = 1;

④ 客户端 B 提交事务：

COMMIT;

⑤ 客户端 A 再次读取指定零件的 Availqty 值：

/*发现这次读取的值与上次读取的值不一样了，发生了不可重复读现象*/
SELECT Availqty FROM Sales.PartSupp WHERE Partkey =1 AND Suppkey = 1;

⑥ 客户端 A 提交事务：

COMMIT;

5. 在"读已提交"隔离级别下验证出现"幻影"的现象

① 客户端 A 执行如下 SQL 语句，读取指定供应商的零件供应记录。

SELECT * FROM Sales.PartSupp WHERE Suppkey = 1;

② 客户端 B 执行 SQL 语句，插入指定供应商新的零件供应记录。

INSERT INTO Sales.PartSupp(Partkey, Suppkey, Availqty, Supplycost, Comment)
    VALUES(2, 1, 0, 0.0, null);

③ 客户端 A 再次读取指定供应商的零件供应记录。

/*发现这次读取的值与上次读取的值一样，因为客户端 B 还没有提交*/
SELECT * FROM Sales.PartSupp WHERE Suppkey = 1;

④ 客户端 B 提交事务。

COMMIT;

⑤ 客户端 A 再次读取指定供应商的零件供应记录。

续表

/*发现这次读取的值与上次读取的值不一样了，发生了"幻影"现象*/
SELECT * FROM Sales.PartSupp WHERE Suppkey = 1;

⑥ 客户端 A 提交事务。

COMMIT;

6. 在"可串行化"隔离级别下验证出现"幻影"的现象

修改 KingbaseES 的 data 文件下的 kingbase.conf 文件，设置 default_transaction_isolation 为 'serializable'，重新启动数据库，然后重新执行本实验中 2、3 和 4 三项实验。验证在"可串行化"隔离级别下，避免脏读、避免不可重复读和避免出现"幻影"的情况。

实验总结：

不可重复读分为三种情况：一是由于修改而导致不可重复读；二是由于插入新记录而导致不可重复读，第二次读取时会多出一些新记录；三是由于删除记录而导致不可重复读，即第二次读取时有些旧记录"消失"了。后面两种情况称为"幻影"现象。

3. 思考题

① 试分析在"读已提交"隔离级别下，设计一个应用程序以避免"不可重复读"和"幻影"现象。

② 对比分析不同数据库实现隔离级别的异同点。

1. 实验考核标准

数据库课程实验考核内容主要分为三部分：实验过程考核、实验代码考核和实验报告考核。实验过程考核主要考查学生的实验课程出勤、实验态度、实验任务完成情况、实验过程中分析问题和解决问题的能力等方面。实验代码考核主要是考查学生编写的 SQL 代码的规范性、正确性和代码质量等方面。实验报告考核主要是考查实验报告内容的完整性、正确性和规范性等方面（实验考核评分标准表见表 12 所示）。

数据库课程实验通常由教师选择实验手册中的若干个小实验组成，实验成绩通常占课程总成绩的 30%～50%，实验过程、实验代码和实验报告可分别占三分之一的分数。考核标准以实验成绩 100 分计算，最终实验成绩可以根据其占课程总成绩的百分比折算。

表 12　实验考核评分标准表

考核内容	评分项	评分标准	分数	备注
1. 实验过程	1.1 实验课程出勤	全勤 缺勤 2 次以下 缺勤 3 次以上	10 8 6	
	1.2 实验态度	积极认真 一般 态度不端正	10 7 5	
	1.3 实验任务完成情况	全部完成 缺项 1 次 缺项 2 次以上	10 8 6	
	1.4 分析问题和解决问题的能力	良好 一般 较差	10 7 6	
2. 实验代码	2.1 代码规范性	符合 SQL 编程规范 基本规范 不够规范	10 8 6	
	2.2 代码正确性	运行结果全部正确 错误 2 项以下 错误 3 项以上	10 7 5	
	2.3 代码质量	质量较高	10	

续表

考核内容	评分项	评分标准	分数	备注
2. 实验代码	2.3 代码质量	一般 质量较差	7 5	
3. 实验报告	3.1 内容完整性	内容完整不缺项 缺 1 项 缺 2 项以上	10 8 5	
	3.2 内容正确性	内容全部正确 错误 1 项 错误 2 项以上	10 8 6	
	3.3 规范性	内容符合实验报告撰写规范 基本规范，字体格式等不统一 不规范	10 8 5	

以上实验考核评分标准可以针对每个小实验评定分数，然后加权求和得到总体实验成绩；也可以针对所有实验总体完成情况一次性评定分数。

2. 实验评价方式

从不同角度来看，实验评价有多种方式。例如：

① **教师评价**：教师是传统的最主要的评价主体。实验课教师全程关注和监督每个学生的实验情况，依据实验考核标准做出详细的评价。

② **同学互相评价**：学生互相之间是很了解各自试验情况的，通过同学互相匿名评价引入监督机制，可以更好地促进实验成绩公平公正的评价。

③ **系统自动评价**：如果利用专门的数据库在线实训平台来完成数据库实验，系统则会自动记录学生完成实验的全过程，这样就可以对学生完成实验的情况进行打分，并生成综合评价报告，涉及 SQL/PLSQL 的编程实验可以较好地实现系统自动评价。

④ **混合评价**：结合教师评价、同学互相评价、系统自动评价等多种方法，对学生进行综合评价，关键是要设置好多方评价各自的权重系数。

实验评价可以采取的一些具体措施包括：

① **线上实验考试**：主要是针对 SQL 查询，让学生上机现场完成实验。

② **查阅实验代码和实验报告**：针对学生的实验数据、实验代码和实验报告进行抽查，验证实验执行情况。可以在实验课堂进行随机抽查，也可以安排专门的时间进行抽查。

③ **学生演示汇报和答辩**：在大作业实验结束阶段，每个小组进行 30 分钟的报告和答辩，包括制作幻灯片、讲解设计方案、演示系统运行、汇报分工与合作情况，以及回答老师和同学们的提问。

根据整个小组实验情况进行评价，给出总体实验成绩；然后根据小组中每个成员的完成情况，评价每个小组成员的实验成绩。

上述各种评价方式可以按需组合，以体现本校的人才培养特色。

SQL 实验常见问题解答

SQL 是数据库实验的核心内容。SQL 实验的常见错误分为两种：语法错误和逻辑错误。对于语法错误，DBMS 会给出相应的错误信息，有些错误信息比较直观，容易理解；而有些错误信息并不直观，有时还比较费解。对于逻辑错误，SQL 语句本身是可以执行并得出结果的，只不过这样的结果并非用户的期望结果，是不正确的结果。因此，这里列出 SQL 实验过程中常见的错误及其解答，以帮助初学者更好地理解数据库知识，更快地提高数据库实验水平和实践开发能力。

1. 单引号和双引号导致的错误

例如，执行：

```
SELECT *
FROM Sales.Customer
WHERE Name ="李四";
```

会出现错误信息：

ERROR: 列"李四"不存在。

答：英文双引号括起来的字符串表示列名，英文单引号括起来的字符串表示字符串常量。上述 SQL 中"李四"改为 '李四' 即可。

2. 中文单引号或双引号导致的错误

例如，执行：

```
SELECT *
FROM Sales.Customer
WHERE Name ='李四';
```

会出现错误信息：

ERROR: 列 "'李四'" 不存在。

答：把中文单引号改为英文的单引号即可。SQL 查询分析器一般都是语法制导编辑的，字符串常量一般显示为红色，如果没有变色，即为非字符常量。另外，还有中文的分号、单括号、加号和减号经常会导致语法错误。因此，应该学会快速辨别中文标点符号和英文标点符号在显示时的区别。

3. 当前模式不清楚导致的错误

例如，执行：

```
SELECT *
FROM Customer
WHERE Name = '李四';
```

会出现错误信息：

ERROR：关系"Customer"不存在。

答：该问题可能导致的原因有：

① 关系 Customer 确实不存在。

② 当前数据库设置错误，需要正确设置当前数据库。

③ 当前模式设置错误。

更正方法：需要用

```
SET SEARCH_PATH TO Sales, Public;
```

设置当前搜索模式为 Sales 模式。或者直接在 SELECT 语句中的 Customer 前加上关系所属的模式名，如 Sales.Customer。

4. 与 CHAR 固定长度字符类型字段自动补齐空格有关的错误

例如，执行：

```
SELECT CONCAT(NAME, 'AA')
FROM Sales.Nation
WHERE Name LIKE '中国';
```

会查找不到记录。

答：因为 Nation 的 Name 字段是 CHAR(25) 固定长度字符类型，对于不足 25 个字符的国家名称，系统会自动在其后补空格。因此，WHERE 条件换成 TRIM(Name) LIKE '中国' 就可以找到一条记录，而换成 Name LIKE '中国%' 也可以找到记录。

5. 多个表中相同列名引起歧义而导致的错误

例如，执行：

```
SELECT Name
FROM Sales.Supplier S, Sales.partsupp PS, Sales.Part P
WHERE S.Suppkey = PS.Suppkey AND PS.Partkey = P.Partkey;
```

会出现错误信息：

ERROR: 列引用 "Name" 存在歧义。

答：因为 Supplier 和 Part 两个表中都存在 Name 字段，因此在 SELECT 子句中应该指明输出哪个表中的 Name 字段值。修改为 SELECT S.Name 即可。

6．不能输出 GROUP BY 子句中未出现的列名而导致的错误

例如，执行：

```
SELECT C.Name, SUM(Totalprice)
FROM Sales.Orders O, Sales.Customer C
WHERE O.Custkey = C.Custkey
GROUP BY O.Custkey;
```

会出现错误信息：

ERROR：列 "C.Name" 必须出现在 GROUP BY 子句或者聚集函数中。

答：在带有 GROUP BY 的 SQL 语句中，只有出现在 GROUP BY 中的字段以及聚集函数才能在 SELECT 子句中输出。因此，上述 SQL 语句可以改为

```
SELECT MAX(C.Name), SUM(Totalprice)
FROM Sales.Orders O, Sales.Customer C
WHERE O.Custkey = C.Custkey
GROUP BY O.Custkey;
```

或者

```
SELECT C.Name, SUM(Totalprice)
FROM Sales.Orders O, Sales.Customer C
WHERE O.Custkey = C.Custkey
GROUP BY O.Custkey, C.Name;
```

7．标量和集合做相等比较导致的错误

例如，查找张姓顾客的订单信息：

```
SELECT *
FROM Orders
WHERE Custkey = (SELECT Custkey
        FROM Sales.Customer
        WHERE Name LIKE '张%');
```

会出现错误信息：

ERROR：作为一个表达式使用的子查询返回多行结果。

答：上述 SQL 子查询返回的是多行记录的集合，不能直接和 Custkey 标量值进行相等比较，把相等比较运算符"="改为 IN 集合运算符即可。

8．同时删除多个表数据导致的错误

例如，删除 3 号供应商及其零件供应记录：

DELETE FROM Sales.Supplier, Sales.PartSupp
WHERE Suppkey = 3;

会出现错误信息：

ERROR: 语法错误 在 "," 附近。

答：DELETE 语句一次只能删除一个表的数据。上述 SQL 语句应当修改为两条 DELETE 语句，并且要先删除依赖表 Sales.PartSupp 中的数据，后删除被依赖表 Sales.Supplier 中的数据。INSERT 和 UPDATE 语句也是一次只能插入一个表或者更新一个表的数据。

9. 关于 WHERE 条件中的逻辑错误

例如，查找中国供应商的信息：

SELECT *
FROM Sales.Supplier
WHERE (SELECT Nationkey
        FROM Sales.Nation
        WHERE TRIM(Name) = '中国');

该 SQL 语句会查找出所有记录，与查询要求不符。

答：应该修改 WHERE 子句为 Nationkey IN (SELECT …)。

10. 关于别名引用的错误

例如，查找中国供应商的名称：

SELECT COUNT(*)
FROM Sales.Supplier S, Sales.Nation N
WHERE Sales.Supplier.Nationkey = N.Nationkey AND N.Name = '中国';

该 SQL 语句执行出错：

ERROR：WHERE 子句中对表"Supplier"的无效引用。

HINT：可能你原本意图引用表的别名 "S"。

答：一旦在 FROM 子句中给某个表定义了别名，则该表名在 SQL 语句中各个引用之处都应该以其别名代替。上述 SQL 语句的修改，可以把 WHERE 子句中的 Sales.Supplier.Nationkey 改为 S.Nationkey，或者把 FROM 子句中 Sales.Supplier 的别名 S 去掉。

11. 修改数据类型导致的错误

例如，把 Part 零件表中的零件型号属性（type）改为整数类型：

ALTER TABLE Sales.Part ALTER COLUMN type TYPE INTEGER;

该 SQL 语句执行出错：

ERROR：无效的整型输入："HP 862XL …"。

答：只有当 Part 表 type（数据类型为 VARCHAR(25)）属性中所有已存在的值都能合法地

自动转换成整数时，该类型数据才能转换成整数，如果其中有一条记录的 type 属性值不能自动转换成整数，那么整个 SQL 语句也不会执行成功。处理方法一：如果这个 type 属性不能将其数据类型修改为整数类型，则放弃修改；处理方法二：如果确实需要修改成整数类型，可以先自动或者手工处理所有 type 属性的值，使之成为可自动转换成整数类型的数值，然后执行上述属性数据类型修改 SQL 语句。

12. 除数为零导致的错误

例如，随机返回指定供应商编号的一条供应记录：

```
/*创建函数：随机获取指定供应商的一条供应记录*/
CREATE OR REPLACE FUNCTION Sales.RandomPartSupp(p_suppkey INTEGER)
RETURN SETOF Sales.PartSupp AS
DECLARE
    L_partsuppCount INT;
    res Sales.PartSupp%ROWTYPE;
BEGIN
    SELECT COUNT(*) INTO L_partsuppCount   /*计算 PartSupp 表中指定供应商编号的记录个数*/
    FROM Sales.PartSupp
    WHERE Suppkey = p_suppkey;      /*输入参数 p_suppkey：指定的供应商编号*/

    SELECT Partkey, Suppkey, Availqty, Supplycost, Comment INTO res
                                /*随机定位一条记录*/
    FROM Sales.PartSupp
    WHERE Suppkey =p_suppkey       /*输入参数 p_suppkey：指定的供应商编号*/
    LIMIT 1
    OFFSET MOD(CAST(RANDOM()*1000
    AS INTEGER), L_partsuppCount);
    RETURN NEXT res;               /*返回随机选定的记录*/

    RETURN;
END;
CALL Sales.RandomPartSupp(7667);    /*调用函数：随机返回编号为 7667 供应商的一条零件供应记录*/
```

该调用函数的 SQL 语句执行出错：

ERROR：除以 0。

答：因为编号为 7667 的供应商没有零件供应记录，则 L_partsuppCount 变量值为 0，所以求余函数 MOD() 的除数为零，导致出错。如果任意选取一个有零件供应记录的供应商编号，例如 2077，再执行上述函数就不会出错：

```
CALL Sales.RandomPartSupp(2077) ;
```

13. 改变已有自定义函数返回类型导致的出错

例如，指定供应商编号的零件平均零售价格：

```
/*创建函数：求指定供应商编号所供应零件的平均零售价格*/
CREATE OR REPLACE FUNCTION Sales.AvgRetailPrice4Supplier(p_suppkey INTEGER)
RETURN INTEGER AS
DECLARE
L_avgretailprice DOUBLE;
BEGIN
    SELECT AVG(P.Retailprice) INTO L_avgretailprice
    FROM Sales.Part P, Sales.PartSupp PS, Sales.Supplier S
    WHERE P.Partkey = PS.Partkey AND PS.Suppkey = S.Suppkey AND S.Suppkey = p_suppkey;
    RETURN L_avgretailprice;
END;
/*修改上述函数返回值的类型，重新创建函数，出错*/
CREATE OR REPLACE FUNCTION Sales.AvgRetailPrice4Supplier(p_suppkey INTEGER)
RETURN DOUBLE AS …(此处省略代码，与上述函数定义相同)

/* 调用函数，测试函数功能*/
CALL Sales.AvgRetailPrice4Supplier (2077);
```

该调用函数的 SQL 语句执行出错：

ERROR：不能改变已有函数的返回类型。

HINT：首先使用 DROP FUNCTION。

答：使用 CREATE OR REPLACE FUNCTION 语句创建用户自定义函数时，不能改变已有函数的返回类型。如果有必要，先要用 DROP FUNCTION 删除已有函数，然后再重新创建同名函数。

14. 插入或更新的数据超过属性取值范围导致的错误

例如，插入一条新的零件记录：

```
INSERT INTO Sales.Part(Partkey, Name, Mfgr, Brand,Type,Size,Container,Retailprice,Comment)
VALUES(123456789, '轴承', '中国辽宁省大连市瓦房店新世纪特殊轴承专造新技术有限责任公司',
        null, null, null, null, 1990.00, null );
```

该 SQL 语句执行出错：

ERROR：用于类型字符(25) 的值过长。

答：Mfgr 属性的数据类型为 CHAR(25)，上述制造商名称有 29 个字符，超过定义长度。

处理办法一：修改 Part 表 Mfgr 属性的数据类型，增加字符类型的长度，如

```
ALTER TABLE Sales.Part ALTER COLUMN Mfgr TYPE CHAR(40);
```

然后执行上述插入语句。

处理办法二：简化上述制造商的名称，如改为"中国瓦房店新世纪特殊轴承专造新技术有限责任公司"。

类似的错误还有"integer 越界"等。

15. 两个字符串串接运算引起的错误

例如，以指定格式的字符串输出零件名称和制造商信息：

```
SELECT Name + '(' + Mfgr + ')'
FROM Sales.PART
WHERE Mfgr LIKE '北京%';
```

该 SQL 语句执行出错：

ERROR：操作符不唯一：CHARACTER VARYING + "UNKNOWN"。

HINT：无法确定一个最匹配的操作符。你可能需要使用显式类型转换。

答：KingbaseES 的字符串串接运算不能使用"+"运算符，需要使用 CONCAT 字符串串接函数。正确的 SQL 语句如下：

```
SELECT CONCAT(CONCAT(CONCAT(Name,' ('), TRIM(Mfgr)), ')')
FROM Sales.Part
WHERE Mfgr LIKE '北京%';
```

16. 插入数据时违反外码约束导致的错误

例如，插入一条零件供应记录：

```
INSERT INTO Sales.PartSupp(Partkey, Suppkey, Availqty, Supplycost, Comment)
VALUES(123456, 123456, 1000, 1990.00, null );
```

该 SQL 语句执行出错：

ERROR：向表 "PARTSUPP" 中插入和更新违反了外码约束 "PARTSUPP_PARTKEY_FKEY"。

答：由于创建 PartSupp 表时定义了约束名为"PARTSUPP_PARTKEY_FKEY"的外码，规定 PartSupp 表中 Partkey 须引用 Part 表中已存在记录的 Partkey 值。在 Part 表中不存在编号为 123456 的零件记录，因此上述插入语句违反了外码约束，即违反了参照完整性，导致 SQL 语句执行错误。

17. 删除数据时违反外码约束导致的错误

例如，删除一条零件记录：

```
DELETE FROM Sales.Part WHERE Partkey = 46777;
```

该 SQL 语句执行出错：

ERROR：在表 "PART" 上的更新或删除操作破坏了外码约束 "PARTSUPP_PARTKEY_FKEY"

在表 "PARTSUPP"。

答：因为在 PartSupp 表中存在编号为 46777 的零件供应记录，删除 Part 表中该编号的零件记录将破坏 PartSupp 表中的外码约束，因此不能删除该记录。如果在创建 PartSupp 表中的外码约束 PARTSUPP_PARTKEY_FKEY 时定义了 ON DELETE CASCADE，则上述 DELETE 语句是可以执行成功的。

18. 违反 CHECK 完整性约束导致的错误

例如，插入一条顾客记录：

```
ALTER TABLE Sales.Customer ADD CONSTRAINT CK_Customer_mktsegment
    CHECK(mktsegment IN ('亚太区', '北美区', '欧洲区', '非洲区'));
INSERT INTO Sales.Customer(Custkey, Name, Mktsegment)
VALUES(1234567, 'Mike', '南美区');
```

该插入 SQL 语句执行出错：

ERROR：关系 "CUSTOMER" 的新增行违反了 CHECK 约束 "CK_CUSTOMER_MKTSEGMENT"。

答：因为在 CHECK 短语制定的列值中没有南美区，所以出错。

19. 违反实体完整性约束导致的错误

例如，插入一条顾客记录：

```
INSERT INTO Sales.Customer(Custkey, Name, Mktsegment)
VALUES(1, 'Mike', '北美区');
```

该插入 SQL 语句执行出错：

ERROR：重复的码违背了主码约束 "CUSTOMER_PKEY"。

答：因为顾客编号 Custkey 为主码，已有一条编号为 1 的顾客记录，不能再插入一条相同编号的顾客记录，否则违反了实体完整性约束。

20. 存在重复记录，不能设置主码的问题

例如，给下表建立实体完整性约束：

```
CREATE TABLE Sales.TestPk(a INT, b INT);
INSERT INTO Sales.TestPK VALUES(1,1);
INSERT INTO Sales.TestPK VALUES(1,2);
ALTER TABLE Sales.TestPK ADD CONSTRAINT PK_TestPK_a PRIMARY KEY(a);
```

该 SQL 语句执行出错：

ERROR：不可以建立 UNIQUE 索引。

答：因为若要在 a 属性上建立实体完整性约束，则必须针对 a 属性建立 UNIQUE 索引。但是 TestPK 表中已有两条记录在 a 属性上的值重复为 1，故不能建立 UNIQUE 索引，因此也无法在 a 属性上建立实体完整性约束。

处理办法一：删除在 a 属性上具有重复值的记录。

处理办法二：修改具有重复值的 a 属性值，使之在 a 属性上不再具有重复值。

当表 TestPK 的记录数比较少时，上述两种方法都可以手工完成；但是当表 TestPK 中具有成千上万条记录时，则手工方法难以完成上述两种处理方法，需要采用一定的算法来编写存储过程代码，以自动删除或者修改重复记录。读者可以考虑编写相应的存储过程代码，以实现删除一个表中的重复记录。

21. 修改已有数据的属性，导致出现不满足完整性约束的错误

例如，将 Part 表中的 type 属性修改为非空：

    ALTER TABLE Sales.Part ALTER COLUMN Type SET NOT NULL;

该 SQL 语句执行出错：

ERROR：列 "TYPE" 包括空值。

答： 因为 Type 属性上已有空值的记录，因此无法将 Type 属性修改为非空。处理办法就是把 Type 属性上的 NULL 值全部改写为某个特殊的非空值，或者某个缺省的非空值。例如，UPDATE Sales.Part SET Type = 'UNKNOWN' WHERE Type IS NULL;，然后再执行上述 ALTER TABLE 语句即可。

22. 对于有依赖对象（如视图）的基本表，既不能更改其属性的数据类型，也不能删除属性

例如，执行：

    CREATE VIEW Sales.V_PartType AS
    SELECT Partkey, Name AS Partname, Brand AS Partbrand, Type AS Parttype
    FROM Sales.Part;   /* Sales.Part 上建立了视图*/
    ALTER TABLE Sales.Part ALTER COLUMN brand INTEGER;

该 SQL 语句执行出错：

ERROR：不能使用视图或者规则修改一个列的类型。

    ALTER TABLE Sales.Part DROP COLUMN brand;

该 SQL 语句执行出错：

ERROR：视图 Sales.V_PartType 依赖于表 Sales.Part 上的列 brand。

答： 因为在 Part 表的 brand 等属性上定义了视图 V_PartType，所以系统不允许修改这些列的数据类型，或者删除这些列，但可以重命名这些列名。例如，ALTER TABLE Sales.Part RENAME COLUMN brand TO Partbrand;。当使用 CASCADE 参数删除被依赖的属性时，如 ALTER TABLE Sales.Part DROP COLUMN brand CASCADE；则连同依赖对象（如视图 Sales.V_PartType）一并删除。

23. 调用系统函数、存储过程或者自定义函数时缺少参数而引发的错误

例如，执行：

SELECT SUBSTRING('this is a test');

该 SQL 语句执行出错：

ERROR：函数 SYS_CATALOG.SUBSTRING("UNKNOWN") 不存在。

HINT：不能根据所提供的名称和参数类型找到与之匹配的函数。你可以增加显式的类型转换。

答：错误显示该函数不存在，实际上是因为缺少了参数。正确的调用方法如下：

SELECT SUBSTRING('this is a test', 6, 2);
SELECT SUBSTRING('this is a test', 6);

24. 创建表时，定义多个主码引发的错误

例如，执行：

```
CREATE TABLE Sales.PartSuppTest(
        Partkey INT PRIMARY KEY,
        Suppkey INT PRIMARY KEY,
        Availqty INT,
        Supplycost REAL,
        Comment VARCHAR(199));
```

该 SQL 语句执行出错：

ERROR: 表 "PARTSUPP" 不允许指定多个主码。

答：因为该表的主码由两个属性构成，故主码约束不能定义成列级完整性约束，必须定义为表级完整性约束。正确形式如：

```
CREATE TABLE Sales.PartSupp(
        Partkey INT,
        Suppkey INT,
        Availqty INT,
        Supplycost REAL,
        Comment VARCHAR(199),
    PRIMARY KEY(Partkey, Suppkey) );
```

25. 插入数据时，由于数据类型不对导致的错误

例如，插入一条顾客记录：

```
INSERT INTO Sales.Customer(Custkey, Name, Mktsegment, Acctbal)
VALUES(123456, 'Mike', 0.0, '北美区');
```

该插入 SQL 语句执行出错：

ERROR：用于类型 real 的无效输入语法: "北美区"。

答：Acctbal 属性是 real 类型，应该输入数字类型值而不是字符串值，即使是字符串类型的值，也应该可自动转换成数值类型的字符串。正确写法如下：

```
INSERT INTO Sales.Customer(Custkey, Name, Mktsegment, Acctbal)
VALUES(234567890, 'Mike', '北美区', 0.00);
```

26. 有计算列时，所创建视图的省略视图属性名引发的问题

例如，执行：

```
CREATE VIEW Sales.V_PartTotalValue AS
SELECT P.Partkey, PS.Availqty * P.Retailprice        /*这是一个计算列*/
FROM Sales.Part P, Sales.PartSupp PS
WHERE P.Partkey = PS.Partkey;
```

该 SQL 语句执行不会出错，系统会自动给计算列命名，并显示为 ?COLUMN?。

答：创建视图时，虽然系统会自动给计算列命名，但是该计算列较难引用。

处理办法一：给计算列重命名：

```
DROP VIEW Sales.V_PartTotalValue;
CREATE VIEW Sales.V_PartTotalValue AS
SELECT P.Partkey, PS.Availqty * P.Retailprice AS Totalvalue
FROM Sales.Part P, Sales.PartSupp PS
WHERE P.Partkey = PS.Partkey;
```

处理方法二：直接给视图属性命名：

```
DROP VIEW Sales.V_PartTotalValue;
CREATE VIEW Sales.V_PartTotalValue(Partkey,Totalvalue) AS
SELECT P.Partkey, PS.Availqty * P.Retailprice
FROM Sales.Part P, Sales.PartSupp PS
WHERE P.Partkey = PS.Partkey;
```

27. WHERE 和 HAVING 条件混淆导致的问题

例如，执行：

```
SELECT PS.Suppkey, SUM(PS.Availqty * P.Retailprice)
FROM Sales.Part P, Sales.PartSupp PS
WHERE P.Partkey = PS.Partkey AND SUM(PS.Availqty * P.Retailprice) >1000000;
GROUP BY PS.Suppkey
```

该 SQL 语句执行出错：

ERROR：在 WHERE 子句中不能使用聚集函数。

答：聚集函数一般用在分组统计 SQL 语句中，并且只能出现在 SELECT 子句和 HAVING

子句中。WHERE 子句是元组过滤条件，而 HAVING 子句是分组过滤条件。因此，上述 SQL 语句正确的写法如下：

```
SELECT PS.Suppkey, SUM(PS.Availqty * P.Retailprice)
FROM Sales.Part P, Sales.PartSupp PS
WHERE P.Partkey = PS.Partkey
GROUP BY PS.Suppkey
HAVING SUM(PS.Availqty * P.Retailprice) >1000000;
```

28. 批量导入数据时，有些属性缺少数据

例如，执行：

```
COPY Sales.Part FROM 'D:\tpchdata\part.csv' WITH DELIMITER AS ',';
```

该 SQL 语句执行出错：

ERROR：列 "CONTAINER" 缺少数据。

答：该错误信息表明 part.csv 中没有 Container 属性的数据。因此，这个 COPY 语句应指明相应的需要导入数据的属性列表，如：

```
COPY Sales.Part(Partkey, Name, Mfgr, Type, Retailprice)
FROM 'D:\tpchdata\part.csv' WITH DELIMITER AS ',';
```

29. 丢失条件导致的逻辑错误

例如，把 1 号供应商供应的 1 号零件改为 2 号供应商供应。

```
UPDATE Sales.PartSupp
        SET Suppkey = 2
        WHERE Suppkey = (SELECT Suppkey
                FROM Sales.PartSupp
                WHERE Suppkey = 1 AND Partkey = 1);
```

该 SQL 语句执行不会出错，但是丢失了条件 Partkey =1。

答：上述 UPDATE 语句有逻辑错误，WHERE 条件中的嵌套 SQL 子查询，得出结果为 1，因此 WHERE 条件实际上为 Suppkey = 1，丢失了 Partkey =1 的条件。正确写法如下：

```
UPDATE Sales.PartSupp
        SET Suppkey = 2
        WHERE Suppkey = 1 AND Partkey = 1;
```

附录

附录包含两部分内容。其中：附录 A 介绍由信息技术与管理国家级实验教学示范中心（中国人民大学）开发的数据库在线实验平台；附录 B 介绍数据库基准测试，主要介绍目前普遍使用的 TPC-C 的应用环境、数据实例、5 种事务、性能度量、执行流程、ACID 测试等内容。

数据库在线实验平台（ondb 平台）由信息技术与管理国家级实验教学示范中心（中国人民大学）开发，旨在为《概论》的 SQL 查询实验提供配套的练习和自动化评测支撑。

该平台涵盖了教学班管理、题库管理、组卷考试与自动评分、做题分析 4 个主要功能模块，如图 A.1 所示。

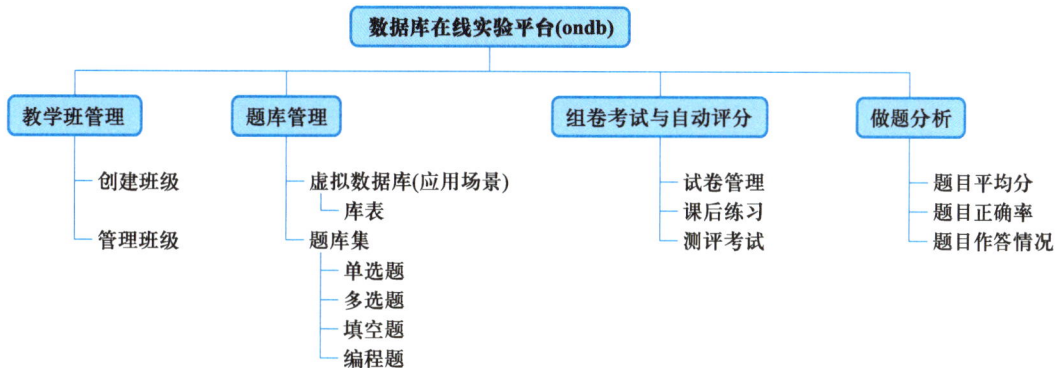

图 A.1　ondb 平台系统功能模块

模块一　教学班管理

教学班管理模块主要包括**创建班级和管理班级**两个功能。创建班级功能允许教师按照不同学年和学期的教学需求灵活创建班级；管理班级功能可以帮助教师添加、删除、修改本班学员，也可以更新班级信息。

1. 创建班级

教学班的创建只能由任课教师来操作。登录实验平台，单击左侧目录的"班级管理"项，在出现的页面中单击页面上方的"创建班级"按钮，出现如图 A.2 所示的界面。依次输入班级名称和班级信息（可以为空），输入完成后单击"完成"按钮，完成新班级的创建。

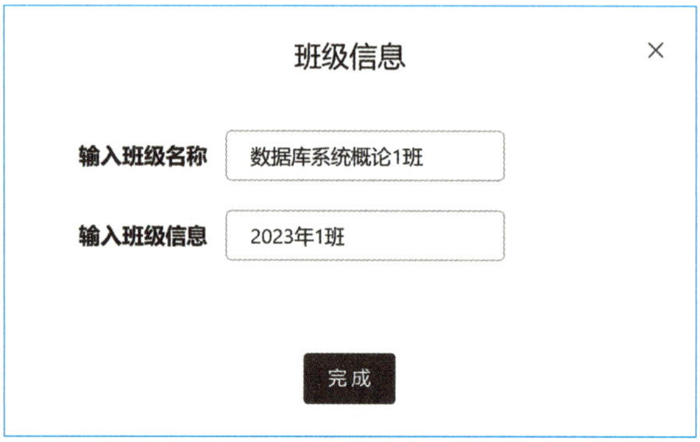

图 A.2   创建班级页面

2. 管理班级

教师登录实验平台后，单击左侧目录的"班级管理"项，出现如图 A.3 所示的班级管理页面。在班级管理页面中，依次列出了各班级的属性信息：学校、班级、班级信息、创建时间、学员数等。

图 A.3   班级管理页面

通过单击图 A.3 页面最右侧的"修改"按钮，教师可以修改对应班级的班级名称、班级信息。单击图 A.3 中班级为"实验 1 班"对应的"学生管理"按钮，可以在如图 A.4 所示的页面，管理班级的学员信息包括添加学员、删除学员、重置密码、修改学员信息等。

图 A.4 学员管理页面

此外，平台还提供了"批量添加学员"功能。教师点击"批量添加学员"按钮，可以在如图 A.5 所示的页面根据事先提供的模板一次性导入班级所有的学员信息。单击图 A.4 所示页面上的"删除"按钮，可以删除对应的学员。

图 A.5 批量添加学员页面

模块二 题 库 管 理

题库管理是平台的核心功能。题库是按照应用场景进行组织的，图 A.6 所示为《概论》教材中经典的学生选课应用场景，以及电子商务应用场景（微软 SQL Server 示例数据库 northwind）。

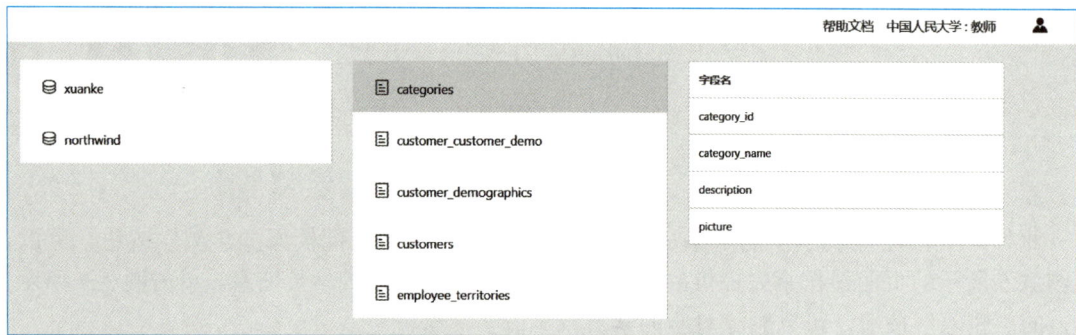

图 A.6   按应用场景组织的题库列表

题库的类型包括单选题、多选题、填空题和 SQL 语句题。题库集管理页面如图 A.7 所示，每个题库集下面设置了丰富的题目，这些题目均是围绕《概论》教材中各个知识点内容的要求设计的。教师在该功能下可以根据教学需求灵活地增加新应用场景和题目，也可以在现有的应用场景下补充题目。

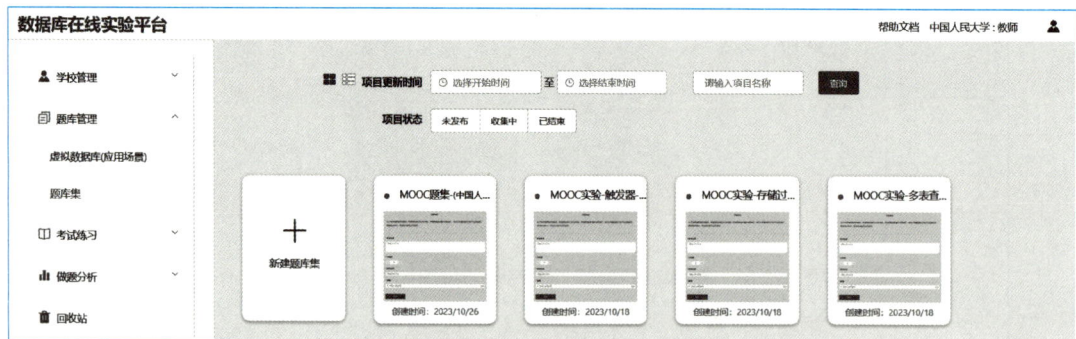

图 A.7   题库集管理页面

在题库管理中可以对试题进行编辑操作。点击题库中的题目，在出现的试题编辑页面右侧将出现组件属性设置版块，如图 A.8 所示，在此处可以修改题目或组件的设置包括题目的描述（即属性中的标题）、分值、答案等。

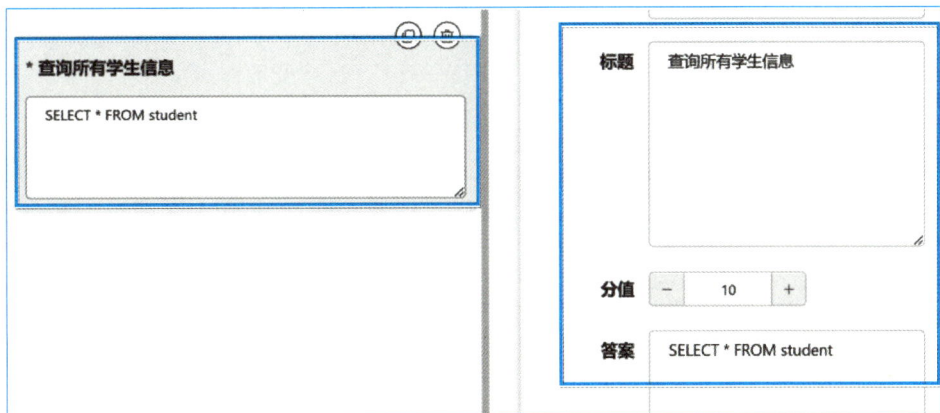

图 A.8　试题编辑页面

对于选择题，可以在组件属性设置版块中通过"添加选项"按钮为题目添加新的选项，以便进行试题的编辑，如图 A.9 所示。

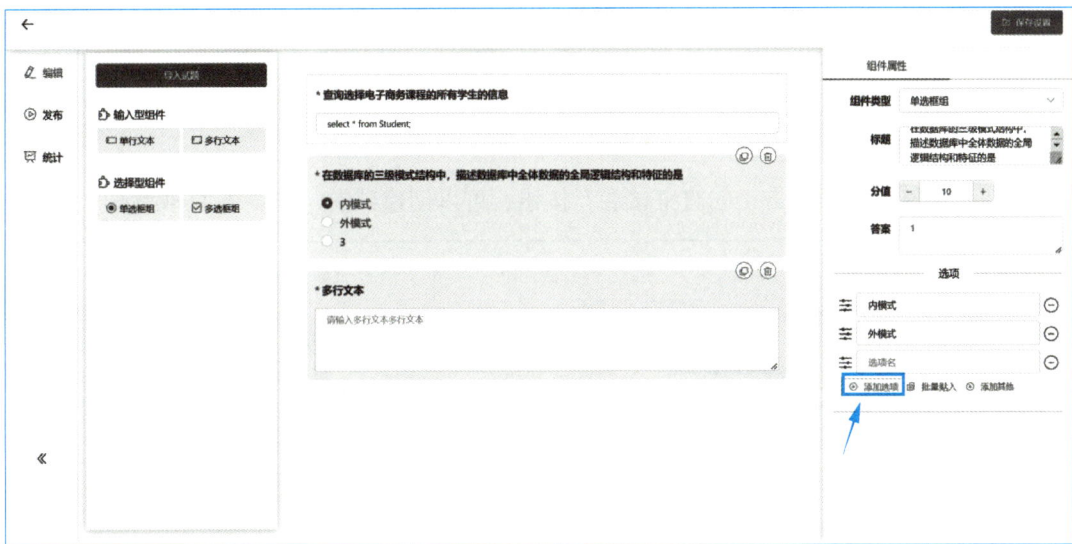

图 A.9　为选择题添加选项页面

模块三　组卷考试与自动评分

ondb 平台支持教师通过组卷考试功能个性化地创建考试或练习，灵活选择题目以满足教学目标要求；自动评分系统能够快捷准确地对学员答题进行评估，有效降低了传统批改实验报告所需的人力成本。

1．个性化组卷

教师可以根据教学内容要求灵活选择题目进行个性化组卷，试卷管理页面如图 A.10 所示。

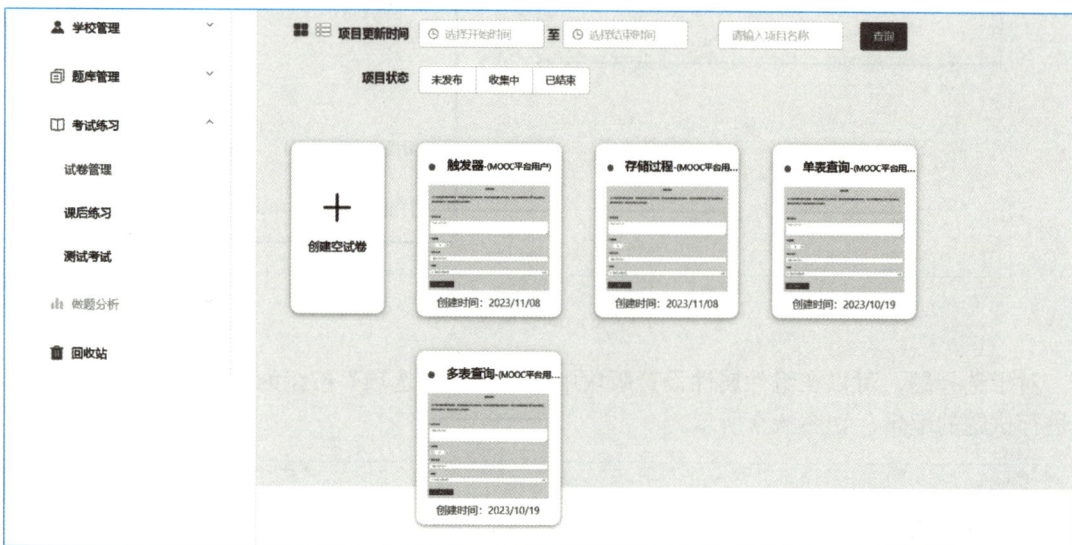

图 A.10   试卷管理页面

① 在试卷管理页面点击"创建空试卷"按钮，可以创建试卷，如图 A.11 所示。

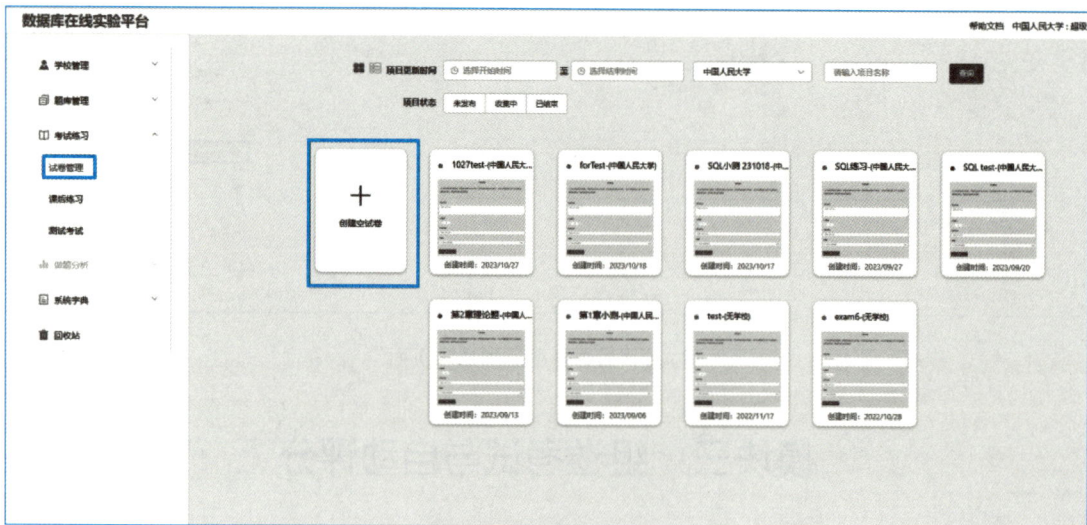

图 A.11   创建空试卷页面

② 在弹出的页面中设置新建试卷的属性，包括试卷名称、是否公开、试卷类型，设置完成后单击"完成"按钮，如图 A.12 所示。

注意：试卷分为"用于练习""用于考试"和"两用"三种模式，用于练习的试卷无法添加客观题。在"是否公开"属性中选择"开放"的试卷，可以被其他教师查看。

图 A.12　添加新试卷页面

③ 在试卷列表中找到新添加的试卷，将鼠标移动到试卷小图的上方会出现"编辑""删除""设置"按钮，如图 A.13 所示，单击"删除"按钮可以将试卷从列表中删除；单击"设置"按钮可以修改试卷的名称、是否公开、试卷类型等属性；单击"编辑"按钮进入编辑页面，可以查看和修改当前试卷的内容。

图 A.13　试卷的编辑、删除与设置

④ 在试卷编辑页面单击左上角的"导入试题"按钮，如图 A.14 所示，会在弹出的题目页面中显示题库中的所有题目，对每道题目，单击"引用"按钮可以向试卷中添加新的题目，如图 A.15 所示，单击"移除引用"按钮可以将已添加的题目从试卷中移除。选择题目后单击弹出框右上角的"×"按钮关闭弹出框，可以看到试卷已经导入了选择的题目。

教师在选择要添加的题目时，还可以借助弹出框上方的筛选功能选择性查看题库中的题目。

图 A.14　导入试题页面

图 A.15　通过"引用"按钮添加新的试题

除了从题库中选择题目导入试卷，教师还可以单击或拖拽编辑页面左侧的组件，将其添加到试卷中，如图 A.16 所示。通过对组件的修改，教师可以自定义题目。

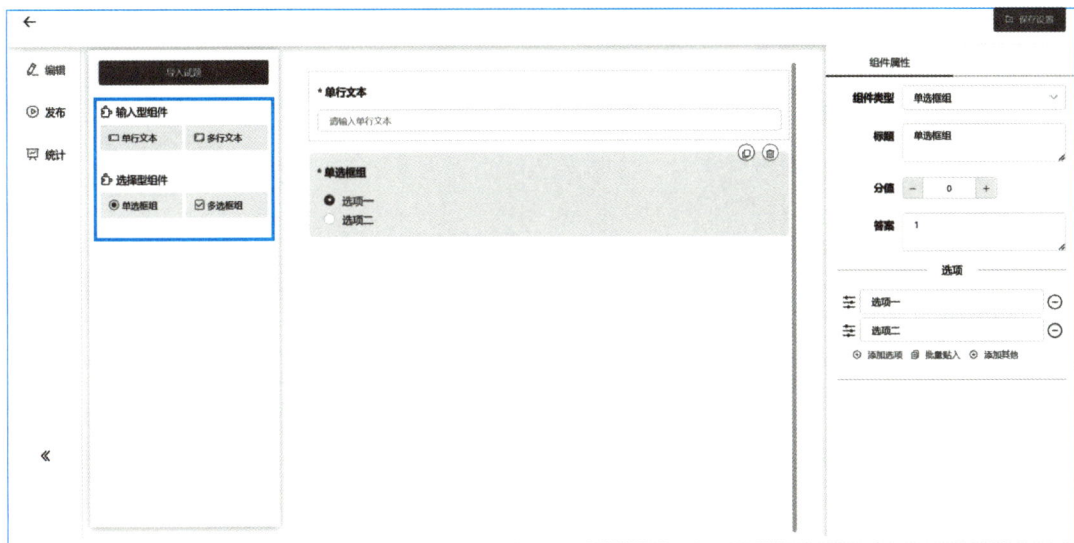

图 A.16 添加试题页面

⑤ 单击题目右上方的删除图标，可以从试卷中删除当前题目，如图 A.17 所示。单击复制图标，可以在试卷中添加一道同样的题目。通过对复制的题目进行修改，教师可以快速添加相似的题目。

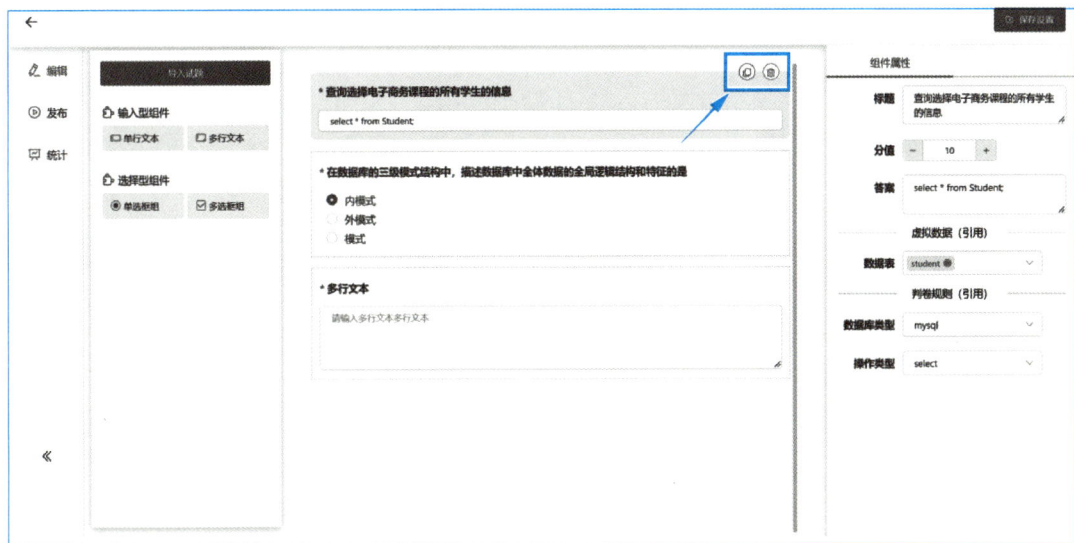

图 A.17 删除或复制试题页面

⑥ 修改后单击页面右上角的"保存设置"按钮即可保存修改，更新试卷内容，如图 A.18 所示。

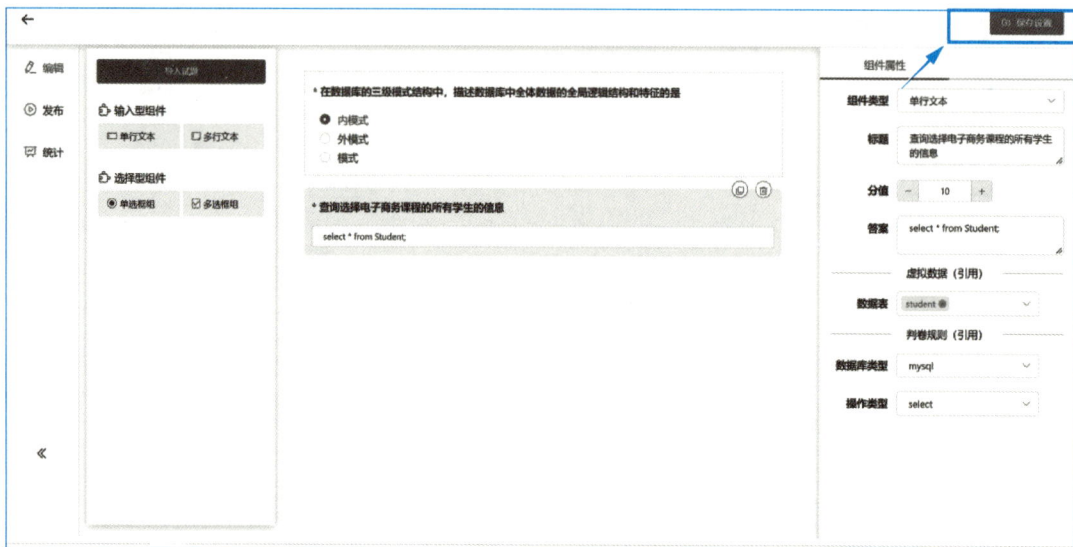

图 A.18   保存设置页面

⑦ 在编辑页面单击最左侧列中的"发布"按钮，如图 A.19 所示，将切换到发布页面。单击页面中央的"开始发布"按钮，即可将试卷发布给学生。此时页面将提示"发布成功"，并出现"停止发布"和"查看成绩"按钮，如图 A.20 所示。

图 A.19   发布试卷页面

图 A.20　试卷发布成功页面

若单击"停止发布"按钮，学生将无法继续查看和作答试卷。单击"查看成绩"按钮，将跳转到统计页面，可以查看作答过试卷的学生及其得分的列表，如图 A.21 所示。教师也可以直接单击左侧的"统计"按钮跳转到该页面，查看学生的作答和得分情况。

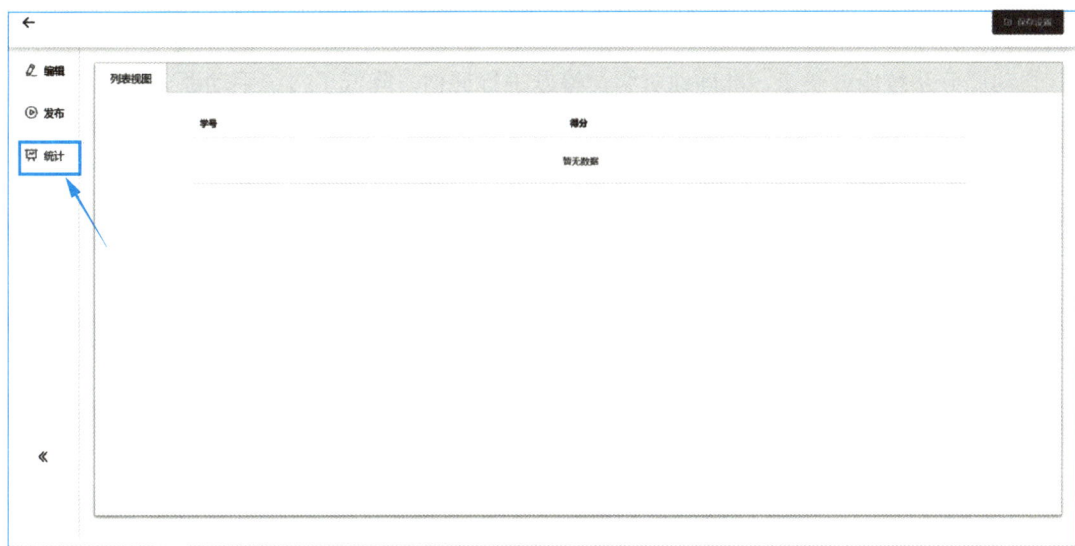

图 A.21　试卷得分统计页面

2. 课后练习

课后练习的主要目的是帮助学员巩固所学内容，不计入成绩。这种方式鼓励学员更多地关注学习本身，提高自主学习的积极性。图 A.22 所示为课后练习页面。通过练习，学员能够及时得到反馈，这种方式注重的是学习过程和对知识的掌握，帮助学员更好地理解和掌握课程内容。

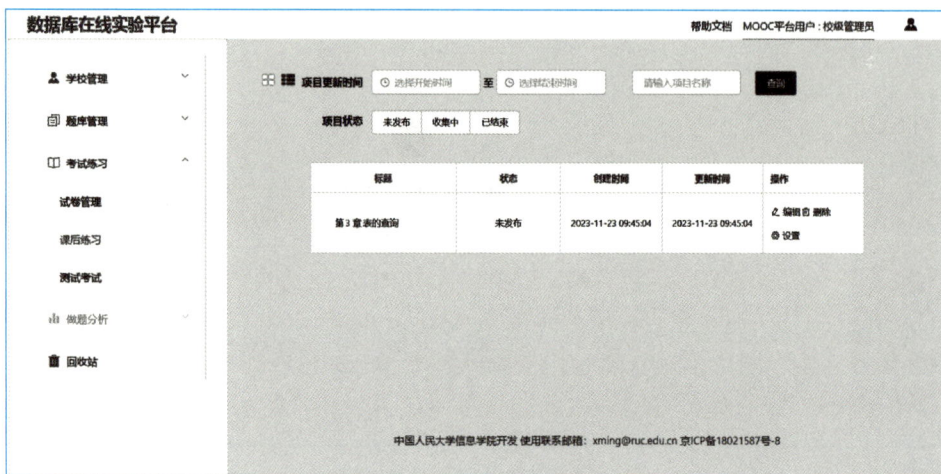

图 A.22　课后练习页面

3. 测试考试

测试考试是为了检验学员的学习效果，计入成绩。此类考试能够更全面地评估学员对课程内容的理解程度和能力掌握情况。测试考试页面、学生端效果图页面和开考界面如图 A.23～图 A.25 所示。

自动评分系统能够快速、准确地对学员答题进行评估，降低了传统手动评分所需的大量人力成本和时间成本。

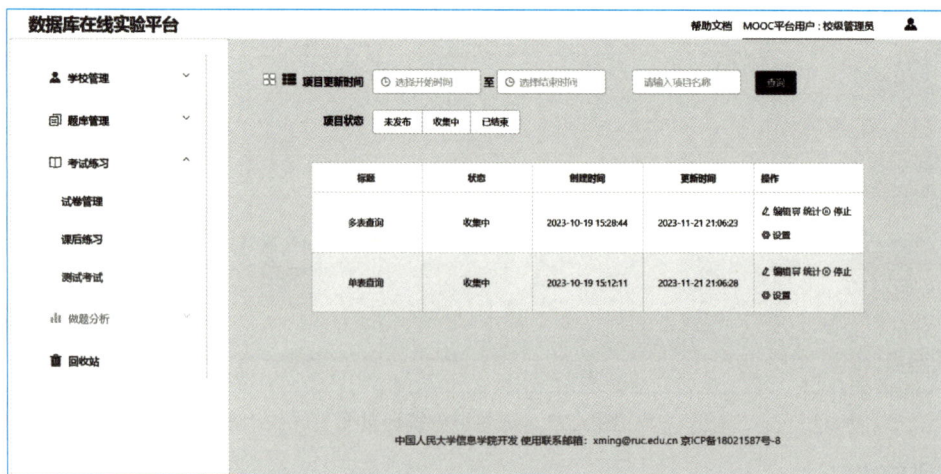

图 A.23　测试考试页面

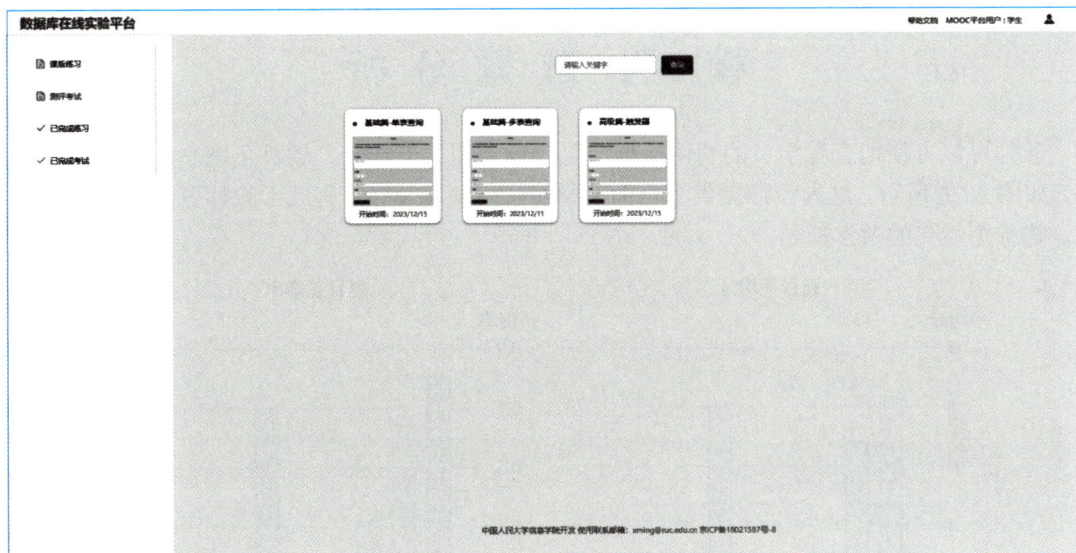

图 A.24　测试考试学生端效果图页面

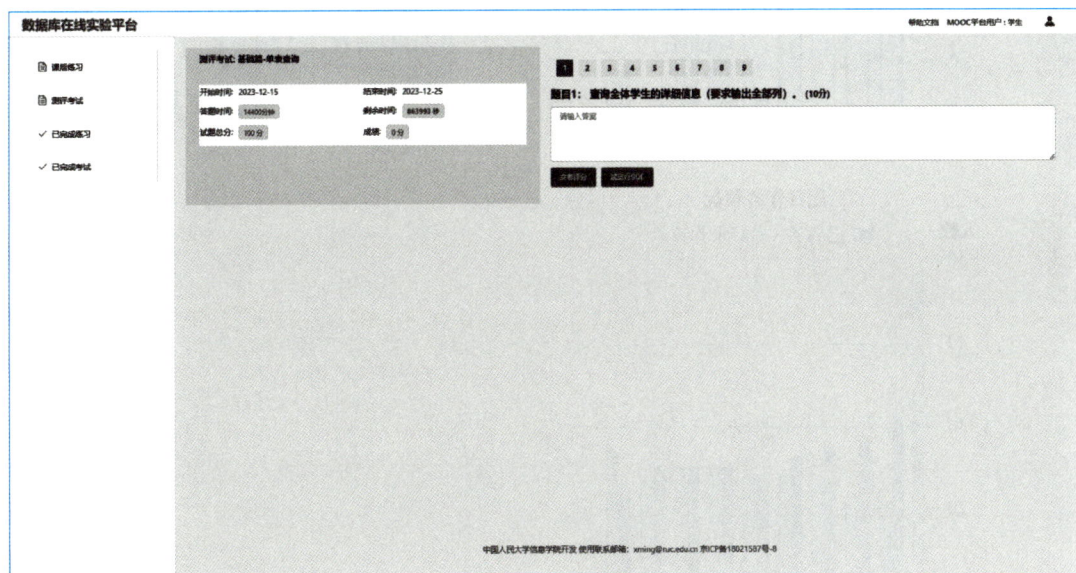

图 A.25　开考界面

　　课后练习与测试考试的区分：课后练习是为了巩固知识，可以反复多次进行且不计成绩，针对错误题目还有提示；测试考试可以针对不同目的和学习阶段设置不同的题目和要求，并且考试是在有限时间内一次完成，最终会给出考试的分数。

模块四 做 题 分 析

教师可以方便地查看学员的整体答题情况，包括题目平均分、题目正确率，题目作答情况等，如图 A.26 所示。这为教师提供了全面的学员学习情况反馈，有助于教师更好地把握教学进度，进行个性化的教学辅导。

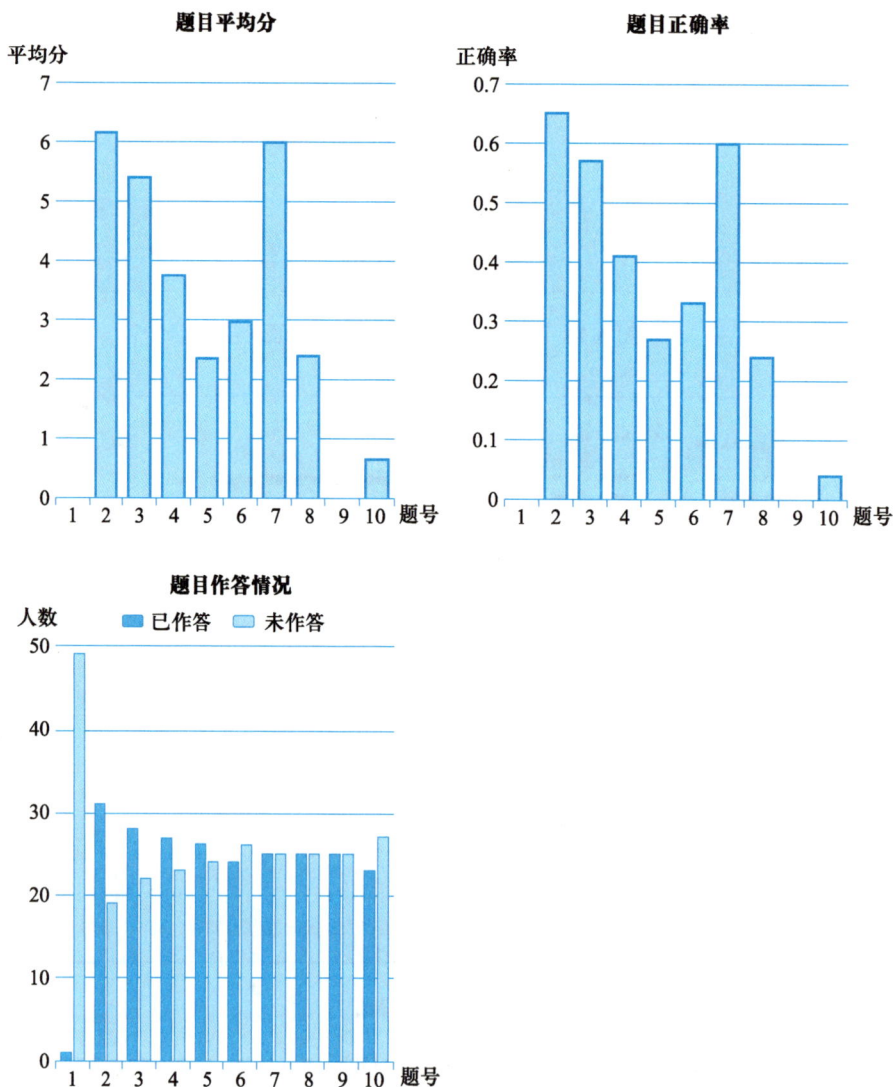

题目平均分

题目正确率

题目作答情况

图 A.26 答题情况分析页面

示例　使用数据库在线实验平台完成实验 3.2

数据库在线实验（ondb）平台支持 SQL 查询类实验的自动化评测，即支持第 3 章实验的实验 3.2 和实验 3.3 的自动化评测。这两个实验均基于实验 3.1 所建立的零件供应销售数据库模式，该数据库已包含在 ondb 平台的数据库应用场景中。下面以实验 3.2 为例，介绍如何基于 ondb 平台完成实验。

实验 3.2 考查数据基本查询，要求学生针对零件供应销售数据库模式，通过编写单表查询、分组统计查询和连接查询语句来实现题目要求。授课教师可创建一个题库，将实验 3.2 的各个题目导入该题库。例如，对于第 1 题"查询供应商的名称、地址和联系电话"，授课教师可以创建一个题目，填写文字说明，选择合适的数据库，并将参考答案的 SQL 语句填入题目答案。此时，授课教师可以尝试运行 SQL 语句，检查查询结果是否符合预期。

在输入实验 3.2 所有题目之后，授课教师可以创建一个试卷，导入该题库的所有题目，然后再创建一个练习或考试，导入刚刚创建的试卷内容，并发布给相应班级的学生。

在学生练习之后，授课教师可以查看学生做题情况，找到错误率较高的题目，并进行针对性讲解。

综上所述，ondb 平台的建设旨在为教师和学员提供一个便捷而有效的在线学习和实践工具，提升"数据库系统概论"课程的教学质量和学员学习体验。

数据库基准测试

数据库基准（database benchmark）测试是一种用于评估数据库管理系统（DBMS）性能的标准化测试。该基准测试通过执行一系列具有代表性的操作测量并比较 DBMS 在不同负载和条件下的性能表现，其主要目的是提供一种可靠且可重复的方式，让用户和开发人员能够比较不同 DBMS 之间的性能差异，从而更好地了解其适用场景和优劣，并根据特定需求和使用情境选择最合适的数据库解决方案。

数据库基准测试通常包括以下关键方面：

① 负载模拟：基准测试模拟了真实世界中的负载，包含数据以及数据上的一组操作（查询、增、删、改等操作）。这些负载可用来模拟不同类型的应用场景，如联机事务处理（OLTP）、数据仓库查询、决策支持等。

② 性能度量：基准测试使用各种指标来衡量 DBMS 的性能表现，例如响应时间、吞吐量、成本等。这些指标可以帮助用户了解系统在处理不同负载时的效率和成本。

③ 标准化：数据库基准测试通常依据一套标准化的规范和流程，能够确保测试的可重复性和可比较性。这使得不同数据库系统之间的性能比较更为公正和准确。

不同的数据库基准测试可以专注于不同的应用场景和需求。目前最主要的基准测试是 TPC 数据库基准测试，其中常用的基准测试包括 TPC-C（面向联机事务处理）、TPC-H（面向决策支持），以及各种其他 OLAP（联机分析处理）和 OLTP 测试。这些基准测试有助于推动数据库技术的发展，提高用户对数据库系统性能的认识。

B.1　数据库基准测试的发展历史

在过去的几十年中涌现出不少的数据库基准测试。下面介绍曾被广泛使用的几个比较知名的数据库基准测试。

1．Wisconsin 基准测试

第一个被广泛用于测试关系数据库系统性能的基准测试是 Wisconsin（威斯康星）基准测试。威斯康星大学的 DeWitt 和 Carolyn 等用 SQL 语句描述了基准测试使用的查询。

Wisconsin 基准测试要点包括：

① 定义了 3 个关系表，大小固定。

② 提供了测试基本关系操作性能的 32 个 SQL 语句。

③ 把执行时间作为性能标准。

④ 没有定义更新操作，而且是单用户基准测试，不测试并发控制和数据库恢复情况。

2. AS^{3}AP 基准测试

Dina Bitton、Cyril Orji 和 Carolyn Turbyfill 后来提出了 AS^{3}AP 基准测试，这是一个更加完整的关系数据库基准测试。

AS^{3}AP 基准测试要点包括：

① 5 个关系表，所有关系表均通过生成文件装入数据。

② 设定了时间限制，测量在限定时间内系统可以处理的最大数据库规模。

③ 增加了批处理和交互式查询的混合测试，测试分为单用户和多用户两部分。

④ 定义了更加复杂的性能度量。

3. Set Query 基准测试

Wisconsin 基准测试和 AS^{3}AP 基准测试定义的查询主要是针对简单的关系查询，O'Neil 指出决策支持系统需要更复杂、更有效的基准测试。为此，他提出用一个大小可变的数据库来测试决策支持系统的性能。

Set Query 基准测试要点包括：

① 测试信息系统和决策支持系统，主要针对查询，特别是集合查询。

② 增加了集合查询，共执行 69 个查询功能语句。

③ 性能度量增加了性价比指标。

在 Set Query 基准测试中，有些事务的响应时间很长，因而要选择一个可接受的标准值作为各个系统的比较依据会有些困难。

此外，还有一些营利性商业基准测试组织，较知名的两个是 Neal Nelson Associates 和 AIM Technology。这些组织拥有各自的基准测试，可以为开发者和客户提供有价值的性能度量建议。

B.2 TPC 简介

围绕不同的数据库基准测试，基准测试开发者、计算机硬件厂商和数据库厂商之间的争议未曾中断。1988 年 8 月 10 日，34 家软硬件开发商为此创立了事务处理性能委员会（TPC）。TPC 是一个非营利组织，其成立的目的在于定义事务处理和数据库系统领域的基准测试，定义计算系统性能和报告性能结果的方法，向业界发布客观、经过证实的 TPC 性能数据。

B.2.1 一些重要的 TPC 基准测试

数十年来，TPC 设计了不少性能基准测试，其中包括针对事务处理、决策支持、可视化、大数据和物联网等方向制定的基准测试。下面简要介绍这些基准测试及其发展（见表 B.1）。

表 **B.1** **TPC 基准测试及其发展一览表**

类型	基准测试	简介
事务处理	TPC-C	TPC-C 是面向 OLTP 的基准测试，该基准测试构建的场景由 9 个关系模式组成，涉及 5 种类型的并发事务，性能指标是指被评测数据库每分钟成功提交并发事务的数量（tpmC）。虽然该基准测试针对的是客户与供应商之间的订单、销售、库存等活动，但是对于其他行业、其他业务场景涉及联机事务处理的活动具有一定的普适性
	TPC-E	TPC-E 是面向 OLTP 的基准测试，该基准测试构建的场景由 33 个关系模式组成，涉及 12 种类型的并发事务，性能指标是被评测数据库每秒成功提交并发事务的数量（tpsE）。与 TPC-C 针对的场景不同，该基准测试针对的是股票经纪公司的活动，它对于其他金融性质的行业也具有一定普适性
决策支持	TPC-H	TPC-H 是面向决策支持的基准测试，该基准测试构建的场景由 8 个关系模式组成，涉及 22 种类型的复杂查询语句，性能指标是被评测系统每小时成功完成的复杂查询数量（QphH@Size）
	TPC-DS	TPC-DS（Decision Support Benchmark）是面向决策支持的基准测试，针对管理、销售和分销产品（例如食品、电子产品、家具、音乐和玩具等）行业场景，涉及 99 种面向业务的查询，性能指标是被评测系统每小时成功完成的复杂查询数量（QphDS@Size）
	TPC-DI	TPC-DI 是数据集成（DI）的基准测试。TPC-DI 基准测试用于将从 OTLP 系统中提取的数据与其他数据源进行组合和转换，并将其加载到数据仓库中，性能指标是被测评系统每秒处理的行数（TPC_DI_RPS）
虚拟化	TPCx-V	TPC Express Benchmark V（TPCx-V）是面向要求苛刻的数据库工作负载下虚拟化服务器平台的基准测试。它模拟了云服务的特性，在保持主机负载整体稳定的前提下，允许每个虚拟机的负载变化高达 16 倍，性能指标是被测评系统每秒成功提交并发事务的数量（tpsV）
	TPCx-HCI	TPC Express Benchmark HCI（Hyper-Converged Infrastructure，TPCx-HCI）是面向要求苛刻的数据库工作负载下超融合基础架构集群的基准测试，TPCx-HCI 基准测试基于 TPCx-V 基准测试，但二者对虚拟平台的计算方式不同，性能指标是被测评系统每秒成功提交并发事务的数量（tpsHCI）
大数据	TPCx-HS	TPC Express HS（TPCx-HS）是面向大数据系统的基准测试，该基准测试涉及大量的数据存储、数据处理和数据查询操作，支持 Hadoop、Spark、MapReduce（MR2），可以用于大数据系统集群的性能测试，性能指标是每秒处理的数据量大小（HSph@SF）
	TPCx-BB	TPC Express BB（TPCx-BB）是面向大数据系统的基准测试，该基准测试由 30 个常用的分析查询用例组成，每个用例以查询和机器学习任务的形式代表一个现实的大数据问题，性能指标是被评测系统每分钟完成的查询数量（BBQpm@Size）
物联网	TPCx-IoT	TPC Express IoT（TPCx-IoT）是面向物联网系统的基准测试，通常从大量设备中提取数据进行分析，性能指标是被评测物联网系统每秒的有效吞吐量（IoTps）
人工智能	TPCx-AI	TPC Express AI（TPCx-AI）是面向端到端 AI 的基准测试，该基准测试由 10 个用例（7 个机器学习用例和 3 个深度学习用例）组成，涵盖客户分类、客户对话转录、销售预测、垃圾邮件检测、价格预测、分类和欺诈检测等应用场景，性能指标是被评测 AI 系统每分钟完成的测试用例数量（AIUCpm@SF）

续表

类型	基准测试	简介
能耗和定价	TPC-Energy	TPC-Energy 是整个 TPC 基准测试中关于能耗的测试方法，用于度量基准测试所耗费的电能
	TPC-Pricing	TPC-Pricing 是整个 TPC 基准测试中关于定价的测试方法，用于度量基准测试所需的花费
废弃的基准测试	TPC-A	TPC-A 是 TPC 于 1989 年 11 月公布的第一个测试标准
	TPC-APP	TPC-APP 是 2005 年 8 月公布的用于测试 Web 电子商务应用系统的性能基准测试
	TPC-B	TPC-B 是面向事务批处理的基准测试，它放弃了网络及用户延迟部分而采用了批处理方式，但测试模型仍然采用了 TPC-A 的银行交易
	TPC-D	TPC-D 主要用来测试决策支持系统（DSS），后来分成了两个基准测试 TPC-H 和 TPC-R，TPC-D 随即被废弃了。TPC-H 主要针对随机复杂查询的决策支持，TPC-R 针对商务报表的决策支持
	TPC-R	TPC-R 是一个业务报告、决策支持基准测试
	TPC-VMS	TPC-VMS 是一个虚拟化的基准测试
	TPC-W	TPC-W 是一个交易型电子商务基准测试

为了让基准测试更加公正有效，TPC 仍然在不断更新各种基准测试的版本，开发新的基准测试。

综上所述，TPC-A、TPC-B、TPC-D、TPC-W 已经被废弃，目前常用的是 TPC-C、TPC-H、TPC-E 和 TPC-DS。

B.2.2　TPC 测试的意义

执行 TPC 测试会给最终用户和生产厂商带来如下诸多好处：

① 提供比较不同系统性能差异的客观方法。

② 提供比较不同系统性价比的客观方法。

③ 为客户提供整套系统，而非处理器等单个部件性能的评价方法。

④ 数据库厂商可通过评测来改进产品，进而为客户提供性价比更高的产品。

不论是计算机硬件厂商还是数据库厂商，都十分重视 TPC 测试，并且以此不断努力提高自己的 TPC 测试结果。

任何一个基准测试都不可能覆盖到所有应用情况下的计算机系统性能测试。不同领域的系统特征有很大的差异，所以应该采用不同的基准测试。尽管这样，不同领域的测试基准仍应该满足一些共同的标准，**Jim Gray 在 1993 年出版的《数据库和事务处理性能手册》** 中给出了这些共同的标准：

① 相关性：必须测量在执行该领域内的典型操作时系统性能和性价比的峰值。

② 轻便性：便于在许多不同的系统和架构中实现。

③ 规模灵活：既可应用于小型计算机系统，也可应用于大型计算机系统。

④ 简单性：易于理解。

B.2.3　全国大学生计算机系统能力大赛中的 TPC-C

2023 年，受全国大学生计算机系统能力大赛组委会邀请，中国人民大学牵头的"101 计划"

数据库虚拟教研室首次在该项赛事中设立了数据库赛道。数据库赛道以培养学生掌握"数据库管理系统内核实现"能力为目标，要求学生在一个数据库管理系统代码框架 RMDB 的基础上，通过"完形填空"的方式，设计并实现一个可运行 TPC-C 基准测试的关系数据库管理系统。

第一届大赛主要考查参赛学生理解和实现数据库管理系统的数据组织与存储、查询编译与查询执行、并发控制与故障恢复等核心模块的能力。在数据组织与存储模块中，要求参赛选手实现的系统可支持对 TPC-C 中 9 张表的存取，包括实现利用 B+树索引加速对数据的存取。在查询编译与查询执行模块中，要求参赛选手实现的系统可支持对 TPC-C 中 SQL 语句的编译与执行，并保证 SQL 语句执行结果的正确性。在并发控制模块中，要求参赛选手实现一个支持死锁预防的严格两段锁协议，保证并发事务的可串行化调度。在故障恢复模块中，要求参赛选手实现一个故障恢复算法，保证解决系统故障并重启后事务的 ACID 特性。

在 TPC-C 基准测试中，被测系统的性能指标按照每分钟成功提交事务的数量进行性能优劣的排序。在大赛中，被测系统的性能指标按照成功提交指定数量的 TPC-C 事务所需要的时间进行性能优劣的排序，并结合大赛给定的规则，将被测系统的排序位次折算成分数。需要注意的是，在进行性能测试之前，被测系统还需要通过 TPC-C 的一致性检查。该检查指的是语义上的一致性检查，包括支付一致性、订单一致性和库存一致性等。例如，在支付一致性检查中，顾客的所有交易记录金额之和应当等于顾客的付款金额和欠款金额之和。

使用基于真实应用场景构建的 TPC-C 基准测试对参赛选手提交的系统进行测试，让大赛更具公平性和信服力，促进了广大参赛选手对数据库管理系统实现技术持续学习的热情。

B.3　TPC-C 简介

在 TPC 设计的多种类别的基准中，最知名的是 TPC-C。TPC-C 已成为 OLTP 性能测试的工业标准。

B.3.1　TPC-C 的应用环境

TPC-C 主要用于评估关系数据库管理系统（RDBMS）在处理联机事务处理 OLTP 场景下的性能。

TPC-C 的场景主要围绕零售业务展开，具体是模拟一个典型的零售企业，其中涉及销售订单、库存管理、客户支付等各个方面的业务流程。TPC-C 适用于零售商、电商平台等需要处理大量交易和订单的业务场景。

在订单管理上，TPC-C 涉及订单的生成、查询、更新等操作；在库存管理上，TPC-C 涉及对库存的查询、更新和管理，以确保数据库系统能够有效地跟踪和管理商品库存；在交易处理上，TPC-C 场景模拟了不同类型的交易，包括新订单生成、交付订单、完成支付等。

TPC-C 场景对应的 E-R 图如图 B.1 所示，其中包括如下实体：

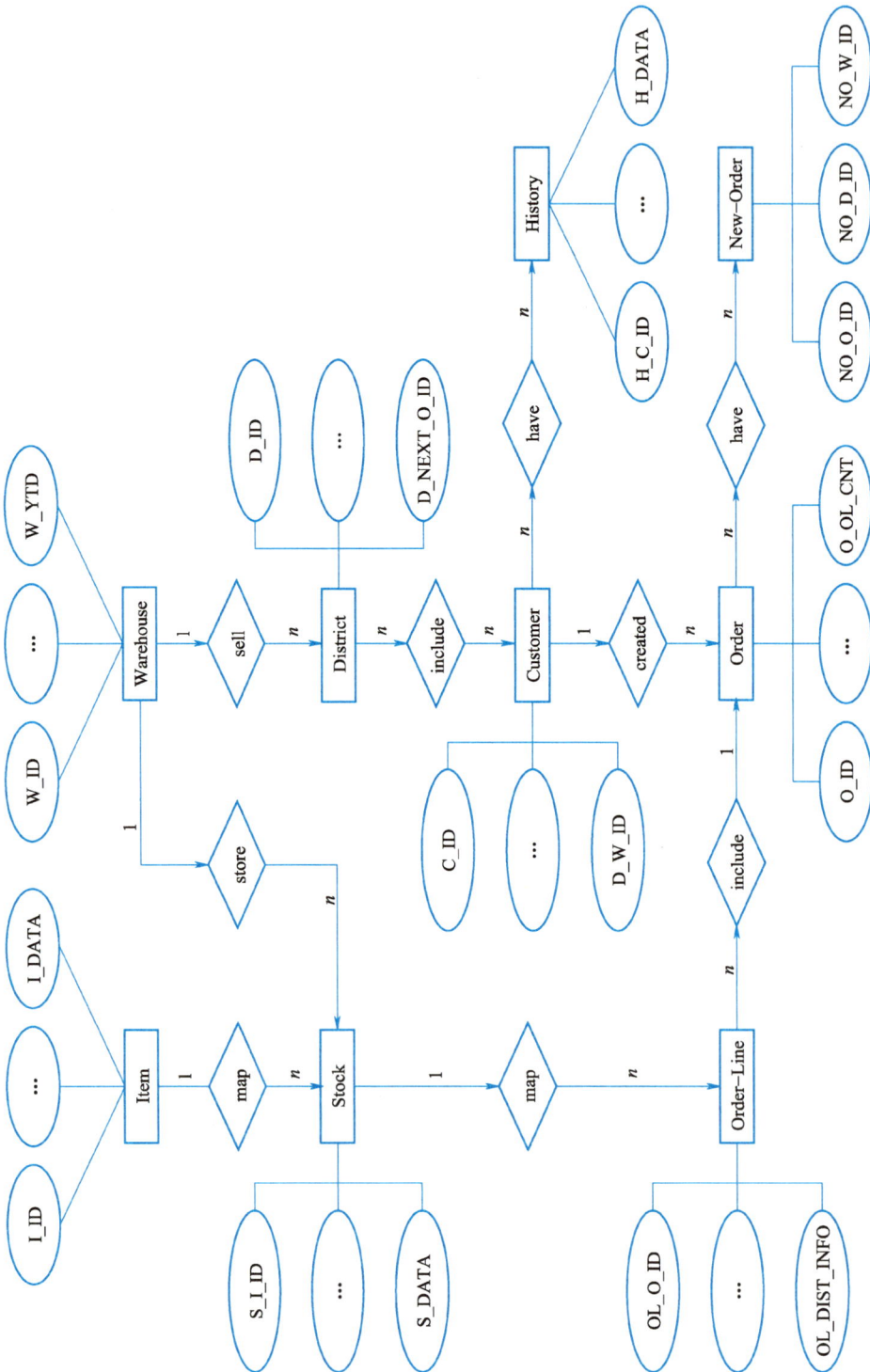

图 B.1　TPC-C 场景对应的 E-R 图

① Warehouse（仓库）：描述不同仓库的信息，包括仓库号、位置等。

② District（地区）：描述每个仓库面向的销售地区信息，包括地区号、仓库号、销售信息等。

③ Customer（客户）：描述客户的信息，包括客户号、地区号、仓库号、余额等。

④ History（历史记录）：记录客户交易的历史信息，包括客户号、地区号、仓库号、交易金额等。

⑤ New-Order（新订单）：描述新订单的信息，包括订单号、客户号、地区号、仓库号等。

⑥ Order（订单）：描述订单的信息，包括订单号、客户号、地区号、仓库号、订单日期等。

⑦ Order-Line（订单行）：描述订单中每个商品的详细信息，包括订单号、行号、商品号、数量等。

⑧ Item（商品）：描述商品的信息，包括商品号、商品价格等。

⑨ Stock（库存）：描述库存信息，包括仓库号、商品号、库存数量等。

根据 E-R 模型，TPC-C 定义了 9 个关系模式且关系表中的记录取值范围较广，执行 TPC-C 测试时，可以灵活地选择数据库的大小。

虽然 TPC-C 基准描述的是一个零售业务活动，但是它并没有局限于任何一种特定行业领域，而是代表了普遍的业务模式，尤其是管理、销售和分销业务模式。

TPC-C 详细定义了各种事务的执行比例、数据的输入时间和返回结果后的思考时间、写磁盘间隔、检查点间隔等。

TPC-C 具有如下特点：

① 定义完整：从表模式到测试结果的提交方式等各个方面都有完整的定义。

② 设计科学：宏观设计和技术细节都有理论依据和实践背景。

③ 结构复杂：包括被测试系统、测试驱动系统以及网络连接系统。

④ 代价昂贵：执行 TPC-C 测试需要大量的硬件和软件支持，会耗费大量的人力资源。

B.3.2　TPC-C 的数据实例

TPC-C 的数据实例如图 B.2 所示，描述了供货商（也就是批发商）、供货商所管理的仓库、销售地区以及顾客的分层结构。

椭圆框表示一个数据库表，其中的数字表示该表的行数（即表的元组数）。这些数字都包含了一个因子 W（仓库的数目），描述数据库规模的缩放比例。Warehouse 表示规模的基本单位。其他表的行数是 W 的函数。例如，$W=2$ 表示该公司有 2 个仓库、2×10 个销售地区、2×10×3000 个顾客。

箭头表示基本表之间的联系，箭头旁边的数字表示联系的基数（即每个父结点平均的子结点数目）。加号"+" 表示该数字会随行数的增加或删除而发生变化。

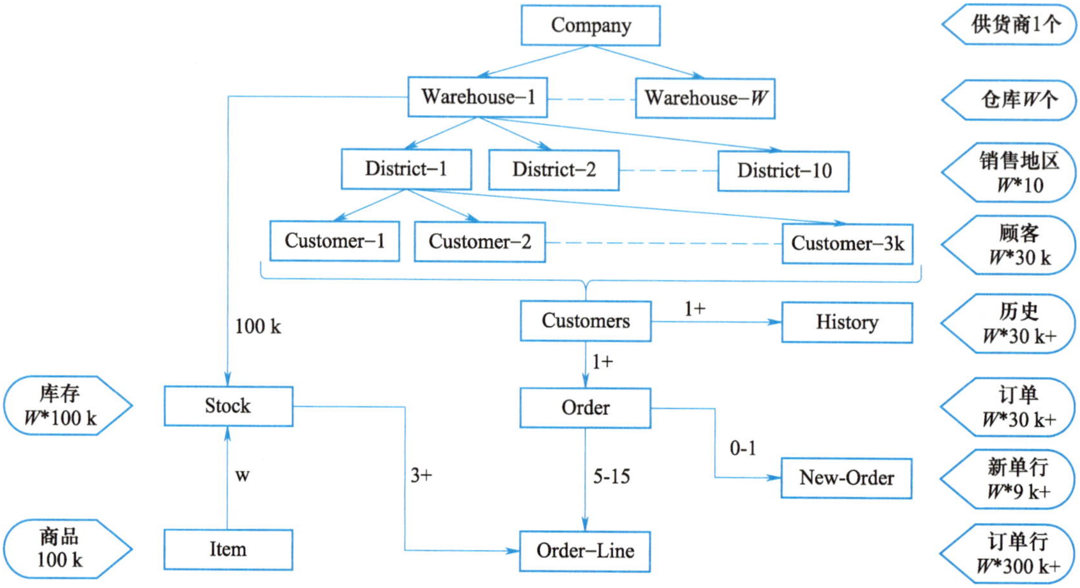

图 B.2   TPC-C 数据实例

B.3.3   TPC-C 的 5 种事务

TPC-C 是针对联机事务处理的基准测试。TPC-C 对以上的数据库表设计了 5 种事务，定义了处理每种事务的具体步骤。

1. 新订单事务（New order）

新订单事务的功能是模拟客户建立货物订单行为，在数据库中建立一张完整的订单表。新订单事务是一个典型的执行频率高、具有严格响应时间要求的读写事务，并且还通过模拟用户的输入错误来引起事务的回滚。

2. 支付事务（Payment）

支付事务的功能是模拟客户付款行为，修改客户、地区和仓库的账目和销售额。支付事务对客户的收支平衡进行更新，以反映该地区的支付情况和仓库的销售统计。该事务执行频率高，而且响应时间的要求也很严格。

3. 查询订单状态事务（Order status）

查询订单状态事务的功能是模拟客户，查看当前自己的订单的处理情况。客户在相应的表格里查询相关的信息。系统建立的是一个只读事务，具有较低的执行频率，对于响应时间的要求也不是很严格。

4. 交付事务（Delivery）

交付事务的功能是模拟公司的发货行为，一次完成 10 张订单的发货。在一个读写事务内，

二维码 B.1：
五类 TPC-C 事务的示例代码

对每一个订单进行处理（交付）。在同一个事务内作为一组（或一批）交付的订单数目是由具体实现确定的。该事务包括了数据库的读写操作，执行频率较低，是一个批处理事务，响应时间的限制不太苛刻。

5. 查询库存水平事务（Stock level）

查询库存水平事务的功能是查询库存当前状况，查找那些库存量低于规定阈值的货物，了解库存水平。这是一个只读事务，执行频率低，对于响应时间和一致性要求不是很高。

注意，在以上 5 种事务中，交付事务必须以延迟方式执行，而其他事务都是以交互方式执行。延迟执行方式的特征是：将延迟执行的事务放入队列，把控制权转交给客户端，并把执行信息记录在结果文件中。

另外，TPC-C 还要求这 5 种事务应该满足一定的比例，即在提交的所有事务请求中，新订单事务 45%、支付事务 43%、查询订单状态事务 4%、交付事务 4%、查询库存水平事务 4%。

需要强调的是，TPC-C 面向的是多用户测试。

B.3.4 TPC-C 的性能度量

TPC-C 定义了性能和性价比评价指标如下：

① tpmC（transactions per minute 的简称，C 指 TPC 中的 C 基准程序）。表示系统最大处理能力或者最大吞吐量，即每分钟系统处理的新订单个数。需要强调的是，TPC-C 测试时 5 种事务按照规定的比例同时发生，并且对每种事务都有响应时间的限制，tpmC 计算的只是处理新订单事务的有效数量，而不是所有事务之和，它代表的是一个峰值，即最大处理新订单数。

② Price/tpmC。表示处理一笔新订单事务所需的费用，即系统的性价比。在计算系统费用时（包括所有的软硬件费用），实际上是用户运行环境的总投资（Price），而性价比则定义为总价格÷性能，表示为 Price/tpmC。

就数据库基准测试来说，只考虑性能是不够的，还要考虑系统的性价比。因为对于用户来说，在满足性能要求的前提下，应该选择价格最低的系统。

还有一个重要指标是系统可用日期。系统可用日期指的是被测试系统中使用的所有硬件和软件可以在市场上购买到的最近日期。TPC 规定，系统可用日期不得比提交测试结果的日期晚 6 个月以上。

B.3.5 TPC-C 事务的执行流程

Driver（external driver system）是一个 TPC-C 事务驱动器，它模拟该商务模型里各个地区的终端，以及每个使用这些终端的用户操作，图 B.3 描述了 TPC-C 事务的流程。

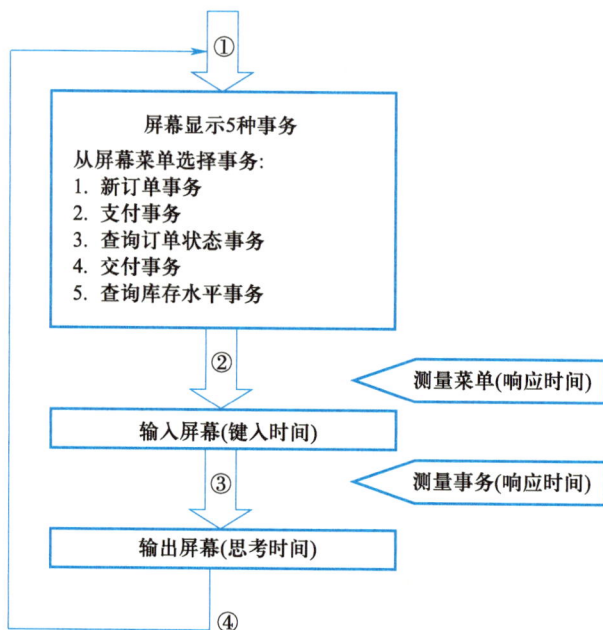

图 B.3 TPC-C 事务流程图

事务的流程通常如下所示：

① 屏幕显示菜单上面显示 5 种事务，等待用户从中选择一种事务。

② 用户选择了一种事务之后，屏幕显示出该事务的输入屏幕。TPC-C 要求测量菜单响应时间，即用户键入选择之后到出现输入屏幕之间的时间间隔。

③ 用户输入数据，提交请求，被测试的系统处理该事务，然后显示事务的输出信息。TPC-C 要求测量事务响应时间，即用户提交请求之后到屏幕显示事务输出结果之间的时间间隔。

④ 用户阅读处理结果，返回步骤①执行下一个事务。

TPC-C 比较严格地模拟了现实应用的情况，要求客户端有键入时间（keying time）和思考时间，并对键入时间和思考时间有明确的要求。键入时间是模仿用户把数据录入系统所花费的时间。思考时间是模仿用户阅读处理结果所花费的时间。

最后，TPC-C 进行相关信息统计和计算，给出 tpmC 和 Price/tpmC 等测试结果。

TPC-C 没有定义明确的 SQL 语句，但是对 5 种事务进行了详细定义，其中包括每种事务的输入数据应该满足的条件，并用自然语言详细描述了每种事务需要进行的各项操作以及这些操作的执行顺序，而且定义了每种事务的终端 I/O 需要满足的规格。

B.3.6 ACID 测试

ACID 特性指的是数据库事务必须具备的 4 个特性：原子性（atomicity）、一致性

（consistency）、隔离性（isolation）和持续性（durability）。这 4 个特性简称为 ACID 特性。

TPC-C 是针对联机事务处理的基准测试，在获得被测试系统性能结果之外，必须测试被测试系统在执行事务的过程中是否满足事务的 ACID 基本特性，以保证测试结果的正确性。因此 TPC-C 测试中也制定了一系列 ACID 特性测试，主要测试内容包括：

1. TPC-C 选择 Payment 支付事务进行原子性测试

● 随机选择一个仓库、地区和顾客，运行 Payment 事务，提交该事务后，检查修改后的仓库表、地区表和顾客表是否正确一致地被修改。

● 随机选择一个仓库、地区和顾客，运行 Payment 事务，回滚该事务后，检查修改后的仓库表、地区表和顾客表是否没有被修改。

2. TPC-C 的一致性检查

针对 TPC-C 问题背景定义了 12 个一致性测试条件，只要数据库满足这些一致性条件，就认为数据库是处于一致性状态。测试的方法是首先确认数据库满足所有一致性条件，然后对数据库进行规定的操作，最后检查数据库是否仍然满足那些一致性条件。

3. 隔离性测试

TPC-C 针对 4 类数据不一致性定义了 4 种隔离级别，如表 B.2 所示。

表 B.2　TPC-C 定义的 4 种隔离级别

隔离级别	P0：Dirty Write	P1：Dirty Read	P2：Non-repeatable read	P3：Phantom
0	Not Possible	Possible	Possible	Possible
1	Not Possible	Not Possible	Possible	Possible
2	Not Possible	Not Possible	Not Possible	Possible
3	Not Possible	Not Possible	Not Possible	Not Possible

这 4 类数据不一致性是：

① P0：Dirty Write，丢失修改。

② P1：Dirty Read，脏读。

③ P2：Non-repeatable Read，不可重复读。

④ P3：Phantom，幻读，也称为幻影。

4 种隔离级别是：

① 隔离级别 L0：可以保证不丢失修改。

② 隔离级别 L1：可以保证不丢失修改、还可以进一步防止"脏读"。

③ 隔离级别 L2：在隔离级别 L1 的基础上，还可以保证可重复读。

④ 隔离级别 L3：在隔离级别 L2 的基础上，还可以保证无幻读。

TPC-C 使用 New order、Payment、Order status、Delivery 事务的组合，进行多个用户并发执行、提交和回滚操作，测试在资源竞争时是否等待，以及其执行结果是否与顺序执行结果相同。

TPC-C 定义了 9 种隔离性测试。例如，其中一个测试是并发执行 Delivery 事务和 Payment 事务，当 Delivery 事务回滚时，Delivery 事务和 Payment 事务之间是否存在 write-write 冲突。测试步骤如下：

① 开始一个 Delivery 事务 T_1。

② T_1 在接近提交前停止。

③ 对于同一个顾客，开始一个新的 Payment 事务 T_2。

④ 证明事务 T_2 等待。

⑤ 回滚 T_1，完成 T_2。

⑥ 检查数据库表中的有关字段（如账户余额等）只被事务 T_2 修改。

TPC-C 在测试说明书中声明：基准规定的隔离性测试是针对采用封锁机制的数据库系统；如果采用了其他并发控制技术，就要设计其他的隔离性测试方法，但是必须公布相应的并发控制技术和测试方法。

4. 持续性测试

持续性也称永久性（permanence），是指一个事务一旦提交，它对数据库中数据的改变就应该是永久性的，接下来的其他操作或故障不应对其执行结果有任何影响。

TPC-C 测试三种情况下的永久性：

① 存储介质的失效。

② 系统运行中的崩溃（system crash），需要系统重启。

③ 内存数据的部分丢失。

TPC-C 的测试过程如下：

① 运行 TPC-C 事务。

② 人为设置以上三种情况下的故障，如掉电、操作系统重新启动等。

③ 进行系统恢复。

④ 针对成功和失败的事务，验证数据库中的数据是否正确、一致性是否满足，监测已提交事务所产生的结果是否保存，从而监测事务的永久性。

⑤ 转至步骤①。

B.3.7 部分 DBMS 产品测试 TPC-C 的情况

TPC 网站上部分 DBMS 产品测试 TPC-C 的情况，请参见"二维码 B.2"的内容，其中的主要指标测试结果见表 B.3 所示。

二维码 B.2：
部分 DBMS 产
品测试 TPC-C
的情况

表 B.3   2023 年部分 DBMS 产品测试 TPC-C 的情况

世界排名	厂商	数据库	tpmC(最大吞吐量)	Price/tpmC(单位成本)	Neworder 事务平均响应时间	Payment 事务平均响应时间
1	腾讯	TDSQL	$8.14×10^8$	1.27 元	0.107 s	0.104 s
2	阿里巴巴	OceanBase	$7.07×10^8$	3.98 元	0.127 s	0.123 s
3	Oracle	Oracle	$3.02×10^7$	1.01 美元	0.353 s	0.336 s
4	IBM	DB2	$1.03×10^7$	1.38 美元	1.137 s	1.138 s

    十多年前，国际上主流的数据库主要是以 Oracle 和 DB2 为代表的集中式数据库系统，它们以强大的稳定性和性能优势垄断了国内的数据库市场。随着分布式数据库的发展，国内很多互联网厂商开始研发分布式数据库系统，于是涌现出 TDSQL、OceanBase、OpenGauss 等数据库产品。国产数据库在性能测试方面也取得了显著的成绩。2020 年阿里巴巴的 OceanBase 数据库在 TPC-C 基准测试中，以 $7.07×10^8$ tpmC 的成绩打破世界纪录，成为榜单中最快的分布式关系数据库，破除了国外数据厂商的长期垄断。而后在 2023 年，腾讯的 TDSQL 数据库再一次打破世界纪录，以 $8.14×10^8$ tpmC 的成绩登顶榜首，并且相对于 OceanBase，TDSQL 数据库在价格上也有了明显的下降。

    TPC-C 除了聚焦于测试数据库的性能之外，还具有针对部分隔离级别的 ACID 测试。注意：TPC-C 不要求系统设置为可串行化隔离级别。数据库的功能测试、SQL 标准符合性测试等内容并不在 TPC-C 的测试范围之内。

二维码 B.3：
TPC-H 介绍

    本附录主要介绍 TPC-C 基准测试。有关 TPC-H 基准测试的内容，将作为扩展阅读放在"二维码 B.3"中。

参 考 文 献

[1] 王珊, 杜小勇, 陈红. 数据库系统概论[M]. 6 版. 北京: 高等教育出版社, 2023.

[2] 王珊. 数据库系统概论（第 4 版）学习指导与习题解析[M]. 北京: 高等教育出版社, 2008.

[3] 王珊, 张俊. 数据库系统概论（第 5 版）习题解析和实验指导[M]. 北京: 高等教育出版社, 2015.

[4] SILBERSCHATZ A, KORTH H F, SUDARSHAN S. Database system concepts[M]. 7th ed. McGraw-Hill Education, 2020.

[5] GRAY J. Database and transaction processing performance handbook[M]. Morgan Kaufmann, 1993.

[6] CELKO J. SQL 编程风格[M]. 米全喜, 译. 北京: 人民邮电出版社, 2008.

[7] 张俊, 曹志英, 张德珍, 等. 金仓数据库 KingbaseES SQL 编程[M]. 北京: 清华大学出版社, 2023.

[8] 张德珍, 张俊, 曹志英, 等. 金仓数据库 KingbaseES PL/SQL 编程[M]. 北京: 清华大学出版社, 2023.

[9] 教育部高等学校计算机科学与技术教学指导委员会. 高等学校计算机科学与技术专业实践教学体系与规范[M]. 北京: 清华大学出版社, 2008.

[10] 北京人大金仓信息技术股份有限公司. KingbaseES V9 联机帮助[OL], 2023, 9.

[11] Transaction Processing Council (TPC). TPC BENCHMARK H (Decision Support) Standard Specification(Revision 2.17.0)[OL], 2014, 4.

[12] Transaction Processing Council (TPC). TPC BENCHMARK C Standard Specification(Revision 5.11)[OL], 2010, 2.

[13] Standard Performance Evaluation Corporation (SPEC)[OL], 2024, 1.

[14] Transaction Processing Council (TPC). [OL], 2024, 1.

[15] Transaction Processing Council (TPC). TPC BENCHMARK H (Decision Support) Standard Specification (Revision 3.0.1) [OL], 2022, 4.

[16] Transaction Processing Council (TPC). TPC BENCHMARK C Standard Specification (Revision 5.11) [OL], 2010, 2.

[17] Transaction Processing Performance Council (TPC). TPC BENCHMARK DI(Data Integration) Standard Specification (Version 1.1.0) [OL], 2014, 11.

[18] Transaction Processing Performance Council (TPC). TPC EXPRESS BENCHMARK V (TPCx-V) Standard Specification (Revision 2.1.9) [OL], 2022, 2.

[19] Transaction Processing Performance Council (TPC). TPC EXPRESS BENCHMARK HCI (TPCx-HCI) Standard Specification (Revision 1.1.9) [OL], 2022, 2.

[20] Transaction Processing Performance Council (TPC). TPC EXPRESS BENCHMARK^{TM} HS (TPCx-HS) Standard Specification (Version 2.0.3) [OL], 2018, 3.